全国专业技术人员新职业培训教程

智能制造 工程技术人员 初级

智能生产管控

人力资源社会保障部专业技术人员管理司　组织编写

U0347948

中国人事出版社

图书在版编目（CIP）数据

智能制造工程技术人员．初级：智能生产管控/人力资源社会保障部专业技术人员
管理司组织编写．--北京：中国人事出版社，2021

全国专业技术人员新职业培训教程

ISBN 978－7－5129－1687－6

Ⅰ．①智…　Ⅱ．①人…　Ⅲ．①智能制造系统－职业培训－教材　Ⅳ．①TH166

中国版本图书馆 CIP 数据核字（2021）第 219995 号

中国人事出版社出版发行

（北京市惠新东街 1 号　邮政编码：100029）

＊

三河市潮河印业有限公司印刷装订　　新华书店经销

787 毫米×1092 毫米　16 开本　21.75 印张　328 千字

2021 年 11 月第 1 版　　2021 年 11 月第 1 次印刷

定价：**69.00 元**

读者服务部电话：（010）64929211/84209101/64921644

营销中心电话：（010）64962347

出版社网址：http://www.class.com.cn

本书编委会

指导委员会

主　　任：周　济

副主任：李培根　林忠钦　陆大明

委　　员：顾佩华　赵　继　陈　明　陈雪峰

编审委员会

总 编 审：陈　明

副总编审：陈雪峰　王振林　王　玲　罗　平

主　　编：樊留群

编写人员：王家海　蔡红霞　卢芝坤　李　明　王进峰　尉　星　丁　凯

　　　　　刘　琛　陶　静　尹俊卿　孙其伟　汤文举　于晓飞　吴　强

　　　　　彭维清　葛正军　李　想　张　振　薛博文　王子强　丁云飞

主审人员：闫纪红　祖　磊

出版说明

　　当今世界正经历百年未有之大变局，我国正处于实现中华民族伟大复兴关键时期。在全球经济低迷，我国加快形成以国内大循环为主体、国内国际双循环相互促进的新发展格局背景下，数字经济发挥着提振经济的重要作用。党的十九届五中全会提出，要发展战略性新兴产业，推动互联网、大数据、人工智能等同各产业深度融合，推动先进制造业集群发展，构建一批各具特色、优势互补、结构合理的战略性新兴产业增长引擎。"十四五"期间，数字经济将继续快速发展、全面发力，成为我国推动高质量发展的核心动力。

　　近年来，人工智能、物联网、大数据、云计算、数字化管理、智能制造、工业互联网、虚拟现实、区块链、集成电路等数字技术领域新职业不断涌现，这些新职业从业人员通过不断学习与探索，将推动科技创新、释放巨大能量，推动人们生产生活方式智能化、智慧化、数字化，推动传统产业转型升级，为经济高质量发展注入强劲活力。我国在技术、消费与应用领域具备数字经济创新领先优势，但还存在数字技术人才供给缺口较大、关键核心技术领域自主创新能力不足、数字经济与实体经济融合的深度和广度不够等问题。发展数字经济，推进数字产业化和产业数字化，推动数字经济和实体经济深度融合，急需培育壮大数字技术工程师队伍。

　　人力资源社会保障部会同有关行业主管部门将陆续制定颁布数字技术领域国家职业技术技能标准，坚持以职业活动为导向、以专业能力为核心，遵循人才成长规律，对从业人员的理论知识和专业能力提出综合性引导性培养标准，为加快培育数字技术人才提供基本依据。根据《人力资源社会保障部办公厅关于加强新职业培训工作的通知》（人社厅发〔2021〕28 号）要求，为提高新职业培训的针对性、有效性，进一步发挥新职业培训促进更好就业的作用，人力资源社会保障部专业技术人员管理司组织相关领域的专家学者编写了全国专业技术人员新职业培训教程，供相关领域开展新职业培训使用。

本系列教程依据相应国家职业技术技能标准和培训大纲编写，划分初级、中级、高级三个等级，有的职业划分若干职业方向。教程紧贴数字技术人员职业活动特点，定位于全国平均先进水平，且是相关数字技术人员经过继续教育或岗位实践能够达到的水平，突出该职业领域的核心理论知识、主流技术及未来发展要求，为教学活动和培训考核提供规范和引导，将帮助广大有意或正在从事数字技术职业人员改善知识结构、掌握数字技术、提升创新能力。

希望本系列教程的出版，能够在加强数字技术人才队伍建设、推动数字经济快速发展中发挥支持作用。

目 录

第一章
智能生产系统的配置与集成

　　生产装备及设施是进行生产制造活动的基础，而数控设备是实现智能制造的关键之一。一般生产制造系统由生产设备、工艺设备、仓储物流设备及辅助设施组成，对设备本身的优化配置是保证生产正常运行的基础，而由这些设备组成生产系统的集成技术是高效生产的保障。熟悉生产系统的组成及基本原理，能够对设备及系统进行配置和集成，对生产过程进行监控和管理，是管控人员必须掌握的能力。

- ● **职业功能：** 智能生产管控。
- ● **工作内容：** 配置集成智能生产管控系统和智能检测系统的单元模块。
- ● **专业能力要求：** 能根据智能生产管控系统总体集成方案进行单元模块的配置；能进行智能检测系统单元模块及其他工业系统的集成；能进行智能装备与产线单元模块操作过程中的安全管控。
- ● **相关知识要求：** 系统理论与工程基础；物流仓储管理；智能生产运营管控技术基础；系统集成技术基础，包括API接口、信息交互模式等基础；生产系统建模与仿真等技术基础。

第一节　生产设备及单元的配置

考核知识点及能力要求：

- 了解生产设备的分类及工作原理，了解测量检验设备的分类及工作原理；

- 了解仓储与物流设备及生产系统辅助设施的种类及基本工作原理；

- 熟悉智能生产系统设备层的组成及功能特点；

- 能够进行生产及检验单元的配置；

- 能够进行仓储与物流设备及生产辅助设施的配置。

一、生产设备的配置

（一）生产设备的分类

生产设备是指生产制造中完成零件加工或产品装配的装备，主要包括机床、机器人等。生产设备常见的分类方法如下：

（1）按加工适应范围分类。生产设备可分为通用设备和专用设备，通用设备包括车床、铣床等适应面很广的设备，专用设备是指为特殊的工艺目的所设计和制造的装备。

（2）按自动化程度分类。生产设备可分为手动设备、半自动化设备和自动化数控设备。

（3）按大小和重量分类。生产设备可分为仪表机床、中小型设备、重型大型设备和超重型设备。

（4）按精度分类。生产设备可分为普通精度设备、精密设备和高精度设备。

（5）按工艺方法分类。生产设备可分为金属切削设备、锻压设备、电加工设备、激光设备等。

此外还可按材料去除方式分类为减材制造设备和增材制造设备（3D 打印），按工艺复合可分为同种工艺复合设备（如车铣复合）和不同工艺复合（如 3D 打印与铣削复合）。特别是随着自动化集成技术的发展，形成了单机就能实现以前多台设备才能完成工作的制造单元，虽然设备的功能越来越多，复杂性越来越高，但由于采用了先进的信息技术，设备的使用反而变得简单。但要能够发挥设备的最大效益，保持设备的稳定正常运行，还需要掌握设备的技术原理及优化配置方法。

（二）生产设备的配置管理

1. 数控机床的配置管理

机床是生产制造的母机，特别是数控机床由于可编程及高柔性而成为现代制造的主要装备。数控机床由机械本体、数控系统、伺服驱动系统及测量反馈系统组成。根据机床的结构形式，可分为立式机床、卧式机床、龙门式机床等；根据工艺用途，可分为车床、铣床、磨床以及复合机床等；根据控制方式，可分为开环、半闭环、全闭环机床；根据联动轴的数量，可分为二轴、三轴、五轴机床等；根据传动链的形式，可分为串联机床和并联机床。带有刀库的数控机床称为加工中心，这种机床可在一次装夹中进行多工序加工，提高了加工精度和效率，因而成为机械加工中最常用的机床类型。

数控系统（CNC，Computer Numerical Control）是机床的大脑，目前主要通过 G 代码（ISO 6983 标准）编制的数控加工程序实现对零件的自动加工。通过手工或计算机辅助 CAM 方式进行加工程序编制，加工程序由 MES 系统进行管理，通过 DNC 等通信接口传递给 CNC。CNC 经过译码、刀补、插补及位置控制对刀具轨迹进行控制，完成对零件的切削加工。一般从生产率、柔性、加工质量、可靠性、使用便宜性和网络集成能力等方面的性能对数控机床进行评价，如图 1-1 所示。根据性能数控系统可分为普及型数控、中端数控、高端数控，且中高端数控系统的应用日益普及。随着信息技术的发展，数控系统日益向开放、开源方向发展，而且云端化的趋势也越来越明显。

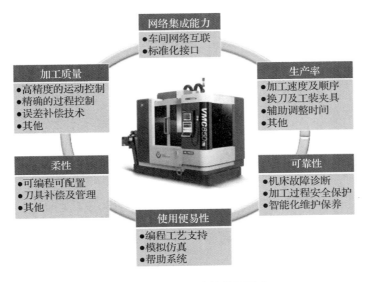

图 1-1　对数控机床的性能要求

一般数控机床设有手动（JOG）模式，可通过操作面板上手动按键（或手轮）控制机床轴运动，完成机床的调整、对刀等需要人工介入的工作；在自动（AUTO）模式下，可自动完整执行零件加工程序，或选择单段模式，逐段执行数控程序；还可选择检验方式对数控加工程序进行检验，数控机床不运动，或数控机床高速进给运动而不加工工件（俗称"空运行"），只对加工轨迹进行检验；编辑模式下可进行零件加工程序的编辑等工作，一般数控系统具有一边自动加工一边对另一个零件加工程序进行编辑的功能。为了适应不同的机床，数控系统在通用版本下主要有以下几种方式与机床进行匹配。

（1）可编程逻辑控制器（PLC）与数控系统的二次开发。这项工作主要由机床制造厂家完成，机床制造厂家根据自己所制造的机床结构形式和机械性能，在数控系统厂家提供的开发平台中进行开发，以实现对液压系统、刀具及夹具系统等的控制，以及客户对工艺过程及界面的特殊要求。这些工作专业化要求较高，一般由专业技术人员完成，在使用过程中通常保持不变，只有在机床进行大的更新或改造时才需要进行这个层次的开发工作。

（2）机床参数的设置。机床参数用来匹配机床，有不同的类型及权限进行管理。最高级权限的参数由数控系统厂家配置管理，其他用户无法更改甚至浏览，如插补周期、控制精度、高级插补功能设置等。一般给其他用户的权限分为高、中、低级。高级权限由机床制造厂家控制，不允许最终用户修改，如机床坐标原点、刀库刀具数量等，这些参数用来匹配机床；中级权限由最终用户的专业技术人员管理，如轴的最大速度及加速度、控制闭环参数、误差补偿参数、通信接口参数等，这些参数主要用来匹配机床的性能；低级权限由机床操作工维护，主要是刀补参数等日常加工中需要调整的参数。

数控加工前不仅要将机床调试准备好，而且要进行以下的配置及准备工作。

（1）数控加工程序的准备。随着零件加工越来越复杂，特别是五轴机床加工程序，手工几乎已不能完成编程工作，复杂曲面及复合加工需要有计算机辅助编程 CAM 系统，还应有针对具体加工机床的后置处理程序，最后还需要仿真系统对零件加工程序进行验证，甚至需要进行加工实验对加工机床及程序在质量、节拍时间等方面进行实际验证。加工程序及其运行参数和具体机床直接相关，所以车间现场编程是一种高效、重要的编程方式。现代数控系统具有良好的人机界面（HMI），特别是基于个人计算机（PC）的开放式数控，具有方便编程的环境，例如图形化的辅助工具，甚至基于特征的自动化编程功能。另外，现代数控系统一般具有很大的存储空间及高速的通信接口，可一次将加工程序传输给数控系统，或通过存储介质（如 USB 存储设备等）复制到数控系统中。

（2）刀具及工装夹具的配置及管理。工装即工艺装备，指制造过程中所用的各种工具的总称，包括刀具、夹具、模具、量具、检具、辅具、钳工工具及工位器具等。由于刀具在数控加工中具有重要作用，所以一般将刀具从工装中单独列出。另外，在木工、装饰品、焊接及实验等行业和领域经常使用治具（Fixture）来替代工装这个词，治具主要是作为协助控制位置或动作的一种工具。

工件通常需要经过不同刀具、多种工艺过程进行加工完成，刀具已成为影响加工质量和成本的重要因素。刀具信息分为静态和动态信息。静态信息包括刀具名称（编号）、几何参数（刀具长度和刀具半径等）等，在刀具进入刀库前进行测量检测（手工或自动）；动态信息，即刀具状态信息，包括刀具所在刀库位置、刀具寿命（使用次数、使用时间和磨损量等）等，随着刀具的使用，数据会不断更新，系统实时记录并统计。采用射频识别技术（RFID，Radio Frequency Identification）的刀具管理系统，在刀柄中安装 RFID 芯片，芯片中存储刀具的编号（名称）、尺寸等刀具动静态信息。在换刀及测量刀具时，由 RFID 读写器将相应信息写入或读出，实现在线自动对刀具进行使用和管理，大大提高了加工的安全性和刀具的使用效益。

案例 1-1：如图 1-2 所示，西门子 828 数控系统设定了总共 7 个使用级别权限。1 级为最高等级，7 级为最低等级。级别 1~3 级通过输入口令生效，4~7 级通过钥匙开关位置生效。这样不同级别只能进行本级允许的操作，保护机床参数设置不被没有授权的人员修改。具体操作通过数控系统中启动菜单进入参数设置界面，通过输入密码或钥匙进入自己所属权限级别，然后可对相应的参数进行浏览、编辑及修改操作，如对系统的时间、显示语言的设定，装载西门子系统出厂设置参数，根据所选的硬件进行操作面板、PLC 以及和上位 PC 网络通信接口的设置等。除了可设置轴类参数，如轴的

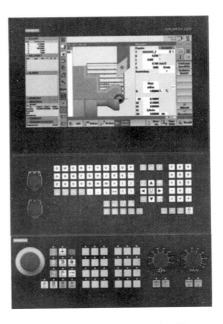

图 1-2　西门子 828 数控系统

手动移动速度、最大速度、最大加速度、软件限位坐标等参数，西门子还提供了 Access MyMachine 调试软件，使用前需要完成 828D 数控系统与 PC 机的网络连接。Access MyMachine 带有一个远程查看器，通过查看器可将 CNC 屏幕显示界面映射到远程 PC 机上，远程查看和修改系统的设置。查看器能否进行远程访问及更改设置，需要通过 HMI 或 PLC 接口信号设置访问权限。

2. 机器人的配置管理

随着机器人技术的不断进步与发展，机器人从只能实现点位控制，完成码垛、搬

运、上下料等辅助工作，到可实现轨迹控制甚至智能协同的加工、包装、喷涂、焊接、装配等工作。机器人由机械本体、驱动器、控制器和末端执行器四大部分组成。根据机械本体结构，机器人可分为直角坐标型桁架机器人、圆柱坐标型机器人、球坐标型机器人、平面关节型 SCARA 机器人、垂直关节型（关节型）机器人、并联型 Delta 机器人；根据其基座是否能够移动可分为固定型机器人和移动型机器人；根据其工作内容可分为工业机器人、协作机器人和服务机器人。

工业中应用最为广泛的是多关节工业机器人，随着我国企业自动化程度的提高，我国已成为世界上机器人最大的消费国。协作型机器人作为一种新型的工业机器人，这种机器人可以和人同处一个工作空间进行协同工作，摆脱护栏或围笼对机器人的束缚，一般用于轻型、精密的装配、检测工作。机器人的主要技术指标如下：

（1）自由度。目前大部分机器人具有 3~6 个自由度。

（2）工作空间。也称工作范围，一般由机器人末端执行器工具中心 TCP 所能达到的最大区域表示。

（3）工作载荷。机器人腕部所能承受的最大负载质量，通常工作载荷不仅指负载质量，也包括机器人末端执行器的质量。

（4）工作精度。工作精度主要包括位姿精度和轨迹精度，其中位姿精度由定位精度和重复定位精度表示。

（5）运行速度。由在工作载荷条件下、匀速运动过程中，机械接口中心或工具中心点在单位时间内所移动的距离或转动的角度表示。

（6）控制方式。传统的机器人控制有点位控制和轨迹控制两种方式，现在机器人控制向力位混合自适应控制、视觉伺服控制和人机协作智能控制方式发展。

工业机器人以日本发那科（FANUC）和安川、德国库卡（KUKA）和瑞士阿西布朗勃法瑞（ABB）四大家族的产品为代表，其中 KUKA 已被我国美的公司收购。美国波士顿动力公司的特殊机器人（机器狗）也非常有名。我国本土的机器人厂家不断涌现，其中工业机器人主要代表性厂家有沈阳新松机器人、埃斯顿、埃夫特和新时达等，特别是对于服务机器人，出现了优必选、达闼、科沃斯等在国际上都处于先进水平的机器人公司。

　　由于机器人应用广泛，不同的应用场景需要不同的配置管理，特别是从工件坐标到工业机器人的物理坐标（关节坐标）的变换，虽然这个变换工作由机器人控制器自动完成，但由于机器人的基座安装精度、末端执行器装配精度以及使用过程中各关节参数的变化等，均会造成坐标变换的偏差，从而造成最终的加工误差，所以机器人的校准标定是保障精度的重要工作。校准标定工作主要有：①机器人基座坐标；②关节转角偏差；③关节齿轮间隙；④关节轴平行度；⑤连杆长度；⑥机器人工具中心点（TCP）偏差。常用的校准标定工具有激光跟踪仪、激光扫描仪和拉线编码器等。

　　在使用中根据所给出任务的已知条件，在编制机器人控制程序时，机器人动作的描述一般是以工具中心点 TCP 为基准，可使用的坐标系有世界坐标系、机座坐标系、关节坐标系、工具坐标系和工件坐标系等，编程时需要在这些坐标系中进行变换。在使用中除了对机械本体轴进行控制，常常还需要附加运动轴组成加工单元来完成加工任务。附加轴可分为基座轴和工装轴，基座轴带动机器人本体运动，扩展机器人的运动范围；工装轴扩展端部执行器的灵活性。如果机器人控制器允许这些附加轴与机器人本体轴联动控制，则可通过机器人的控制器实现对附加轴的联动控制。如果机器人控制器不具备对附加轴的控制，则通过外部控制器或 PLC 分开进行控制，但无法实现与机器人本体轴精确的联动控制。

　　通过自动更换端部执行器实现多工序的复合，一台工业机器人可以承担多个工序任务，从而减少机器人的使用数量以及生产系统的占地面积，这时就更加需要对机器人运动路径做出合理规划，通过构建仿真模型模拟工作过程，验证及优化机器人工作节拍及运动路径，避免发生干涉碰撞。

　　机器人的操作一般设有手动和自动操作模式。手动方式一般用于机器人的调试及编程调试，操作通过手持单元（示教器）进行，可在不同坐标系下慢速或高速进行单轴、移动到目标坐标点等的操作，也可单步执行程序进行调试，机器人控制处理流程如图 1-3 所示。编程有示教模式和离线编程模式。示教模式用于手工现场编程，控制器将手工操作的过程记录下来形成程序。一般机器人正常工作时处于自动模式，其加工程序启动与否都由相应信号进行控制。典型的机器人离线编程系统主要由建模模块、布局模块、编程模块、仿真模块、程序生成及通信模块组成，通过对生产系统建模，进行机器人程序编制，并经过仿真验证，最后将程序下载到机器人控制器中，如 ABB 的 RobotStudio、KUKA. Sim Pro 机器人编程仿真软件。同数控系统一样，机器人控制系统也用许多参数来匹配不同的机器人，如关节驱动参数、D-H 坐标变换参数、末端执行器 TCP 参数等，对这些参数的备份和加载由专门的软件进行管理。

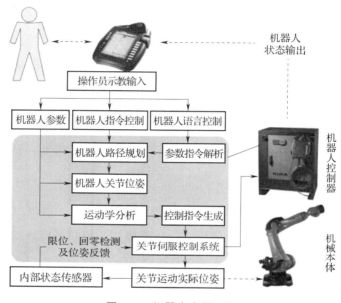

图 1-3　机器人应用配置

案例 1-2：目前，主流工业机器人示教盒的显示屏（如图 1-4 所示）均已采用触摸式彩色液晶显示屏，其操作功能见表 1-1。如 ABB 机器人出厂时语言默认为英语，可通过示教器上主菜单的"控制盘（Control Panel）"选项进入语言设置，选择中文，然后重新启动后生效。还可对机器人的时间进行设置，进行机器人参数的备份与恢复，备份工作首先设定要备份数据的目录，选择备份存放的位置（硬盘或 USB 存储设备），然后单击"备份"按钮进行备份操作；恢复工作是将备份的文件恢复到控制系统中，备份的数据具有唯一性，不能将一台机器人的备份恢复到另一台机器人中去，否则会造成系统故障。但是，也常会将程序和 I/O 的定义做成通用的，方便批量配置时使用，这时，可以通过分别单独导入程序和 EIO 文件来解决实际的需要。示教屏中显示信息及事件日志主要有：①机器人的状态（手动、全速手动和自动）；②机器人的系统信息；③机器人的电机状态；④机器人的程序运行状态；⑤当前机器人或外轴的使用状态。

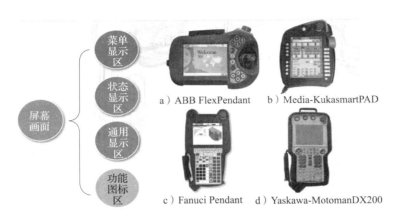

a）ABB FlexPendant　　b）Media-KukasmartPAD

c）Fanuci Pendant　　d）Yaskawa-MotomanDX200

图 1-4　机器人控制器手持单元

表 1-1　　　　　　　　　　　　　手持器操作功能

按键类别	按键名称	功能描述
安全使能键	紧急停止按钮	用于在危险情况下断开机器人电机的驱动电源，停止所有运转部件，并切断由机器人系统控制且存在潜在危险的功能部件的电源
	安全开关	又称使能装置，它有三个位置，即未按下、中间位置和完全按下
坐标轴操控键	坐标系切换键	在关节、机座、工具和工件等常见坐标系间进行切换
	轴操作键	又称 JOG 键，包括空间鼠标和控制杆等，用于手动模式下控制机器人运动
程序测试键	启动按钮	用于手动模式下正向（从前向后）执行一个程序
	步进按钮	用于手动模式下正向单步执行一个程序
其他功能键	菜单键	用于在示教盒画面中将屏幕菜单显示出来
	功能键	用于选择示教盒画面中功能图标区显示的内容，每个功能键在当前画面中有唯一的内容与之对应
	速度倍率键	用于手动模式下调整机器人末端工具中心点（TCP）的运动速度

3. 增材制造设备

增材制造技术是相对于传统的机加工等"减材制造"技术而言的，该技术基于离散/堆积原理，以粉末或丝材为原材料，采用激光、电子束等高能束进行原位冶金熔化/快速凝固逐层堆积叠加形成所需要的零件，也称作 3D 打印、直接数字化制造、快速原型，如图 1-5 所示。近年来，增材制造技术广泛应用在航空航天、汽车、医疗、文化创意、创新教育等众多领域，越来越多的企业将其作为技术转型方向，用于突破

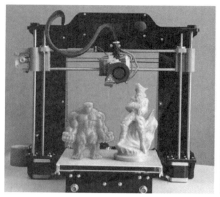

图 1-5 增材制造

研发瓶颈或解决设计难题，助力智能制造、绿色制造等新型制造模式。

增材制造在个性化及复杂产品制造中展现出突出的优点，采用增材制造技术的流程如下：①建立三维 CAD 模型，分析模型所包含的几何特征极限值，是否需要支撑以及打孔等；②STL 数据格式转换，进行切片处理，形成增材制造设备所能接受的数据格式，通常为 G 代码格式；③将文件发送或输入给设备控制器进行打印；④打印完进行后期处理，例如，在打印一些悬空结构的时候，需要有支撑结构顶起来，然后才可以打印悬空上面的部分。所以，对于这部分多余的支撑需要去掉。大部分 3D 打印出来的物品表面会比较粗糙，需要表面处理。还需要一些后续处理措施来达到加强模具成型强度及延长保存时间的目的，其中主要包括静置、强制固化、去粉、包覆等。表 1-2 展示了不同类型增材制造所用材料及工艺。

表 1-2　　　　　　　　　　　　增材制造类型

类型	累积技术	基本材料
挤压	熔融沉积式（FDM）	热塑性塑料、共晶系统金属、可食用材料
线	电子束自由成形制造（EBF）	几乎任何合金
粒状	直接金属激光烧结（DMLS）	几乎任何合金
	电子束熔化成型（EBM）	钛合金
	选择性激光熔化成型（SLM）	钛合金、钴铬合金、不锈钢、铝
	选择性热烧结（SHS）	热塑性粉末
	选择性激光烧结（SLS）	热塑性塑料、金属粉末、陶瓷粉末

续表

类型	累积技术	基本材料
粉末层喷头 3D 打印	石膏 3D 打印（PP）	石膏
层压	分层实体制造（LOM）	纸、金属膜、塑料薄膜
光聚合	立体平版印刷（SLA）	光硬化树脂
	数字光处理（DLP）	光硬化树脂

4. 生产单元及其配置

由柔性生产单元组成的生产系统是构成智能生产系统的基础，通常生产单元由 3～5 台设备组成，由 PLC 或工业 PC 进行控制，机器人或其他输送机构完成物料的输送及装夹工作，甚至包含在线检测系统，完整实现一组工艺加工过程。这种加工方式能适应加工对象的变换，因而也称为柔性制造单元 FMC（Flexible Manufacturing Cell）。

根据不同的生产制造对象，生产单元也有不同的配置形式，但设备本身的柔性是保证单元柔性的基础，通常单元中加工设备以数控设备与机器人为主，在实现柔性生产的同时保证系统的效率、质量及自动化程度。单元从车间生产控制系统（MES）接收生产指令，实时向 MES 系统反馈生产状态，单元独立完成相应的加工制造任务，不同的生产制造单元协同完成产品的生产。

单元中数控设备与机器人可通过标准化的接口（如 OPC UA）与单元控制器（PLC 或 PC 机）进行信息交互，通过数控设备或机器人本身的 I/O 端子及 PLC 控制功能实现联动或互锁，如机床完成加工，打开机床门，发出指令给机器人，机器人在确认机床门打开后，就可进行取下工件送到下一工位的任务。数控设备与机器人都可通过扩展 I/O 及 PLC motion 实现附加的传感器及附加轴运动的控制，特别是与视觉识别系统集成，实现具有更加柔性和复杂性的任务。

如图 1-6 所示的机器人焊接单元，激光焊接已大面积应用于金属材料的焊接，特别是汽车车身的焊接，焊接单元主要包括机器人、焊接设备及监控系统。机器人由机器人本体和控制柜组成，而激光焊接装备由焊枪、焊接电源（包括其控制系统）组成，监控系统由控制器、焊缝检测、距离跟踪等组成，这些共同组成焊接系统。控制器通过附加轴对变位机的位置进行控制，与机器人协同实现激光聚焦及焊枪沿着焊缝

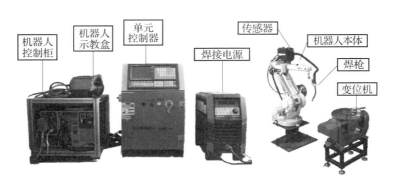

图1-6 机器人激光焊接单元组成

运动，从而实现高质量的焊接。

二、检测设备的配置

（一）检测与测量基本概念

测量是检测的基础，测量就是以确定被检测值（被测量）为目的的一系列操作，即利用物质的物理的、化学的或生物的特性，对被测对象的信息进行提取、转换以及处理，获得定性或定量结果的过程。测量时通常借助测量仪器或设备将被测量与同性质的标准量（或测量单位）进行比较，从而确定被测量对标准量的倍数，即被测量的定量信息。经过测量过程获取的被测量的量值称为测量结果。测量结果包括两部分：比值和测量单位。根据不同的分类标准，测量方法可分为绝对测量和相对测量、直接测量和间接测量、接触测量和非接触测量、单参数测量和多参数测量以及逐项测量和综合测量。

根据 ISO/IEC Guide 99：2019《国际计量学词汇——基础和通用概念及相关术语》对测量设备的定义：测量仪器、测量标准、标准物质、辅助设备以及进行测量所必需的资料总称。由定义可知，它不是指某台或某类设备，它包括检定或校准中使用的，还包括试验和检验过程中使用的测量设备以及相关软件。检测系统的一些基本概念：

（1）示值。由测量仪器或测量系统提供的量值。

（2）分辨率。引起相应示值产生可觉察到的变化的被测量的最小变化。

（3）测量范围。在允许误差限内被测量值的范围。

（4）精密度。在规定条件下，重复测量相同或类同被测对象所得示值或测得量值之间的一致程度，通常表示仪器的重复精度。

（5）准确度。测量值与被测量的真值之间的一致程度。由于各种测量误差的存在，任何测量都不可能是完善的，所以接近真值的能力也是不确定的。准确度是表征其品质和特性的最重要的性能，因此，使用测量仪器的目的就是为了得到准确可靠的被测量值，其实质就是要求测量仪器的示值尽可能接近于真值。因此在实际应用中，常用测量仪器的准确度等级、示值误差、最大允许误差等概念。

（6）校准。在规定条件下，首先确定由测量标准提供的带有测量不确定度的量值与对应的带有相关测量不确定度的示值之间的关系，然后利用这种信息确定由示值所得测量结果的关系的操作。校准的依据是校准规范或校准方法，可作统一规定也可自行制定。校准的结果记录在校准证书/校准报告中，也可以用校准因子或校准曲线等形式表示。

（7）检定。提供客观证据证明某项目满足规定的要求，如查明和确认计量器具是否符合法定要求的程序，包括检查、加标记和/或出具检定证书。

检定具有法制性，其对象是法制管理范围内的计量器具，除此之外，对于工厂内使用的检测测量仪器可根据工厂的规定进行定期检定，检定一般按时间间隔和规定程序，对计量器具定期进行检定。检定证书是证明计量器具执行检定规程，对检定合格的器具所出具的证明文件，由检定机构签发，是检定结果最终认可的书面文件，具有法律效用。它证明该计量器具可以销售和使用，在调解、仲裁、审理、判定计量纠纷时，可以作为合格的法定依据。

检定证书封面通常应写明器具名称、型号、准确度等级、制造厂、出厂编号、送检单位和检定合格的结论，应填写检定日期和有效期、检定机构名称、证书编号和加盖检定印章，有负责人、核验员、检定员的签名。应有内容格式，要求指出检定结果的表述要求，各项计量特性值及所用检定设备的测量不确定度、环境条件等。封面由国家计量行政部门统一规定，由各检定机构统一印制，内面格式由检定规程在附录中给出。

国家规定了具体计量器溯源等级（校准等级关系）图，建立溯源等级图的目的是要对所有的测量包括普通的测量，在其溯源到基准的途径中尽可能减少测量误差又能给出最大的可信度。如图1-7所示，检定系统表分为三大部分：计量基准器具（国家基准）、计量标准器具（省市标准）及工作计量器具（企业）。

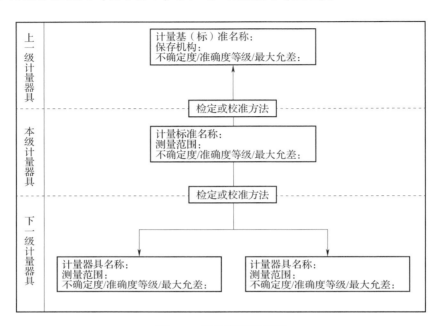

图1-7　量值溯源等级图

（二）生产系统中的检测

检测技术在生产制造中对实现质量分析、工艺改进，技术革新等各方面，起到了不可替代的关键作用，现代高性能智能装备中传感检测装置的成本已达1/3左右。检测技术涉及的内容非常广泛，包括被检测信息的获取、转换、显示以及测量数据的处理等。随着智能制造技术的发展，检测所涉及的范围也大大扩展，被测对象的尺寸小到纳米、原子量级，大到几十米甚至几百米；从几何尺寸到不同的理化参数，从有形的实体到无形的软件，都需要对其参数和性能进行检测。对于检测设备还需要按照规定定期进行校准和标定工作，以保持其测量精度和正常工作的可靠性。针对机械制造的生产系统，检测主要包括产品质量检测、生产状态检测及环境安全监控等。

1. 产品质量检测

产品质量检测主要分为：①在线检测。在生产过程中对加工对象进行实时监测，检测工作穿插在产品加工过程中，对所需测量的参数进行实时动态的在线测量，及时分析做出工艺决策，在保证产品质量的同时使生产过程处于最佳状态。②离线检测。受工艺、技术或者成本的限制，一些重要的过程参数和质量指标难以甚至无法通过检测装置在本地实时检测，通常采用定时或定量离线检测分析的方法，在产品加工完成后或在工序结束后，再安排检测工序对所需参数进行检测，然后根据分析结果来指导生产。此方法将加工与检测分离开来，延长了检测结果的反馈时间，降低了生产管控的实时性。

传统的质量检测技术多以手工检测和离线检测为主，需要大量的人力和物力成本，效率低、错误率高且辅助时间长。离线检测多使用专用检测或高精度设备，往往需要特殊的环境和测试条件，一般用于产品的抽查和最终检测。现代生产系统自动化率及产品的复杂性高，有些参数的检测人工已无法胜任，有些生产环境可能存在高温、高压、辐射、易燃易爆、无菌、无尘等特殊情况，这不仅需要保障检测人员的安全，还需要减少或避免人员对生产环境的影响。

2. 生产过程及资源状态检测

对生产过程及设备状态进行检测，主要通过对加工设备的控制器以及通过检测单元对加工过程中的设备状态及工艺状态进行采集，进而实现对生产过程及设备状态进行监控。检测工作还包括对机床设备的几何精度和性能（如运动性能、动态特性、力学性能、温度及电磁特性等）进行测量，以评价其工艺性能，这种检测工作通常在生产的间隙或停产维护阶段进行。

3. 环境安全监控

除了传统生产系统在机械电气方面的安全问题，含包括对操作安全保护设施的有效性，以及对环境及消防安全设施的有效性检测。特别是生产系统的自动化、网络化、智能化带来功能安全、信息安全以及伦理安全的新问题。利用物联网全面感知的能力，对工厂内的人、设备、环境全面感知，运用云计算等技术将自主感知和人工采集的数据进行分析处理，从而为企业的安全生产提供保证，为企业的科学决策提供支持。

根据不同的检测任务采用相应的测量方法，依据测量方法选择合适的检测技术工具构建检测系统，然后应用这个检测系统进行检测。获取检测数据的来源有：①设备本身的传感器及相关特征参数。这包括从设备控制器获取的实时数据，如加工中实时数据（理论位置、跟随误差、进给速度等）、伺服电气设备数据（主轴功率与电流、进给伺服电流等），以及加工工艺数据（如切宽、切深、材料等）。②在设备外增加传感器或检测单元，如温度、振动、声发射及视觉等传感器，进一步获取设备、产品生产过程及环境的信息。③通过网络获取。从物联网、工业互联网中得到与生产相关的信息。

检测测量精度理论已发展较为成熟，在机械测量中得到较全面应用，其要点有以下 5 点：

（1）系统误差。系统误差指的是在相同测量条件下，误差的数值（大小和符号）保持恒定或在条件改变时按一定规律变化的测量误差，又称为确定性误差。系统误差表示测量的正确度，系统误差越小，正确度就越高。系统误差可以采用补偿方法减小或消除。

（2）随机误差。随机误差指在相同测量条件下，多次测量同一对象时，绝对值和符号都以不可预知的方式变化的测量误差，又称为偶然误差。这种误差符合随机分布规律，可按统计分析原理处理。

（3）粗大误差。粗大误差指超出在规定测量条件下预计的测量误差，属偶然性，既不遵循必然规律，也不遵循随机规律。粗大误差明显歪曲了测量结果，但粗大误差剔除必须审慎，否则存在风险。

（4）测量不确定度。测量过程不仅要给出测量值，而且要给出对此测量值的测量不确定度的评定（或测量准确度），以真值为基准对测量值分布的范围进行评定。现在采用测量不确定度，以测量值为基准对真值分布的范围进行评定。以可知的测量值为基准，比不可知的真值作为基准更具有实际意义，更具有可操作性。

（5）测量误差的分解。测量误差由若干组成环节合成，将测量误差分解为若干组成环节，目的是有针对性地采取措施，减小测量误差。尺寸链理论是分解测量误差的有效工具。

（三）检测设备及其配置

如图 1-8 所示，目前检测系统的核心测量装置一般采用数字化装置组成：①传感器。一般由敏感元件和转换电路组成，将被测物理、化学及生物量转换为电信号。②信号调理。将转换的电信号经过放大、滤波等处理措施，提高信噪比及信号强度，通过 A/D 转换器进行数据采集。③数据处理。将转化的数字信号进行处理，得到对应的测量值以及其他的分析结果。④数据显示（输出）。将所得的量值进行显示或通过接口发送出去。⑤辅助电路（电源）。

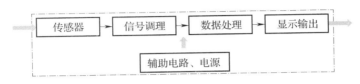

图 1-8　测量装置的组成

检测系统常用的数据输出接口有 RS232、RS485、USB、GPIB 以及现场总线等，RS232、RS485 为传统使用的串行接口，通用接口总线（GPIB，General-Purpose Interface Bus）是一种国际通用的仪器接口标准，GPIB 最初由惠普开发，并在 1978 年被确认为 IEEE488 标准。目前仪器仪表的通信接口也逐渐向现场总线及实时以太网发展。

检测系统可由通用标准的测量仪器仪表组成，还可根据具体检测对象研制专用检测治具或检具。治具这个词来源于日语，在中国台湾厂商中使用，随着台商逐渐在大陆也流行起来。简单说治具就是生产中使用的一种辅助工装，分为工装治具、检测治具两种，前者是用于机械加工、焊接加工、装配等工艺，便于加工、满足精度的需要而设计的一种工装夹具；后者为检测使用，因为有些机械尺寸不便于测量，因其形状复杂，必须设计专门的检测块或者检测用的针对某一种产品而设计检具，用来评定被检产品是否合格，是专用夹具和测量附件的集合。

狭义的检具是指使用时以固定形态复现或提供给定量的一个或多个已知值的器具，如量块、量棒、塞尺及半径样板等。检具主要由以下 4 部分组成。①定位装置。将被测工件定位于治具的定位基准，保证测量基准的准确。②夹紧装置。用来紧固工件的机构，以保证在生产过程中不因外力和振动而发生测量基准相对变化。③测量装置。实现测量的仪器仪表。④辅助装置。导向、传动等机械基体。

测量是以确定量值为目的的一组操作，通过被测对象与标准量比较得到被测对象集体量值；而检验是指为确定被测量值是否达到预期要求所进行的测量，只评定被测对象是否合格，而不能给出被测对象量值的大小。

检测系统的配置与管理首先需要根据生产的需要制定检测的需求，得到根据生产经营活动中满足安全保障、环境监测及生产控制的一组测量性能特性值。检测需求通常包括被测量、测量参数控制范围、测量允许误差、稳定性等。检测需求确认是对需求实施评价、认可的一组操作。根据产品的生产标准或工艺文件、安全环保要求、设备运行的工艺技术资料以及顾客对产品与测量相关的需求，确定所需检测的测量参数。而检测需求包含的不仅是对检测设备的需求，同时还包含对影响测量的其他因素，如人员、标准及方法等的需求。检测设备管理注意要点有以下6点。

（1）仪器设备、计量器具均需按国家标准计量部门的有关规定实行定期检定，凡没有检定合格证或超过有效期的仪器设备、计量器具一律不准投入使用。

（2）对仪器设备、计量器具编制周期检定计划表，进行定期检查工作。根据检定合格的仪器设备、计量器具的有效证书，填写相应标识内容后将标识粘贴在仪器设备上。

（3）新购置的仪器设备、计量器具应先进行检定，取得合格证后方可投入使用。

（4）自制或非标准设备，没有国家或部门的检定标准规程时，必须按公司自校规程进行定期校准。

（5）仪器设备使用前应对仪器设备进行运行检查，使用后把仪器设备还原到备用状态，并按规定填写使用记录。

（6）避免误操作和使用超周期、停用的仪器设备。发现异常现象时，立即停止操作并查找原因保持设备及周围环境的整洁。仪器设备每次使用完毕后应恢复原状并切断电源。

单件或小批量生产应尽量选择通用量具，其他如大批量生产条件下检测频次高的尺寸或参数、重要的尺寸或参数、较为复杂的工件、使用通用量具进行测量有一定困难以及形位公差的测量，一般采用检具进行测量。通常检具的测量精度要高于被测对象一个等级，用于最终检验时其定位基准一般应与设计基准重合，用于过程检验时与工艺基准重合。

现代常用的测量检验设备包括 3 种。

（1）三坐标测量仪。三坐标测量仪简称 CMM（Coordinate Measuring Machine），指在一个六面体的空间范围内，具有几何形状、长度及圆周分度等测量能力的仪器，又称为三坐标测量机或三坐标量仪，其测量精度可达到 μm 级，如图 1-9 所示。通过对被测对象离散空间坐标点的测量，采用拟合算法给出特征的几何尺寸及公差的评定结果。ISO 10360《坐标测量机的验收、检测和复检检测》是国际上有关三坐标测量机的标准。尺寸测量接口标准（DMIS，Dimensional Measuring Interface Standard）提供一种通用的数据格式，形成各类分系统之间进行测量数据交换的中性文件，测量设备厂商基于此开发测量控制管理软件。DMIS 提供一套词汇表用来将检测规划提供给测量设备以及将测量设备的检测结果传递给接收设备，实现从 CAD 到测量机的自动检测控制程序编制及传输，以及测量机的检测结果到上层管理系统的数据交换。

图 1-9 三坐标测量仪

CMM 机台及运动导轨一般采用高精密花岗岩材料，安装在恒温恒湿测量室，用于机械、汽车、航空、军工、家具、工具原型、机器等中小型配件、模具等行业中的箱体、机架、齿轮、凸轮、蜗轮、蜗杆、叶片、曲线、曲面等的测量，还可用于电子、五金、塑胶等行业中，可以对工件的尺寸、形状和形位公差进行精密检测，因而多用于产品测绘，复杂型面检测，工夹具及模具测量，研制过程中间测量等工作。主要指标如下：①行程范围。X/Y/Z 的测量范围。②测量精度。测量精度包括长度精度、定位精度、几何精度及轮廓精度等。③移动速度。三坐标空间移动速度。④控制系统及配套检测软件。如同数控系统一样，三坐标测量机也有数控对测量机进行控制，检测过程由测控程序进行控制管理，实现高效的检测自动化。

关节臂式三维坐标测量机是一种先进的便携式测量系统，它克服了传统三坐标测量机对检测环境及安装条件的严苛要求，可方便柔性地安装在被测物体的周边，广泛应用于汽车整车及零部件、模具、航空航天、造船、重机以及其他机械加工行业。

（2）数字化测头。三坐标测量机一般只能离线进行检测，数字化测头就是为实现低成本的在线检测而设计。数字化测头可安装在数控车床、加工中心、数控磨床等大多数数控机床上。在加工循环中不需人为介入，直接自动对刀具或工件的尺寸及位置进行测量，并根据测量结果自动修正工件或刀具的偏置量。测头按信号传输方式可分为硬线连接式、感应式、光学式和无线电式；按接触形式可分为接触测量和非接触测量。

一般测头像普通刀具一样安装在加工中心刀库中，通过检测程序控制，实现自动调出并安装在主轴上，利用加工中心系统本身的传动机构，以检测参数中设置的速度、测试程序提供的路径向测量点运动。当测头接触（接触式触头）工件表面产生触发信号，被接收装置传送到CNC系统，该点的位置信息将会被记录并储存于机床参数内，据此来计算被测工件的尺寸误差和形位误差。

（3）光学三维测量设备。三维光学测量技术是目前非接触式测量中最重要也是最常用的非接触测量方法，因其速度快，精度高为广大工业厂商所应用。光学三维测量技术以物理学为基础，集光学元器件、图像传感器及计算机技术于一体。其可分为主动式测量和被动式测量两大类，主动式测量就是利用人为控制的光源对被测物体进行照射，利用光源自身的结构信息获取被测物体的三维信息，如图1-10所示。被动式测量则是在自然光环境下，不加任何人为因素，只通过摄像机等光学器材获取被测物体表面的三维信息。

图1-10　三维激光扫描仪

由于激光具有稳定性、高亮度和单色性等特性，渐渐被应用于测量的各个领域，并逐渐从简单的测距发展到对整个被测物体表面进行三维重建。激光测量技术主要有两种：①时间飞行法，又称为激光测距法。该方法利用激光照射被测物体再反射回来，通过激光接收器接收反射回来的激光，再计算出发射激光到接收激光所用时间，由于激光速度已知，因此便可以求解出激光发射器和被测物体之间的距离。②激光三角法。通过激光光源发出一束激光投射到被测物体表面，反射回来的激光通过透镜聚焦，由检测器接收聚焦的激光，并在检测器上进行成像，而成像位置的变化及实际位置的变化存在一定的关系，利用这个关系即可通过成像位置的移动距离而计算出被测物体移动的真实距离。

随着 3D 结构光相机技术快速发展，其在工业三维尺寸及识别中得到应用。结构光是通过发射端投射人眼不可见的伪随机散斑红外光点到物体上，每个伪随机散斑光点和它周围窗口内的点集在空间分布中的每个位置都是唯一且已知的。这是结构光的存储器中已经预储存了所有的数据，这些散斑投影在被观察物体上的大小和形状根据物体和相机的距离和方向而不同。拍摄到的斑点和已知斑点进行对比，就可获取深度信息，从而获取检测对象的三维坐标信息。

（四）检测技术的应用

1. 在线检测

虽然有些加工设备本身就配置有传感测量装置，但加工设备本身的传感测量装置的目的是为设备的控制服务的，通常无法对所需要的参数进行测量，需要增加检测单元对生产过程进行合理高效的监测控制。

通过在生产线中或在加工设备上安装检测单元，甚至工件保持原位工位没有变化（原位测量），对生产过程进行实时监测、实时处理。这种方式有效地增强生产过程的安全性和可靠性，而且同时能达到改善产品质量、提高生产效率、节约资源、增加企业利润以及降低生产能耗和碳排放的效果。

目前国内外在线检测技术的发展趋势主要表现为：①由低精度、单工位在线检测向高精度全工位在线检测发展，由单参数独立检测向多参数综合性检测发展，由单品种大批量生产检测向多品种小批量生产检测延伸；②数字化技术的发展使检测进入虚拟仪器时代，生产现场只需一台工控机便可同时完成多个工位的在线检测，从而提高了检测效率；③在线检测设备集成化网络化，检测设备集成了信号感知、转换、处理和通信，成为 CPS 组件，方便客户化定制在线检测系统，甚至检测成为设备控制系统的组成部分，集成完成设备的测控功能。

随着视觉及人工智能技术的发展，在线检测系统通过成像设备采集生产环节的图像，利用人工智能等技术对图像进行处理分析，不但可对产品的几何参数进行测量，而且还可对产品本身及质量缺陷进行识别，大大提高了产品检测的方便性和成本。使用视觉检测系统能有效地提高生产的检测速度和精度，大大提高产量和质量。另外，视频安防监控系统，通过相机监测生产现场状态，对车间人员安全、环境安全进行安防管理。

2. 产品性能试验检测及认证

产品的性能试验是检验产品是否符合国家、行业或企业有关标准和技术要求。产品性能试验应检测产品各部件、系统的协调动作的正确和可靠性，满足其工作能力。对新产品而言，通过性能试验可全面评价其技术水平，提出产品存在的结构及性能问题，为改进产品提供依据。产品性能试验一般包括：

（1）热变形试验。主要是用点温计，热像仪等检测各运动部件（如主轴轴承、传动箱、液压系统，导轨副）的温度场变化，而得出其对工作精度的影响。

（2）噪声测量。产品的噪声测量是为环境保护和改善提供依据。国家有关强制性标准中，规定高精度级产品的噪声应小于 75 dB，普通级噪声应小于 85 dB。

（3）静刚度试验。刚度是指产品在受力状态下单位变形能承受外力的大小。根据刚度大小，找出其薄弱环节。一般采用位移计（千分表）、电感比较仪、水平仪和加力装置进行测量确定。

（4）振动和动刚度试验。振动和动刚度试验的目的在于减少和消除振动，保证加工精度及表面粗糙度，分析振源，提出改进措施。一般在产品工作状态下，采用测振仪，频率分析仪进行检测，并区别其振动类型。

（5）位置（定位）精度试验。位置误差（系统误差和随机误差）对加工精度有直接影响。如高精度多坐标轴机床，其定位误差占了加工误差的 3/5。定位精度综合反映产品构件的几何精度和刚度、进给系统的精度和刚度。一般检测的项目有：①定位精度，即做定位运动过程中所产生的位移偏差。②重复定位精度，即在同一给定位置重复定位时的偏差一致性。位置精度采用激光干涉仪，自准直仪，电感比较仪等主要测量器具，按不同的检测方法和标准（ISO、VDI、JOS 标准）来进行数据处理获得误差的测量值。

（6）产品静态几何精度。一般指产品各部件之间相对位置的平面度、直线度、位置度、平行度、同轴度等形位误差，其测量方法与各种形位误差的测量方法相同。

（7）其他方面。电磁兼容性、安全环保等方面的检测。

强制性产品认证制度是各国政府为保护广大消费者人身和动植物生命安全，保护环境、保护国家安全，依照法律法规实施的一种产品合格评定制度，它要求产品必须符合国家标准和技术法规。强制性产品认证是通过制定强制性产品认证的产品目录和实施强制性产品认证程序，对列入《目录》中的产品实施强制性的检测和审核。凡列入强制性产品认证目录内的产品，没有获得指定认证机构的认证证书，没有按规定加施认证标志，一律不得进口、不得出厂销售和在经营服务场所使用。中国强制性产品认证，又名中国强制认证（CCC，China Compulsory Certification），也可简称为"3C"标志。

非强制性产品认证是对未列入国家认证目录内产品的认证，是企业的一种自愿行为，称为"自愿性产品认证"。

3. 网络化与检测

当前生产系统中应用网络技术进行数据采集已从传感网、物联网发展到工业互联网，基于网络的检测技术主要在以下两个方面应用发展：①实现智能化生产。通过在产线上装配感知模块，动态感知设施、产品、人员和环境的状态，实现生产过程的智能决策和动态优化。②实现服务化转型。利用传感器获得的海量实时数据，结合平台侧的大数据分析、建模与仿真等技术，提供预测性维护、性能优化等服务，实现企业服务化转型。

例如，××集团全资子公司沈阳××电冰箱有限公司，如图 1-11 所示，工厂主建筑面积为 7.8 万 m²，坐落在沈阳市沈北新区，在 2013 年 12 月正式投产，年产能达到 150 万个，单线产能是传统生产线的近 2 倍。该公司积极探索基于互联网的智能制造新模式（智能互联工厂），实现由大规模制造向大规模定制转型。智能互联工厂为满足用户个性化需求，通过探索支撑智能制造新模式中智能工厂发展的集成应用，支持智能光电传感器、智能感应式传感器、智能环境检测传感器以及数控加工装备与机器人大规模协同安全可控应用。通过在自动流水线上的托盘和关键位置安装 RFID 标签和读写器，采集产品位置信息，打通从 PLC、WMS、MES 到 ERP 的数据，实现对个性化产品配件生产的智能决策。

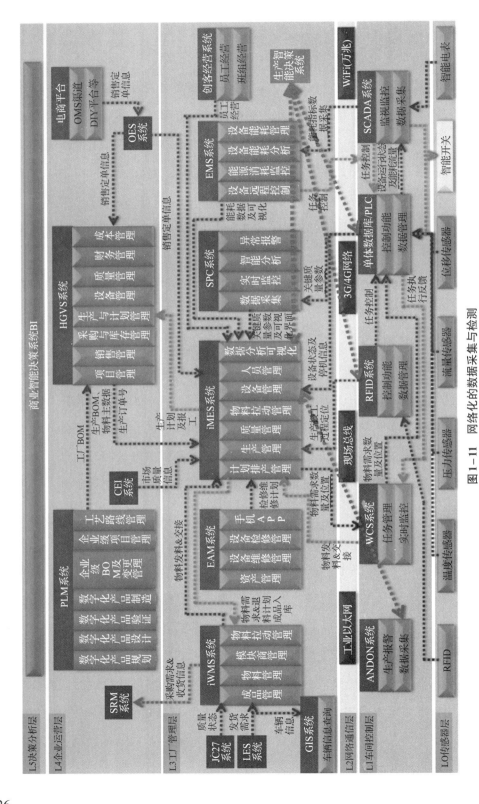

图 1—11 网络化的数据采集与检测

三、仓储物流设备的配置

(一) 仓储物流设备

物料仓储物流作为生产系统的关键组成部分之一，所有的制造加工环节均离不开物料搬运活动。据相关数据表明在生产活动中，待加工物料在生产周期内有 70% ~ 80%都处于等待或搬运等非增值环节，而且其在生产系统运行费用中也占到了很大比重；因此仓储物流的自动化、智能化减少了人工介入，降低搬运及等待等非预期成本，提高设备利用率。

按物流发生的位置，物流系统可分为企业内部物流系统和企业外部物流系统：①企业内部物流系统。例如，制造企业所需原材料、能源、配套协作件的购进、储存、加工直至形成半成品、成品最终进入成品库的物料、产品流动的全过程。②企业外部物流系统。例如，对于制造企业，物料、协作件从供应商所在地到本制造企业仓库为止的物流过程，从成品库到各级经销商，最后送达最终用户的物流过程，都属于企业的外部物流系统。还可根据物流运行的性质，将物流系统划分为供应物流系统、生产物流系统、销售物流系统、回收物流系统和废弃物流系统。本文主要讨论的是生产物流。

生产物流指从原材料投入生产起，经过下料、加工、装配、检验、包装等作业直至成品入库为止的物流过程。生产物流的运作过程基本上是在企业内部完成。流动的物品主要包括原材料、在制品、半成品、产成品等，物品在企业范围内的仓库、车间、车间内各工序之间流动，贯穿于企业的基本生产。辅助生产、附属生产等生产工艺流程的全过程，是保证生产正常进行的必要条件。生产物流的运作主体是生产经营者，部分生产物流业务可以延伸到流通领域，例如，第三方物流所提供的零部件运送。生产物流整体上可归纳为三个部分：①原材料、设备设施工具、半成品等物资供应系统；②生产制造过程中生产物流的搬运系统；③成品物资装配运输交付系统。

物流设备种类繁多，在不同生产方式和作业条件下选择就不同，设备选择时应遵循存储空间最小、移动距离最短、柔性高便于以后的调整和扩展以及安全可靠的原则。

产品的理化特性、尺寸、外形包装等不同，所使用的仓储物流设备也不同。

智能物流与仓储设施是由立体货架、巷道堆垛机、出入库输送系统、信息识别系统、自动控制系统、计算机监控系统、计算机管理系统以及其他辅助设备组成，包含到货、卸货、包装、存储、搬运、配送、工位使用、拣选、发运等物流节点的管控，涉及生产与物流全过程的用地、建筑、面积、设施设备、物料及产品、人员、时间、信息等诸多要素，是智能制造重要的组成部分。通过先进的信息采集、传递和管理技术及智能处理技术实施仓储与物流系统的集成，实现仓储与配送过程的全过程优化及资源优化。如图1-12所示，智能物流与仓储设施包括电子料架、自动化仓库、智能料仓等自动或半自动仓储设备，以及自动传送带、自动导引运输车（AGV）、机器人、自动叉车等配送设施，实现物流作

图1-12　智能物流与仓储设施

业过程中存储、运输、装卸等环节的自动化、智能化。主要的仓储物流设备如下：

（1）自动化立体仓库。自动化立体仓库采用高层货架存放货物，主体由货架、巷道式堆垛机、穿梭车、托盘、出入库输送系统、辅助设备以及综合仓储管理系统等组成。按照立体仓库的高度分类：①低层立体仓库。高度在5 m以下。②中层立体仓库。高度在5~15 m之间。③高层立体仓库。高度在15 m以上。

（2）起重设备。起重设备包括：①龙门式起重机；②桥式起重机；③巷道式堆垛机；④桥式堆垛机；⑤汽车起重机。巷道式堆垛机是自动化仓库中最重要的设备，这种起重机是随着自动化仓库的出现而发展起来的专用设备，是由叉车和桥式起重机演变而来的。它的主要用途是在高层货架的巷道内来回穿梭运行，将货物从巷道口存入货位，或从货位中取出货物。巷道式堆垛机只能在巷道内进行作业，而货物存储的出入库需要通过出入库输送系统完成。

（3）货架和托盘。货架是专门用来存放成件物品的保管设备，是钢结构或钢筋混凝土结构的建筑物或结构体。货架内是标准尺寸的货位空间，存放放入托盘的货物。

为提高仓库的利用率，扩大仓库的储存能力，现代化的仓库管理对货架有着多种要求，如满足机械化、自动化的要求等。随着物流量的增加，货架的种类应不同的功能要求，也呈现出多样化。常见的有托盘货架、悬臂式货架、重力式货架、旋转式货架、阁楼式货架、移动货架等。

托盘是用于集装、堆放、搬运、运输及放置货品的装置，便于运输过程中使用机械进行装卸、搬运和堆存，托盘化运输对提高物流生产效率非常重要。托盘大小有专门标准规定，同集装箱一起成为提高运输效能的关键设备。这种装置有供叉车从下部插入并托起的叉入口，以这种结构为基本结构组成的各种形式集装器具统称托盘。按结构可以分为平板托盘和箱式托盘等，如图1-13所示，按材料可以分为塑料托盘、金属托盘、木制托盘、纸制托盘。货物在托盘上以重叠或纵横交错式等形式摆放，采用绳索、打包带、网罩等方式与托盘扎紧紧固。

（4）输送系统（如图1-14所示）。常见的有：①动力式传送机和重力式传送机；②AGV；③叉车；④拆码垛机器人等。输送系统与巷道式堆垛机对接，配合堆垛机完成货物的搬运、运输等作业。叉车又称铲车、叉式装卸车，是装卸搬运机械中最常见的具有装卸、搬运双重功能的机械，它以货叉作为主要的取货装置，依靠液压起升机构升降货物，由轮胎式行驶系统实现货物的水平搬运。叉车除了使用货叉以外，还可以更换各类装置以适应多种货物的装卸、搬运和作业。根据动力装置的不同可分为内燃式叉车和电动式叉车。按照功能和功用进行分类，可分为平衡重式叉车、侧面式叉车、插腿式叉车、前移式叉车及集装箱叉车。

图1-13 托盘

图1-14 输送设备

（5）包装设备。包装设备包括：①填充机；②封口机；③裹包机；④贴标或打标机；⑤捆扎机。还有由一台设备完成全面包装工作的多功能包装机。

（6）自动控制系统。自动控制系统向上联结物流调度系统，接受物料的输送指令；向下联接输送设备实现底层输送设备的驱动、输送物料的检测与识别；完成物料输送及过程控制信息的传递。仓储管理系统完成对订单、需求、出入库、货位、不合格品、库存状态等各类仓储管理信息的分析和管理。

（7）辅助设备一般包括自动识别系统、自动分拣设备等，其作用都是为了扩充自动化立体仓库的功能，如可以扩展到分类、计量、包装、分拣等功能。

（二）仓储物流及其配置管理

高效的仓储物流系统是对生产系统合理布局、物流系统合理优化以及企业资源及成本相互协调的结果，主要考虑的影响因素为：①作业过程中安全性、完整性和质量的保障；②高效的装卸和搬运效率；③加快仓库的周转率，从而充分利用仓库空间；④节省人力，降低仓储搬运成本。依据企业物流系统组成环节进行分类，可将仓储物流系统划分为：①供应链物流系统；②生产物流系统；③销售物流系统；④回收物流系统；⑤废弃物流系统。依据物流过程产生的地点不同，可将仓储物流系统分为：①企业内部物流。表现为企业内在生产制造过程中对原材料、生产相关物品、制造形成半成品和成品的存储和运输。②企业外部物流。企业外部物流包括将原材料、零部件等从供应商运输到生产企业的物流过程，以及将成品运输到各级中转库、分销商最后到客户的物流过程。

生产物流系统一般发生在生产制造企业内部供应物流系统过程结束之后，其过程包括原材料出库、运输路径的设计、运输至生产车间，生产系统加工过程中的填料、换料，生产工序间流动、生产产品的搬运、生产产品的装配运输、生产产品入库统计等过程。生产物流贯穿了企业生产系统全过程，是企业生产顺利进行的必要环节，也是保证企业正常生产经营的必要条件之一。

仓储物流系统由许多物流设备共同组成，设备间相互影响，因此设备的选购不能只关注单个设备本身，还需要从整体出发，系统地进行考虑。物流各设备间的配合性就显得尤为重要，设备间的匹配性概括而言是指它们在实际运行中能否相互配合，两者的性能是否被限制。由于设备间会涉及搭配使用问题，因此在设计时就需要考虑设备的匹配问题。根据设备之间搭配的使用效果可以建立设备两两间的匹配性矩阵（见表 1-3），对它们的匹配性进行打分，一般分数范围可设为 1~5 分，分数含义如下：①1 分。两设备相互没有关系。②3 分。两设备可以一起使用。③5 分。两设备必须一起使用。④2~4 分。在两种程度之间。这样在配置时根据设备的价格、使用的频率，分数越高的两台设备就要一起统筹考虑，从而选择出合适的设备。

表 1-3　　　　　　　　　　　　　　　　　设备匹配性矩阵

匹配性	1	2	3	4	5	6	7	8	9	10	11	12
1		2	4	4	3	2	4	1	3	4	1	1
2			3	3	3	1	1	1	3	4	1	1
3				2	4	4	2	4	4	3	4	4
4					3	3	1	3	3	4	3	2
5						3	3	4	4	2	4	4
6							1	3	3	4	2	2
7								1	4	2	4	3
8									3	4	4	4
9										3	3	2
10											3	4
11												5
12												

四、工厂布局与辅助设施配置

（一）生产系统布局规划与辅助设施配置

生产系统的配置规划从系统的观点出发。对厂区范围内的车间、仓库、运输线路、管道及其他建筑物进行空间总体配置，根据厂区地形和生产工艺流程要求，统筹兼顾，合理安排企业内各建筑物的位置，以实现企业的正常生产和提高经济效益。工厂总平面布置的目标是：单一的流向，最短的距离，最大的利用空间，满足生产、运输、动力、环保、安全及建筑工程的经济、美观和适用等多方面要求。工厂总平面布置将对企业的生产有较大的影响，合理的布置要满足以下要求：

（1）生产过程的要求。将辅助车间、仓库尽可能布置在接近其所服务的主要车间，按照生产性质、工艺流程、动力需要、货运方向和人行线路等要求，把一些同类车间和设施布置在同一区域。

（2）物流运输的要求。使货物运转线路尽可能为直线，运输距离最短，并减少运输线路和工程管道的交叉点。

（3）建筑经济要求。尽可能避免建筑大量小型厂房，将建筑节能和可持续利用作为重点之一考虑，并注意防火、通风、采光、绿化、卫生和环境保护等要求。

创建数字孪生工厂，在数字空间中进行涉及厂房、生产线、设备和工装夹具等主要设施资源的规划设计，是数字孪生技术的重要应用。通过数字孪生技术在数字空间中开展对工艺规划、虚拟调试、制造过程仿真分析等工作，大大提高规划的质量和效率。图1-15工厂布局IDEF0图（美国空军在结构化分析方法的基础上，发展起来的一套系统分析和设计方法），从工厂、生产线、设备工装3个层面对生产系统的设施布局配置问题进行了分析。生产车间除了水、电、气、网络、通信等设施的规划配置外，还需配置智能视频监控系统、智能采光与照明系统、通风与空调系统、智能安防报警系统、智能火灾报警系统以及环保排放系统等，以实现智能车间所需的功能。

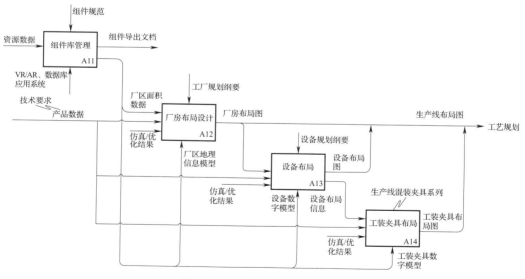

图1-15 工厂布局IDEF0图

（二）工厂配电

工厂配电也称工厂供电，是指工厂所需电能的供应和分配。电能是现代工业生产的主要能源和动力，在机械工业中，虽然电费开支仅占产品成本的5%左右，但它是工业的血液。对配电的要求是：①安全。在供应、分配和使用中，设立安全保护设施及规则，确保人身和设备安全。②可靠。满足用户对供电可靠性即连续供电的要求。③高质量。满足用户对电压和频率等的质量要求。④经济。供电系统的投资少，运行费用低，并尽可能地节约电能。此外，在供电工作中，应合理地处理局部和全局、当前和长远等关系，既要照顾局部和当前的利益，又要有全局观念，能顾全大局，适应发展。

一般中型工厂的电源进线电压是6~10 kV。电能先经高压配电所集中，再由高压配电线路分送到各车间变电所，或由高压配电线路直接供给高压用电设备。车间变电所内装设有配电变压器，将6~10 kV的高压降为一般低压用电设备所需的电压，如220/380 V（220 V为相电压，380 V为线电压），然后由低压配电线路将电能分送给低压用电设备使用。

设计供配电系统的基础就是要掌握电力负荷的基本概念，进而确定工厂的计算负荷（也称需要负荷），然后按照计算负荷确定变压器的容量、选择供配电系统的电气设备、确定改善功率因数的方法，选择以及整定保护设备等。运算负荷是一个假想的持续负荷，通常采用30 min最大平均热效应作为选择的依据，是供配电设计的重要基础。负荷运算结果的准确性会很大程度上影响各类设施的经济效益。电力负荷运算的过程中应用的方法较多，其中比较典型的包括需要系数法、单位面积功率法、单位指标法、利用系数法、单位产品耗电量法等。

一般常用需要系数法计算工厂实际负荷，首先需要确定设备的功率，用电设备的额定功率P_r或额定容量S_r是指铭牌上的数据，对于不同负载持续率下的额定功率或额定容量，换算为统一负载持续率下的有功功率P_e即设备功率：①连续工作制电气的设备功率等于额定功率；②短时或周期工作制设备需要换算到统一负载持续率下的有功功率。

计算负荷：$P_{30}=K_d\times P_e$　　K_d为需要系数，P_e为设备功率

无功计算负荷：$Q_{30}=P_{30}\times\tan\theta$

视在计算负荷：$S_{30}=P_{30}/\cos\theta$

计算电流：$I=S_{30}/\sqrt{3}\,U_N$　　U_N为系统额定电压

总的有功计算负荷：$P_{30} = K_{\Sigma P} \sum P_{30i}$ $\sum P_{30}$ 为计算负荷总和，$K_{\Sigma P}$ 为有功同时系数

总的无功负荷计算：$Q_{30} = K_{\Sigma Q} \sum Q_{30i}$ $K_{\Sigma Q}$ 为无功同时系数

总的视在功率计算：$S_{30} = \sqrt{P_{30}^2 + Q_{30}^2}$

$K_{\Sigma P}$ 一般取值 $0.85 \sim 0.95$，$K_{\Sigma Q}$ 一般取值 $0.9 \sim 0.97$。这样就可计算工厂总的配电需求，按照这个数值进行配电设计。

（三）视频监控系统

车间视频监控系统一般由 3 部分组成，监控设备、视频传输以及监控中心。

（1）监控设备。监控设备相当于监控系统中的前沿部分。将其布置在被监控的区域，对需要监控的空间进行拍摄。除了监控的摄像机之外，监控设备还包括其他一些辅助设备，如云台、保护监控设备的防护罩、解码器等。但其主要功能是将声音和图像信息采集后，进行压缩解码以及数模转换。摄像部分的质量，尤其是其对图像信号处理的质量，往往影响监控系统的整体质量。

（2）视频传输。传输网络是视频传输的核心部分。当前的传输方式一般有双绞线传输、宽频共缆传输、微波传输、光纤传输、网络传输、视频基带传输等方式。

（3）监控中心。监控中心负责控制监控视频和监控设备，是监控系统的控制中心。监控中心负责将监控设备传输过来的信号进行解码，最终以视频形式显示在终端设备上。其中重要的一部分还包括对历史视频的存储。由于视频文件存储容量较大，一般通过磁盘阵列的形式进行存储。

为保存历史视频信息，一般需要对监控系统中的视频进行存储，这就需要用到录像机。当前应用比较广泛的是数字视频记录仪（DVR，Digital Video Recorder）和网络视频记录仪（NVR，Network Video Recorder）。一般 DVR 集成了很多的功能，包括基本的录像机和视频传输过程中的传输，控制摄像头拍摄参数和运动的云台控制，还有的包括用于画面分割功能和监控过程中的报警功能。NVR 相当于一个中间件。模拟视频、音频以及其他辅助信号经过视频服务器数字化处理后，以 IP 码流的形式上传到 NVR，再由 NVR 完成存储和转发。视频监控系统的主要功能包括以下几个方面：

（1）现场实时监控。这是视频监控系统的基础的功能。

（2）历史数据保存。实时监控画面，需要采用一定手段进行保存和存档。

（3）事件记录和报警。当前监控视频画面出现事件或者异常时，应该能够自动或者手动的对事件或者异常进行抓图或保存事件当时的前后的视频画面。并且提供一定的报警通道。例如，监控系统实时多媒体报警、手机远程报警等报警手段。在车间的视频监控，往往需要联动报警，如视频监控与安灯系统的联动等报警。

（4）多功能视频处理。在当前视频监控的基础上，已经越来越多地尝试对视频进行处理。这其中包括视频的移动侦测、遮挡报警。随着视频处理技术的发展，做到视频的实时处理，如在视频中便可实现统计固定时段内零件加工数量、基于形状的零件自动识别等功能。

（四）其他辅助设施的规划配置

1. 照明系统

工厂照明设计的照度值应根据国家标准（GB 50034—2013）《建筑照明设计标准》的规定选取。该标准规定了16大类工业建筑的一般照明的照度值。各类工厂更为具体的工作场所的照度标准还应按相关行业的规定。对生产车间各作业区域进行照明规范（见表1-4），防止因为照度不足而引起的安全事故或产品质量事故。选择灯具的型式时，需注意环境温度、湿度、振动、污秽、尘埃、腐蚀、有爆炸和火灾危险介质等情况。车间照明可分为一般照明、局部照明、混合照明和重点照明。其中应急照明包括备用照明、安全照明和疏散照明。

表 1-4　　　　　　　　　　　　　　　　车间照明

房间或场所		参考平面及其高度	照度标准值（lx）	UGR	U_0	R_a	备注
机、电工业							
机械加工	粗加工	0.75 m 水平面	200	22	0.40	60	可另加局部照明
	一般加工公差≥0.1 mm	0.75 m 水平面	300	22	0.60	60	应另加局部照明
	精密加工公差<0.1 mm	0.75 m 水平面	500	19	0.70	60	应另加局部照明

续表

房间或场所		参考平面及其高度	照度标准值（lx）	UGR	U_0	R_a	备注
机电仪表装配	大件	0.75 m 水平面	200	25	0.60	80	可另加局部照明
	一般件	0.75 m 水平面	300	25	0.60	80	可另加局部照明
	精密	0.75 m 水平面	500	22	0.70	80	应另加局部照明
	特精密	0.75 m 水平面	750	19	0.70	80	应另加局部照明
电线、电缆制造		0.75 m 水平面	300	25	0.60	60	—
线圈绕制	大线圈	0.75 m 水平面	300	25	0.60	80	—
	中等线圈	0.75 m 水平面	500	22	0.70	80	可另加局部照明
	精细线圈	0.75 m 水平面	750	19	0.70	80	应另加局部照明

2. 供暖通风与空气调节

根据车间环境的不同要求，分别应用供暖通风或空气调节技术在车间建筑物内建立并维持一种可按需调控的"人造环境"，国家标准《工业建筑供暖通风与空气调节设计规范》（GB 50019—2015）对这方面进行了规定。供暖系统由热源、散热设备、输热管道和调控器等组成，将热能输入至要调控的空间，使其达到所需的温度要求。按系统化程度分为局部供暖和集中供暖；按热媒种类分为热水供暖、蒸汽供暖和热风供暖；按介质驱动方式分为自然循环和机械循环。工厂的通风或空气调节通过与环境空间空气的交换，实现对室内空气的温度、湿度、洁净度等的参数调控。实现这个目的的空调系统也就分为舒适性空调和工艺净化性空调，舒适性空调用于工作空间合适的温湿度；工艺净化性空调可对空间的洁净度、微生物以及其他工艺要求进行调控。

3. 工厂给水排水系统

为保障企业用水和排水安全，保证企业给水排水工程建设质量，节约资源，保护环境，遵守《中华人民共和国水法》《中华人民共和国水污染防治法》等法律法规的有关规定。工业企业给水排水工程规划与地区或城镇给水排水规划和水污染防治规划的关系要符合地区或城镇用水、排水和水污染防治要求。其主要内容包括工业企业的用水量、水源、废水排放量、排放水体、污染物排放总量、节水措施和污染防治措施等。国家制定有强制性规范《城镇给水排水技术规范》（GB 50788—2012），并在2020

年提出了《工业给排水通用规范》的征求意见稿，不久的将来就要付诸实施。

4. 集中供气系统

集中供气系统是将中央储气设备中的气体经切换装置并调压后通过管路系统输送到各个分散的终端用气点。供气系统主要由气源、汇流装置、配比装置、切换装置、调压装置、终端用气设备、监控及报警装置等组成，包括氧气、氩气、二氧化碳、氢气、乙炔、丙烷、液化石油气等各种气体的输送。其中压缩空气是现代生产车间一种主要的动力来源，主要由空气压缩机、储气罐、干燥机、过滤器、输气管道、阀门组成，压缩空气经过空气压缩机→储气罐→过滤器→干燥机→输气管道到达用气端口。一般工厂空压站的压力控制在 0.8 MPa，通常设备的压缩空气供压为 0.6～0.7 MPa，空压站的供压要高于设备要求的供压压力，主要是考虑到管路压降损耗，应该能够满足工厂设备的正常供压要求。《压缩空气质量标准》（GB/T 13277—2016），通过对压缩空气中的颗粒度、压力漏点及含油量对压缩空气进行质量分级。

案例 1-3：青岛××股份有限公司主营产品包括轨道车辆内装产品、真空集便系统、金属结构件、模块化产品和车外结构件等五大类轨道车辆配套产品。公司拥有国内外先进的加工设备和检测设备，包括三维激光切割机、CNC 高速冲床、自动焊接机器人、三坐标测量仪、多层热压机、水切割机和大型喷涂流水线设备等，是典型的离散型制造企业。该公司的特殊工序对环境要求较高，需要在规定的温湿度范围内进行生产操作。为此该公司根据自身的生产特点，制作了一套温湿度自动反馈系统，如图 1-16 所示。

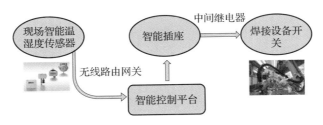

图 1-16　温湿度自动反馈系统

智能温湿度传感器现场采集环境温度，当环境温度高于或低于操作温度范围时，将信号通过网关传递给智能控制平台，智能控制平台停止焊接过程，并传递关闭信号给智能插座，智能插座断电，终止焊接设备操作。当温度恢复至操作温度时，通过信号的传输，自动恢复供电，重新开始焊接过程。平台还可将信息实时反馈至手机客户端，并形成历史记录。

机房火灾主要来源是内部和外部，内部起火主要原因为机房配电系统起火、用电设备起火、人为事故起火等。消防系统是数据中心机房中必不可少的，房内除设有火灾自动报警系统外，还应选用气体灭火系统。消防系统应设置电源主开关联动装置，一旦发生意外，消防系统启动之时，能自动计时切断总电源输入，将损失减至最低。所以机房建筑材料为防火材料，地板使用静电地板，并设置了自动火灾报警系统、气体灭火系统、温湿度报警系统等。使用火灾探测仪、温湿度仪等感应器实现自动发现进行报警功能，当发生火灾的时候，系统自动点亮机房门口警示灯并报警，并释放七氟丙烷气体进行灭火。机房使用了物联网，对机房温湿度和 UPS 进行监控，当有异常时，给机房管理员自动发送微信和邮件进行报警。

实训

（一）实验目标

1. 了解数控设备的组成及工作原理

2. 熟悉数控机床、机器人及三坐标测量仪的功能及性能指标

3. 掌握数控机床、机器人及三坐标测量仪的基本配置操作

（二）实验环境

1. 硬件：PC 计算机一台

2. 装备：加工中心一台、机器人一台，三坐标测量仪一台

（三）实验内容及主要步骤

1. 进行数控机床、机器人、测量仪与计算机连接的通信接口配置

2. 进行数控机床、机器人、测量仪程序文件的下载和上传

3. 进行数控机床、机器人、测量仪配置参数的备份和恢复

第二节　生产系统的配置与集成

考核知识点及能力要求：

- 了解生产系统的组成及分类；

- 熟悉生产系统的评价指标体系；

- 熟悉生产系统的架构及集成方法；

- 能够对生产系统进行建模，获取生产状态及性能参数；

- 能够采用仿真软件对生产线进行虚拟调试。

生产制造从手工作坊制造、大规模制造、精益制造、柔性制造（或计算机集成制造 CIMS）、敏捷制造（或并行工程）到今天的智能制造。在这期间还出现了全面质量管理、摩托罗拉 6σ 的概念和相应的管理体系，这些都是探索适应新的生产需求的实践。随着智能产品的不断涌现，要实现对这些产品的高效生产，必须要向采用智能装备、应用智能生产方式转变。CIMS 系统和信息集成的理念被普遍接受，以系统视角来看，认为企业生产的各个环节，即从市场分析、产品设计、加工制造、经营管理直到售后服务的全部生产活动，形成了一个不可分割的整体，它们彼此紧密相连，单一的生产活动都应在企业整个框架下作统一的考虑；以信息角度来看，认为整个生产过程实质上是一个数据的采集、传递和加工处理的过程，最终形成的产品可以看作是"数据"的体现。

一、生产系统的组成及分类

（一）生产系统的组成及功能

生产系统可从 3 个方面来定义：①结构方面。生产系统是一个包括人员、生产设施、加工设备和其他附属设施等各种硬件的统一整体。②工艺过程。制造系统可定义为生产要素的转变过程，将原材料加工为产品的过程。③运营过程。生产的分析及计划的制订，计划的实施及计划的管理和控制。它涉及产品全生命周期（包括市场分析、产品设计、工艺规划、加工过程、装配、运输、产品销售、售后服务及回收处理等）的全过程或部分环节。从信息视角来看，生产系统从原来的金字塔型结构，由设备及其设备现场控制层 FCS，到 MES 系统对车间生产进行管控，最上层 ERP 进行企业计划管理工作；逐渐向基于工业互联网的云、边、端的架构发展，如图 1-17 所示。

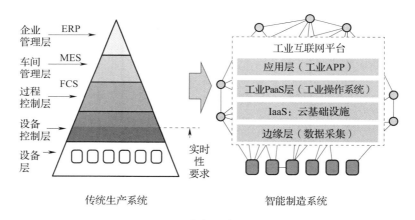

图 1-17　生产系统架构演变

如图 1-18 所示，在生产技术方面，生产系统需要解决生产什么（What），以及怎么（How）生产出来的问题；生产什么的问题需要经历市场调研和分析，设计出要生产的产品；怎么生产的问题需要研究生产工艺，得到可行的生产技术。另外从生产组织管理方面要解决什么时间（When）生产、在哪里（Where）生产、由谁（Who）来生产和生产多少（How many）的问题；生产系统必须有相应的部门解决以上问题，并

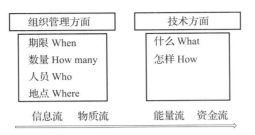

图 1-18　生产系统功能

且需要有信息、物料、能量和资金流的支持才能保障生产顺利进行。

生产系统通过车间实现产品的物理制造，车间除了厂房外主要包括以下部分：①基本生产部分，完成生产、装配、检测等生产工作的设施；②辅助生产部分，为生产提供水、电、气等辅助支持设施；③物流仓储部分，提供原料及产品的存储及运输；④车间办公室，车间现场的监控及管理，特别是数字化车间的边缘计算及数据存储设施；⑤生活设施。车间同时也是制造信息的产生、使用的聚集地，例如，从矿石到钢铁，从零件到设备的制造过程也是制造信息不断物化到产品的过程，是产品中信息含量不断增加的过程，也可以说是一个信息制造过程。

随着赛博物理系统 CPS 的发展，可将生产系统看成由不同层次的 CPS 组成。如图 1-19 所示，CPS 划分为单元级、系统级、SoS 级（System of Systems，系统之系统级）3 个层次。单元级的 CPS 通过硬件+软件构成，单元级 CPS+网络系统组成系统级 CPS；系统级 CPS 进一步通过工业云、工业大数据等平台的智能协同构成 SoS 级的 CPS，图 1-20 展示了从嵌入式系统演变到 CPPS（赛博物理融合的生产系统）的层次递进示意图。

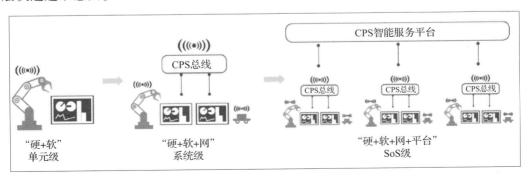

图 1-19　CPS 的层次结构

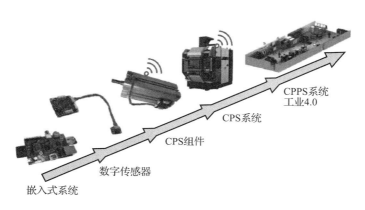

图 1-20 从嵌入式系统到 CPPS 系统的演变

（二）生产系统的分类

生产主要指对物质资料的生产，即通过生产过程将原材料转换为特定的有形产品，从事这样生产活动的企业属于制造业。根据不同的角度，生产系统主要有以下分类：

（1）按生产特点：分为离散性（Discrete）制造，零件一个个生产制造出来，然后装配成部件，部件再装配出一个个最终产品，通常系统采用 PLC 控制；连续性（Continuous）制造（也叫流程性制造），生产对象按照固定的工艺流程连续不断地通过系列设备和装置，被加工、处理成为产品的生产方式，如化工、水泥等的生产，通常系统采用分布式控制系统（DCS，Distributed Control System）进行管控。

（2）按产品定位策略：分为备货型生产（MTS，Make-to-Stock）和订货型生产（MTO，Make-to-Order）。备货型生产是企业在市场需求研究的基础上，有计划地进行产品开发和生产，生产出的产品不断补充成品库存，通过库存随时满足用户的需求，其特点是标准化、批量大的产品。

（3）按产品产量：分为大量生产、成批生产和单件生产类型。在通常情况下，企业生产的产品产量越大，产品的品种则越少，生产专业化程度也越高，而生产的稳定性和重复性也就越大。反之，企业生产的产品产量越小，产品的品种则越多，生产专业化程度越低，而生产稳定性和重复性亦越小。

（4）按生产组织方式：分为固定工位、生产流水线和作业生产。①固定工位方式。产品在一个固定工位上生产制造完成。②生产流水线方式。产品在流水线上顺序从一个工位流动到下一个工位，而设备不动，人员不动或者在工位范围内局部走动，通常有固定的生产节拍（脉动式生产），有利于提高生产效率。由于数字化智能装备的发展，柔性生产线逐渐取代刚性生产线，在一条生产线上可实现多种产品的生产。③作业生产方式。通过构建不同的工位，产品生产在这些工位上生产的路径可以不同，因而生产调度工作复杂，但生产柔性提高。

如广泛应用于离散制造的装配线，从刚性线发展到今天混流生产装配线，根据装配线上产品的类型数及投产方式，装配线可分为以下3类，如图1-21所示。

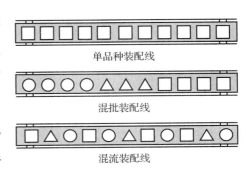

图 1-21　装配线种类

（1）单品种装配线（Single-model Assembly Line）。此类装配线仅对单一品种的产品进行装配。

（2）混批装配线（Multiple-model Assembly Line）。此类装配线将工艺结构相似的几类产品整合在同一条装配线上进行装配，产品以固定的批次轮流投产，当一类产品装配结束后，调整工装、工艺再进行下一类产品的装配。

（3）混流装配线（Mixed-model Assembly Line）。混流装配是一种特殊的混批装配模式。在混流装配中，不同种类的产品按照特定的顺序进行投产，不再是等一类产品装配完后再装配另一类产品，这有利于降低库存，实现准时化生产。

随着客户化制造的发展，一方面，出现了大批量定制的生产方式，其目标是以近似大批量生产的效率进行生产以满足客户的个性化需求。另一方面，制造业服务化趋势越来越明显，生产企业为了获取竞争优势，将价值链由以制造为中心向以服务为中心转变。生产服务化主要从两方面体现，一是生产要素服务化，即服务要素在制造业的全部投入中占据着越来越重要的地位，如创新设计、知识产权、金融服务及人力资源服务等；二是业务服务化，也可称为产出服务化，即围绕产品而产生的服务占据越来越重要的地位，企业从卖产品到卖"产品+服务"。

二、生产系统的集成

（一）生产模式的发展

生产模式是制造企业在生产经营、管理体制、组织结构和技术系统等方面所体现的形态或运作方式。从更广义角度来看，生产模式就是一种有关制造过程和制造系统建立和运行的哲理和指导思想。受当时的生产发展水平及市场需求的影响，随着制造技术和信息技术的发展，生产制造从传统手工发展到工业革命的代表流水线制造模式，通过分工专业化、过程自动化使汽车大规模制造的成本降低，而效率大大提高。随着对质量及客户化需求的不断提高，诞生诸如全面质量管理、精益制造、柔性制造、计算机集成制造、敏捷制造与并行工程等制造理念。如今随着新一代信息技术发展到今天的智能制造，形成了美国以信息技术和创新为特色，日本以高素质的员工及管理技术为特色，德国以自动化装备及标准为特色的非常鲜明的制造。我国也借助大市场和互联网的优势形成了灵活快速适应市场的较强竞争能力。

目前生产车间主要还在数字化、网络化阶段，也就是主要以 MES 为中心，通过构建以数控机床、机器人、测量测试设备、仓储物流设备以及辅助设施等资源的互联互通，实现生产过程的精确化执行，以及实现对计划调度、生产物流、工艺执行、过程质量、设备管理等生产过程各环节及要素的精细化管控，实现数据在自动化设备、信息化系统之间有序流动，将整个车间打造成软硬一体的系统级 CPS，最终实现高效、高质、绿色、低成本的生产模式，提升企业竞争力。

数字化发展到网络化制造，出现了以云计算技术为支撑的网络化制造新形态——"云制造"，通过采用物联网、虚拟化和云计算等技术对制造资源和制造能力进行虚拟化和服务化的感知接入，并进行集中高效管理和运营，实现制造资源和制造能力的大规模流通，促进各类分散制造资源的高效共享和协同，从而动态、灵活地为用户提供按需使用的产品全生命周期制造服务。

工业 4.0 的 RAMI4.0 模型从生命周期 & 价值维度、层次结构和信息层级三个维度给出了构建具有工业 4.0 理念的生产系统参考架构。生命周期 & 价值维度反映出企业的数字化转型带来的管控理念的变化，产品首先在数字领域经过设计、制造及使用等虚拟过程，形成模板，然后才进行实例化，在物理空间中进行实物生产；层次结构维度在原《企业控制系统集成》（IEC 62264）标准的基础上进行扩展，可以看作生产系统的物理维度；信息层级维度从信息的角度清晰给出了生产系统的虚拟组成架构。

（二）生产系统信息集成技术

从系统的角度看生产系统的各个环节，即从市场分析、产品设计、加工制造、经营管理直到售后服务的全部生产活动，形成了一个不可分割的整体，它们彼此紧密相连，单一的生产活动都应在企业整个框架下作统一的考虑。从信息的角度看整个生产过程实质上是一个数据的采集、传递和加工处理的过程，最终形成的产品可以看作是"数据"的体现。所以生产系统的集成技术就是借助新一代信息通信技术，通过工业软件、生产和业务管理系统，将人、机、物联结起来成为有机的整体，帮助企业实现纵向集成、横向集成及端到端集成。其中纵向集成是指在智能工厂内部，从现场层、控制层、车间管理层到企业管理层有机整合在一起；横向集成是指将各种不同制造阶段的智能系统或企业集成在一起，形成产业的生态系统；端到端集成就是围绕产品全生命周期，通过价值链上不同端口的整合，实现从产品设计、生产制造、物流配送、使用维护的产品全生命周期管理和服务，客户的需求和反馈可以直接与研发设计及生产端相连，形成以产品为核心的互联互通的业务闭环流程。

系统集成概念起源于工业自动化的革命，起始于20世纪70年代末、80年代初的美国，当时，许多工业生产的计算机应用项目需要将多厂家设备综合在一个系统中。许多大企业需要实现全厂设备的综合监控和互联。但是，当时的设备系统基本上都是封闭的自动化孤岛，需要大量开发采集设备数据的工作，于是出现了一些熟悉多厂家设备的硬件和软件开发人员组成的系统集成商，他们将各个设备子系统集成在一起，构建起企业以计算机为基础的生产制造与企业管理系统，做了"系统集成"的工作。

从20世纪70年代末起，经过80年代直到90年代，流程工业自动化系统从单一厂家设备的 DCS、PLC 系统，向多厂家设备以 DCS、PLC、SCADA 系统为基础的开放系统发展。这一阶段，工业 PC 机、嵌入式计算机和 DCS 技术得到发展，特别是 PLC 技术得到了迅猛发展。PLC 系统开始取代早先的数据采集系统，在许多大项目中，建成了以 PLC 为基础的 SCADA 系统。工业应用系统的规模日趋庞大，要求与之相应的自动化系统的规模也越来越大，要求系统容纳更多厂家的设备，要求系统结构更加开放以接入各种设备及其网络。这一时期，工业 PC 加 HMI 软件加 PLC 系统，发展成为系统集成开放系统的主要结构。

随着信息技术（IT）的发展，企业信息化浪潮以更大的势头发展。企业的 MES 和经营管理系统由于 IT 的深入而得到快速发展，ERP 与其他管理信息系统几乎进入了所有大型企业，此时系统集成包含了更大的范围，从自动化到了信息化。这一阶段，几乎所有的世界级大型 IT 公司纷纷参与信息化大系统的系统集成项目，特别是软件企业在系统集成方面做出了一系列的创新。新概念的软件体系在信息化系统集成项目中崭露头角。微软的 .NET 开发框架，SUN 公司的 J2EE 系统集成应用架构，国际商用机器公司（IBM）的 SOA（面向服务架构）成为企业信息化的 IT 架构方法，将企业业务彼此连接，对可重复的业务任务或服务进行整合，构建在各种系统中的服务可以以一种统一和通用的方式进行交互。适合具体企业业务的大型系统集成平台也在企业信息化与自动化深度融合中出现。

系统集成商所做的工作，综合了设备厂商的代理、产品的分销商、工程的咨询工程师以及工程承包商等所有职能。而且，他们不同于设备制造商，他们对应用系统所涉及的专业知识和用户实际需求较为熟悉，可为用户提供较好的全面解决方案和增值服务。控制系统集成商根据具体工程的输入条件，根据通用需求和专用需求制定出的需求规范，针对用户提出的问题做出综合解决方案。方案包括最终的项目工程设计、技术文件、硬件配置与购买、用户软件开发、现场仪表的接线和安装、控制方案、软件选择、测试和调试。系统集成商为用户提供的主要是系统集成的技术服务以及系统集成商的应用经验。

目前，系统集成正向企业信息集成的全面解决方案发展，它已从控制领域向信息领域扩展，要求系统集成商对企业控制系统集成、制造过程集成，也要对企业的管理系统和信息系统集成。与此相适应，系统集成所应用的开放系统必须可以将底层设备层（现场设备和传感器）工厂控制层和企业管理层的各类设备联网，实现企业主业务的智能制造，实现全企业的监控管理和信息综合服务，实现操作技术/信息技术（OT/IT，Operation Technology/Information Technology）的融合。在工业 4.0 中，明确提倡制造厂商发展为智能制造的系统集成商，制造企业发展为产品与服务的系统集成商。

工业企业信息化集成系统最早是我国"863"专家提出的概念。全国工业自动化系统与集成标准技术委员会（TC159）一直致力于企业信息化集成系统国家标准的制定。2010 年 1 月，国家标委会发布了《工业企业信息化集成系统规范》（GB/T 26335—2010）并于 2010 年 6 月开始实施。标准在基本规定中特别强调了，工业企业信息化集成系统应建成从生产自动化、生产管理到经营决策的完整系统；它将企业自动化和信息化有机地融合在一起，使工业企业核心业务系统及相关联的业务系统有效集成，提高企业经营的效率，为实现企业战略目标服务。标准给出了一般工业企业信息化集成系统的层次模型，它是基于普渡模型的分层分级系统。

经过 CIMS 阶段的发展，国际制造企业联合会（MESA）提出了被广泛采用的ERP/MES/PCS 三层架构，其中 ERP 系统以财务分析/决策为核心的整体资源优化的技术，强调企业的计划性；MES 系统以生产综合指标为目标的生产过程优化控制、生产运行优化操作的技术，强调计划的执行；PCS 系统以设备综合管理控制为核心的技术，强调设备的控制。

企业信息化集成系统是通过计算机硬件、软件，并综合运用现代管理技术、制造技术、信息技术、自动化技术、系统工程技术，将企业生产全过程中有关人、物资、技术和经营管理三要素及其信息流、物料流与资金流有机地集成并优化运行的一个复杂大系统。集成的核心是构建基础设施集成平台，为企业提供基础的信息集成、应用集成、过程集成和商业集成服务。通过这些集成服务，企业不同单元的技术和系统协同运行，形成集成化的企业信息化系统，支持企业研发、生产和管理等业务活动的高效运行，实现人、组织、技术、资源和经营管理等企业要素的集成。

（三）生产系统数据交互与语义

智能生产系统是以 ISA-95 为代表的传统制造系统功能体系的升级和变革，其更加关注数据与模型在业务功能实现方面的分层演进。一方面，强调以数据为主线简化制造层次结构，对功能层级进行重新划分，垂直化的制造层级在数据作用下逐步走向扁平化，并以数据闭环贯穿始终；另一方面，强调数字模型在制造体系中的作用，相比传统制造体系，通过工业模型、数据模型与数据管理、服务管理的融合作用，向下服务更广泛的感知控制，向上支撑更智能的决策优化。

设备层通过有线、无线方式，将相关的人、机、物、料、法、环、测以及企业上下游、智能产品等全要素连接，实现端到端数据传输。多方式接入包括有线接入和无线接入，通过现场总线、工业以太网、工业 PON、TSN 等有线方式，以及 5G/4G、WiFi/WiFi6、WIA、WirelessHART、ZigBee 等无线方式，将工厂内的各种要素接入工厂内网，包括人员（如生产人员、设计人员、外部人员）、机器（如装备、办公设备）、材料（如原材料、在制品、制成品）、环境参数等；将工厂外的各要素接入工厂外网，包括用户、协作企业、智能产品、智能工厂以及公共基础支撑的工业互联网平台、安全系统、标识系统等。

实现数据和信息在各要素间、各系统间的无缝传递，使得异构系统在数据层面能相互"理解"，从而实现数据互操作与信息集成。数据互通使得异构系统在数据层面能相互"理解"，从而实现数据互操作与信息集成。数据互通包括应用层通信、信息模型和语义互操作等功能。应用层通信通过 OPC UA、MQTT、HTTP 等协议，实现数据信息传输安全通道的建立、维持、关闭，以及对支持工业数据资源模型的装备、传感器、远程终端单元、服务器等设备节点进行管理。信息模型是通过 OPC UA、MTConnect、YANG 等协议，提供完备、统一的数据对象表达、描述和操作模型。语义互操作通过 OPC UA、PLCopen、AML 等协议，实现工业数据信息的发现、采集、查询、存储、交互等功能，以及对工业数据信息的请求、发布、订阅等功能。

要实现生产系统的管控，首先要能对最小的管控单元（资产）进行区分，就像国家通过身份证来标识公民，从而进行国家的治理。工业上标识管理主要定义了标识的载体形式和标识编码的存储形式，负责完成载体数据信息的存储、管理和控制，针对不同行业、企业需要，提供符合要求的标识编码形式。标识注册是在信息系统中创建对象的标识注册数据，包括标识责任主体信息、解析服务寻址信息、对象应用数据信息等，并存储、管理、维护该注册数据。标识解析能够根据标识编码查询目标对象网络位置或者相关信息的系统装置，对机器和物品进行唯一性的定位和信息查询，是实现全球供应链系统和企业生产系统的精准对接、产品全生命周期管理和智能化服务的前提和基础。标识数据处理定义了对采集后的数据进行清洗、存储、检索、加工、变换和传输的过程，根据不同业务场景，依托数据模型来实现不同的数据处理过程。标识数据建模构建特定领域应用的标识数据服务模型，建立标识应用数据字典、知识图谱等，基于统一标识建立对象在不同信息系统之间的关联关系，提供对象信息服务。

三、生产系统的建模及仿真技术

模型是对现实系统有关结构信息和行为的某种形式的描述，是对系统的特征与变化规律的一种定量抽象，是人们认识事物的一种手段或工具。模型可以分为：

（1）物理模型：指不以人的意志为转移的客观存在的实体，如飞行器研制中的飞行模型，船舶制造中的船舶模型等。

（2）数学模型：是从一定的功能或结构上进行相似，用数学的方法来再现原型的功能或结构特征。

（3）仿真模型：根据系统的数学模型，用仿真语言转化为计算机可以实施的模型。

在智能生产系统中，需要用模型加以描述的对象包括：

（1）产品：产品的生命周期需要采用各种产品模型和过程模型来描述。

（2）资源：机器设备、资金、各种物料、人、计算设备、各种应用软件等制造系统中的资源，需要用相应模型描述。

（3）信息：对数字制造全过程的信息的采集、处理和运用，需要建立适当的信息模型。

（4）组织和决策：制造系统的组织和决策过程模型化。

（5）生产过程：将生产过程模型化是实现生产过程优化的前提。

制造系统建模就是运用适当的建模方法将制造全生命周期的各个对象、过程等抽象地表达出来，并通过研究其结构和特性，进行分析、综合、仿真及优化。

企业是制造过程的核心，是制造信息流、物料流、能源流和资金流等汇聚的地方，是一个实时反映制造各个业务环节和数据的节点。包含了不同层级、不同尺度的生产组织管理对象，涉及大量的信息化单元技术和制造使能技术，是典型的复杂系统。随着信息技术发展，为了深入了解生产系统中各生产要素的变化规律，20 世纪 CIMS 的研究，涵盖了信息集成、过程集成以及企业集成 3 个层面，开展了大量的系统建模工作，提出许多经典的 CIMS 体系框架与建模方法，是现代智能制造体系的早期版本。如至今仍然产生影响的企业递阶层次模型如图 1-22 所示，还有著名的欧共体的 CIM-OSA 模型、普度大学的普度大学企业参考模型（PERA, Purdue Enterprise Reference Architecture）以及由德国奥古斯特-威廉·舍尔教授提出 ARIS 模型等。

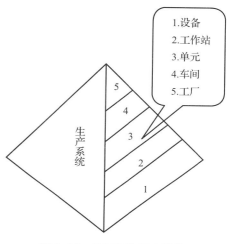

图 1-22　CIMS 的层次结构

（一）企业建模及其方法论

模型体系是一种由多种具有关联关系的模型工具共同构成的模型集，作为一个集成化有机整体，企业的模型体系不仅能够从不同角度、不同层次对系统加以描述，形成若干独立模型，而且这些独立模型之间也应存在着呼应关系而不孤立。一般模型体系具有以下基本特点：

（1）系统性：提供涉及功能、组织、数据、资源等多方面因素及概念、逻辑、物理多种抽象层次的方法体系结构，为进一步实现企业系统开发和改造过程的标准化、统一化，甚至自动化创造条件。

（2）一致性：能够保证模型体系的各个维及各层次的视图在数据、事件、功能以及相关属性等方面的一致，这种一致性是保证信息流通、转换及共享的基本条件。

（3）包容性：能够将众多系统开发方法和工具在集成体系框架下加以统一，使它们彼此联系，相互沟通，既可促进各方法在实用中的有效结合，也有利于使用不同方法的不同开发人员的协调合作。

（4）实用性：能够在模型体系理论的指导下，辅之以实用化软件支持环境，为实际系统的建模、分析和评价提供计算机支持。有的甚至提供典型行业的参考模型。

（5）开放性：包括空间上、时间上的开放性，使系统的各组成部分在空间上能够有效地集成起来，做到易于重构、重用和可伸缩。

方法论包含 3 个组成部分：参考模型、建模方法和实施指南，形成一组完整体现出系统科学特征的工作指导文件。主要的企业建模理论及架构如下：

（1）离散系统建模方法。离散事件动态系统（DEDS，Discrete Event Dynamic System）是指受事件驱动的，系统状态仅在离散的时间点上发生变化的系统，这些离散的时间点往往是随机的，具有复杂的变化关系，难以用常规的微分方程、差分方程等模型描述。离散事件动态系统系统建模方法主要有：马尔可夫链/自动机模型、Petri 网与扩展状态机器模型、排队网络模型、极大极小代数模型、过程代数模型等。离散制造是典型 DEDS 系统，为了实现对生产系统、通信系统和计算机网络等各类系统中的物流、信息流以及各种资源进行调度和控制，必须采用离散事件动态系统理论进行建模和控制。DEDS 理论为这些系统的描述、分析、评价和优化控制提供方法和支持工具，使得人们能充分掌握离散事件动态系统的内在规律。

（2）企业架构框架。开放群组企业架构框架（TOGAF，The Open Group Architecture Framework），由国际标准权威组织厂家中立、技术中立联合会（The Open Group）制定。TOGAF 的构件有：架构开发方法、架构内容框架、TOGAF 参考模型、架构开发指引和技术、企业连续统一体以及架构能力框架。如图 1-23 所示，它将架构划分为四个关键区域：业务架构、应用架构、数据架构以及技术架构，对企业架构进行构建。TOGAF 不仅是一套标准，更是一种方法，其架构开发模型 ADM 可以根据企业的需要进行定制。我国许多大型企业都采用其标准进行企业信息系统开发，工业互联网产业联盟提出的工业互联网体系架构也是根据这个标准制定的。

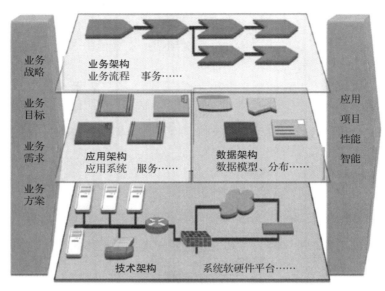

图 1-23　企业架构框架 TOGAF

（3）统一建模语言（UML，Unified Modeling Language）。它通过统一的表示法，消除了因方法林立且不同而带来的种种不便，使具有不同知识背景的领域专家、系统分析和开发人员以及用户可以方便的交流，得到了工业界、学术界以及用户的广泛支持，成为面向对象领域占主导地位的建模语言。它除了具有面向对象方法的继承和封装等特点外，还具有比其他面向对象方法更强的建模能力，擅长于并行、分布式系统的建模。UML 采用的是一种图形表示法，是一种可视化的图形建模语言。由于它的目标是以面向对象图的方式来描述任何类型的系统，因此具有很宽的应用领域。其中最常用的是建立软件系统模型，但它也可以应用于描述不带任何软件的机械系统、一个企业的机构或企业过程等，如处理复杂数据的信息系统，具有实时要求的工业系统或者工业过程，嵌入式实时系统、分布式系统、系统软件、商业软件等。

UML 可采用 5 个系统视图，即用例视图、逻辑视图、过程视图、实现视图和部署视图来描述系统的框架，每个视图面向不同的视角，提供不同的 UML 模型，以实现不同的建模目标。视图可以理解为系统在某个视角的模型。复杂系统往往需要从多个视角建立不同的模型，而这些视角就构成了 UML 建模的基本架构。对象管理组织 OMG（Object Management Group）决定在对 UML2.0 的子集进行重用和扩展的基础上，提出一种新的系统建模语言 SysML（Systems Modeling Language），作为系统工程的标准建模语言，目的是统一系统工程中使用的建模语言。

SysML 为系统的结构模型、行为模型、需求模型和参数模型定义了语义。结构模型强调系统的层次以及对象之间的相互连接关系，包括类和装配。行为模型强调系统中对象的行为，包括它们的活动、交互和状态历史。需求模型强调需求之间的追溯关系以及设计对需求的满足关系。参数模型强调系统或部件的属性之间的约束关系。它成为基于模型的系统工程 MBSE 事实上的标准系统架构建模语言，在复杂系统建模分析中特别是在航天航空、国防军工、汽车电子等行业中应用比较广泛。

（二）智能制造系统及其模型架构

中国、德国以及美国等都将 CPS 作为实现智能制造的载体，也就是以 CPS 技术建立制造系统，制造系统中的机床、机器人、输送设备甚至工装夹具都根据 CPS 的原理建造，整个制造系统成为 CPPS 系统，改变了传统制造系统金字塔型的结构，成为动态可变的网络结构。反映到其信息处理流程上就是在适时感知、分析识别、智慧决策、精准执行和学习提升这 5 个环节的闭环中不断优化提高，以快速准确的数据自动流动来消除复杂系统的不确定性，在给定的时间、目标场景下，动态配置资源、采取优化策略的一种制造范式，如图 1-24 所示。

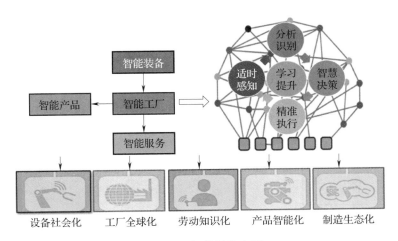

图 1-24　智能制造内涵

智能制造主要的特征表现在：智能资产组成智能工厂，智能工厂进行智能产品制造，依托智能产品进行智能服务。智能制造是以知识和推理为核心，以数字化制造为基础，它与前一代的以数据和信息为核心的数字化制造有着明显的特征：①处理的对象是知识；②基于新一代人工智能；③性能自我优化，不断提高；④安全容错。

在本系列教材共性技术中对我国提出的智能制造系统架构进行了论述，从生命周期、系统层级和智能特征 3 个维度对智能制造系统进行了分析。德国提出了工业 4.0 参考架构模型 RAMI4.0，美国在发布工业互联网参考架构 IIRA 的基础上，由美国国家标准与技术研究院（NIST）提出如图 1-25 所示的智能制造生态系统，它也通过产品、生产和业务 3 个维度表达：产品维度表示技术创新体系，生产维度表示基础设施体系，业务维度表示经营管理体系，以及由图示中间制造金字塔表示的制造企业的运行管理体系。虽然这个体系仍然采用金字塔型的表示方法，但这个体系架构不是传统企业的层级结构，它是以 CPS 构建的网状构架的体系，3 个维度都在这个金字塔中发挥作用。模型还引入了新的制造运营管理系统（MOM，Manufacturing Operation Management）取代了传统的 MES 系统。MOM 是在新制定的 ISA-SP95 标准中提出的，它覆盖的范围是企业制造运行区域内的全部活动，是制造管理理念升级的产物，而 MES 则是包含在 MOM 中的使用工具。

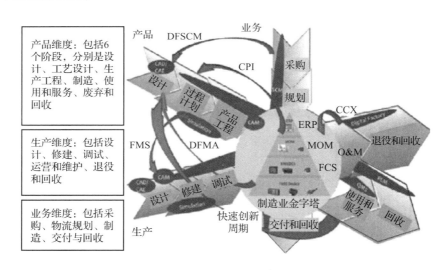

图 1-25　NIST 的智能制造生态系统

（三）从数字化到数字孪生

数字化技术的发展主要在两方面开展：①物理空间的数字化。如信号通过 A/D 转换成数字量，产品模型的数字化，事物发展过程的数字化等。②意识空间的数字化。将人类大脑对客观世界的认知通过数字化手段在计算机中表达出来，如知识、控制决策逻辑等。两方面的数字化聚合发展到今天的虚实互动的数字孪生技术。可将数字化的发展分为 4 个阶段（见表 1-5）。

表 1-5　　　　　　　　　　　　　　数字化发展的不同阶段

项目	第一阶段	第二阶段	第三阶段	第四阶段
技术特征	数据信息 概念抽象	静态模型 外在形象	动态模型 以虚拟实	虚实互动 以虚控实
关键技术	特征编码	几何建模	动态仿真	感知预测

1. 第一阶段（1946—1960）：概念抽象

1946 年第一台电子计算机的诞生，帮助人们实现了高速计算，为了能在计算机上进行自动计算，就必须将计算对象数字化，计算过程程序化，将计算结果数字化存储保存及显示。人们通过将数字和字母的组成标识在计算机中表示不同的实体，发展到通过数据结构技术表示实体身份及其特征属性，计算机真正促进了生产制造全面的数字化进程。这时由于还没有图形化的输入输出工具，信息主要以数据的形式体现，只有抽象的数字身份及特征来代表产品。

2. 第二阶段（1960—1980）：静态模型

随着 20 世纪 60 年代 CAD 技术的出现，图纸上产品的设计图形开始以图形化形式在计算机中处理，通过图形交互设备进行产品的几何设计，特别是 2D 到 3D 技术的发展，通过 3D 实体的建模，使设计人员的构思直观地展示出来，产品不仅有了数字身份，还有了与其物理实体 "形" 似的静态几何模型数据。

3. 第三阶段（1980—2011）：动态模型

利用数字模型对产品的相关功能和性能进行仿真评价，出现了数字样机 DMU 概念，国家标准《机械产品数字样机通用要求》（GB/T 26100—2010）对数字样机的定义是，对机械产品整机或具有独立功能的子系统的数字化描述，这种描述不仅反映了产品对象的几何属性，还至少在某一领域反映了产品对象的功能和性能。数字样机的概念将三维模型从静态表达展示产品几何信息上升到也能反映产品的功能和性能的动态领域，使三维模型不仅和实体产品"形"似而且还行为相仿，出现了现代数字孪生技术的雏形。

4. 第四阶段（2011年至今）：虚实互动

随着物理对象的信息模型技术不断发展，模型不仅用于规划设计的仿真优化，还进入了运行及维护阶段的虚实互动，从而进入了数字孪生新阶段，开始了物理空间和意识空间数字化的融合时代。

数字孪生概念将阿波罗项目中的孪生概念拓展到了虚拟空间，采用数字化手段创建了一个与产品物理实体在外在表现和内在性质方面相似的虚拟产品，建立了虚拟空间和物理空间的关联，使两者之间可以进行信息的交互，形象直观地体现了以虚代实、虚实互动及以虚控实的理念。这种理念从小到一个产品、大到一个车间，直到一个工厂、一个复杂系统都可以建立一个对应的数字孪生体，从而构建起一个"活的"虚拟空间。

（四）生产系统运行仿真及优化技术

生产管控的基本功能是计划、调度和控制。从仿真技术在生产管控中的应用来说，生产管控可分为以下3个方面：

（1）确定生产管理控制策略。计算机仿真在生产管理控制策略中的应用包括确定有关参数以及用于不同控制策略之间的比较。

（2）用于车间层的调度方案的验证与优化。在车间的设计过程中建立车间的仿真模型，仿真主要用于设计方案的评价和优化。在车间运行期间可以应用这个仿真模型对计划调度问题进行仿真验证和优化调整。

（3）用于库存管理。库存控制的目的是使库存投资最少，且要满足生产和销售的要求。对于库存管理的仿真包括：确定订货策略、确定订货点和订货批量、确定仓库的分布以及确定安全库存水平。

生产系统的仿真模型包括机床、缓冲站、仓库、工人、物料运输设备（小车、行车）、托板等，确定它们之间的关系，定义控制规则，如零件进入系统的节拍、设备服务的优先级、机床零件的加工节拍（对于不同零件的加工工序，机床所需要的加工时间是不同的）、人工或机器人装配时间、输送设备的运动策略等，设置仿真时钟，运行所建立的模型。进一步抽象地将生产系统看成产品、资源和工艺过程组成，生产过程就是这三者不断相互作用演变的过程。产品是企业要制造的对象如汽车、飞机等；资源是制造系统中的生产设备、工装夹具以及人力资源等；工艺过程是完成产品制造的生产工艺过程和相关的操作，如图 1-26 所示。

生产系统仿真的流程：从初步规划或生产现场得到原始数据，然后在计算机中应用软件来建立仿真数学模型，然后进行仿真计算，输出结果。再根据结果对生产和物流进行调整，再根据反馈数据进行计算和优化，如此往复，得到适合于用户的最终系统方案。

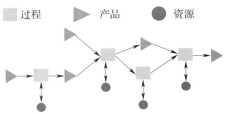

图 1-26　生产系统组成的基础对象

生产系统仿真主要进行：①生产系统产能验证；②在制品缓存区大小分析；③排产计划仿真。它可以对各种规模的工厂和生产线进行建模、仿真，分析和优化生产布局、资源利用率、产能和效率、物流和供需链，评估不同大小的订单与混合产品的生产结果。

仿真使用面向对象的技术和可以自定义的目标库来创建具有良好结构的层次化仿真模型，这种模型包括供应链、生产资源、控制策略、生产过程、商务过程。用户通过扩展的分析工具、统计数据和图表来评估不同的解决方案，并在生产计划的早期阶段做出迅速而可靠的决策。生产系统仿真可分为以下几个阶段：

（1）项目描述和数据准备。制定仿真标准、目的及要求，收集仿真所需数据，包括生产线布局图，生产节拍，产品混产比例，设备利用率，输送线速度等参数。

（2）粗规划仿真。根据粗规划方案建立仿真模型，粗略分析各缓存区大小、各车间产能配合、班次配合和产品类型数量，进而论证粗规划的可行性，并为接下来的细规划提供方向支持。

（3）详细仿真。根据细规划方案继续建立仿真模型，较细致地分析各车间生产流程、产能和瓶颈，各缓存区存储策略、大小及占位情况、各车间产能及班次配合等，进而分析规划的可行性，为进一步优化规划方案和设备供应商的最终规划提供技术支持。

（4）供应商仿真。根据设备供应商的最终规划方案继续建立仿真模型，细致地分析各车间生产流程及控制、产能和瓶颈，工艺器具投放数量，各缓存区存储策略、大小及占位情况，各设备组的可行/不可行排产计划等，进而验证设备供应商最终规划的可行性。

（5）最终仿真集成。根据实际分析需求补充完成部分模型，并将其与基于最终方案的各个仿真模型进行整合，从而获得涵盖整个生产系统和流程的模型，进而用于持续的分析生产流程及控制，产能和瓶颈，工艺器具投放数量，各缓存区存储策略、大小及占位情况，排产计划等，进而为生产和规划提供技术支持。

生产系统仿真主要分为以下几类：

（1）产能验证。仿真目的：验证当前规划方案的产能是否能达到预期要求，若不能，则根据仿真情况分析生产线瓶颈，并进行优化。

仿真条件：生产节拍、缓存区大小、混产比例、布局图、设备利用率、排产计划等参数。

仿真结论：产能分析曲线图（如图 1-27 所示），生产运行状态的分析图表及瓶颈分析图文说明等。

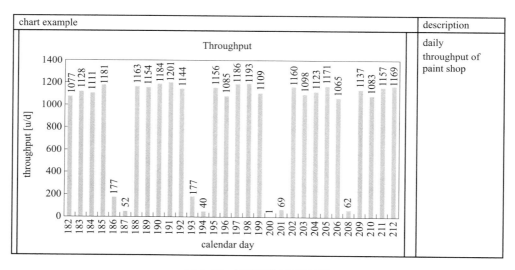

图 1-27　产能验证分析结果

（2）缓存区能力分析。仿真目的：分析生产线各缓存区在不同生产要求下的最佳缓存大小，避免缓存区过大而产生的场地资源浪费。

仿真条件：生产节拍、混产比例、布局图、设备利用率、排产计划、输送线速度等参数。

　　仿真结论：满足生产所需的各类载具/吊具数量（最大和最小），缓存区占用图表，缓存区输送设备最小保有量和最佳保有量，如图1-28所示。

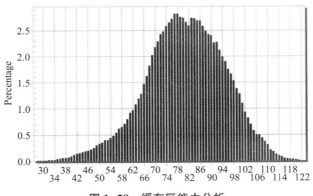

图1-28　缓存区能力分析

　　（3）排产计划仿真及验证。仿真目的：根据目前的生产状态制定各车间最佳的排产策略。

　　仿真条件：生产节拍、混产比例、布局图、设备利用率、缓存区大小、生产策略等参数。

　　仿真结论：排产策略对产能的影响分析，工序的保持率分析，排产策略及其优化结果，如图1-29所示。

　　优化评价：前面各个阶段为优化评价提供了足够的数据，这些数据包括生产成本、

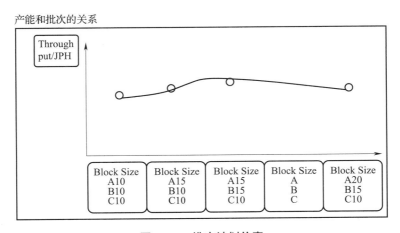

图1-29　排产计划仿真

设备利用率、瓶颈工位、工件的平均通过时间、工人的工作效率等，选择合适的评价模型（如模糊层次评价方法）对各个方案进行综合比较，选择最佳方案。

（五）仿真评价指标体系

生产系统的评价指标体系可以大致分为两大部分：经济指标和技术指标。经济指标主要从系统构建成本和运作成本的角度来评价系统；而技术指标则是从系统的动态性能、柔性和敏捷性以及系统的质量能力、环境影响性来考虑。系统的动态性能主要是从系统运作的角度来评价系统，主要包括平均通过时间、平均在制品数量、平均排队长度等。系统的柔性和敏捷性主要是指系统响应环境变化的能力，即动态适应性。质量能力是从制造系统属性出发来衡量其对产品质量的影响的，其中包括设备的精度、过程监测和监控的能力以及产品的工艺方法等。近年来国际上对制造系统的环境适应性越来越重视，相继提出了诸如"可持续制造""绿色制造"的概念。生产系统的评价指标体系结构如图 1-30 所示。

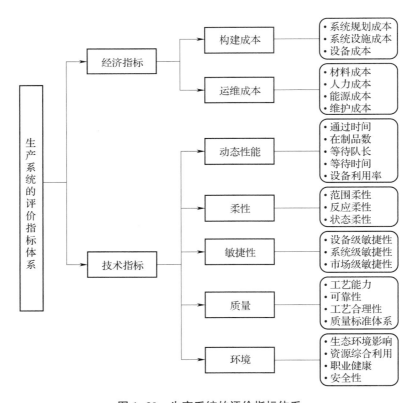

图 1-30 生产系统的评价指标体系

1. 经济性评价指标体系

生产系统的成本包含了许多方面，大体上可分为构建成本和运维成本。构建成本指系统实际运行之外所需投入的费用；运维成本主要指系统实施阶段所涉及的费用。各类成本的具体内容如下：

（1）构建成本。

1）系统规划成本。新建、改建生产系统的规划设计所需的设计费用，包括设计系统所使用的软硬件费用，设计人员的劳务费等。

2）系统设施成本。建造生产系统需要基础设施（场地、房屋、水、电、气供应等）。

3）设备成本。制造装备、测控系统以及软件及信息系统等。

这些方面的投资费用都将以折旧费的形式计入系统或产品的成本中。

（2）运维成本。

1）材料成本。材料成本包括制造产品所需要的原材料、工具消耗和系统所用的辅助材料（冷却剂、润滑油、清洗剂等）消耗。

2）人力成本。进行生产活动所需的人力成本，也包括开发系统或产品所付出的劳动。

3）能源成本。制造运行中系统所消耗的能源成本。

4）维护成本。为保证系统的正常运行所进行的维护、修理工作和需要的维护备件等。

2. 技术性评价指标体系

生产系统的动态评价的内容包括工件的平均通过时间、在制品数、等待队长等，如图 1-31a 所示。同时，在进行动态评价时，需要考虑一些性能影响因素，如调度规则、零件批量等，如图 1-31b 所示。在所有这些因子中，调度规则对系统的性能影响最大，另外，零件的混合比、零件到达系统时间分布以及零件的加工时间分布对工件的平均通过时间等性能指标影响较大。

（1）通过时间。是指零件进入系统后直到加工处理完毕而离开系统所历经的时间。

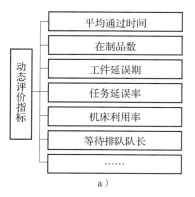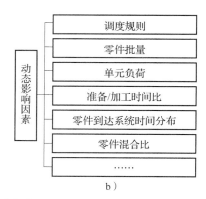

图 1-31　动态评价指标与影响因素

（2）在制品数。投放到车间进行生产但尚未完成的零件数称为在制品数。在制品数多，会增加存储费用及输送费用；不但如此，还增加了磕碰损坏的可能性，给生产管理也带来了困难，因此通常希望压缩在制品数。

（3）等待队长。工件进行加工之前常常需要等待，在某一时刻在某加工设备前等待加工的工件数称为等待队长。一般而言，它是一个随机数，通常需要求的是平均等待队长。

（4）等待时间。工件在等待接受加工服务的队列中所逗留的时间称为等待时间。同样，它也是一个随机变量，通常人们感兴趣的也是平均等待时间。

（5）设备利用率。设备利用率是设备的实际开动时间占制度工作时间的百分比。制度工作时间是指在规定的工作制度下，设备可工作的时间数。设备有效利用率

$$\eta = \frac{T_w}{T_w + T_D}$$

式中，T_w 为有效工作时间；T_D 为设备故障时间。

生产系统的柔性可划分为 3 种类型（见表 1-6）。为了减小制造柔性度量的复杂性

表 1-6　　　　　　　　生产系统的柔性评价指标

柔性分类		柔性指标含义
范围柔性	产品柔性	在产品中增加、去除或更换某些零部件的能力，以增强对市场产品需求的响应能力
	批量柔性	制造系统能在多种生产批量下获得相应利润的能力，以维持系统在各种需求水平下的获利性

续表

柔性分类		柔性指标含义
反应柔性	机器柔性	机器能完成多种加工操作的能力，利于实现小批量生产、降低库存费用、提高机器利用率和缩短加工周期
	操作柔性	具有多种加工工艺的工件能以多种方式进行加工的能力，以便在机器出现故障时实现动态调度
	过程柔性	制造过程能同时生产多种产品的能力，通过提供多样化的产品以提高客户服务水平
状态柔性	物料运送柔性	物料运送设备能运送多种物料的能力，提高物料运送设备的可获得性和利用率
	人员柔性	掌握多种操作技能的人员能在不同岗位上工作的能力
	路径柔性	制造系统能通过多种路径完成工件加工的能力，以便平衡机床负荷，增强系统在机床故障、刀具磨损等情况下系统运行的稳定性和可靠性

并便于实际应用，可对前述概念框架中 3 类最基本的制造柔性分别采用不同的方法进行度量。具体来讲，①范围柔性，用某种制造柔性可适应的变化范围来度量。例如，批量柔性可用系统能获利的最小和最大生产批量来度量。②反应柔性，用适应某种变化所需时间或费用来度量。例如，机器柔性可用不同操作间转换所需的时间或费用来度量，过程柔性可用不同产品混合比间转换所需时间或费用来度量。③状态柔性（SF，State Flexibility），状态柔性与系统对某种变化的敏感度（STC，Sensitivity to Change）成反比，即 SF = 1/STC。如果适应变化可以不需要任何费用（$C=0$），或者发生这种变化的概率很小（$P=0$），都可以认为系统对这种变化的敏感度为零。因而可设 STC = $C \cdot P$。设 x 表示某种变化，则与此相关的费用 C 和概率 P 都应当是 x 的函数。例如当涉及 3 种状态 A、B、C 时，则存在 9 种状态变化的组合，即 AA、AB、AC、BA、BB、BC、CA、CB 和 CC，显然：

$$\text{STC} = \sum_{i=1}^{n} C(x_i) P(x_i)，\text{其中} \sum_{i=1}^{n} P(x_i) = 1$$

其中，n 是可能变化的数目，i 是变化的序号，$C(x_i)$ 和 $P(x_i)$ 分别是与变化 x_i 相关的费用和概率。当系统中状态变化连续时，可以得到一个更为一般的公式，即：

$$STC = \int_{x_1}^{x_2} C(x) P(x) \, dx$$

其中 x_2 和 x_1 分别为状态变化的上下界。这里关键在于如何确定与未来某种变化相关的成本和可能性。对与产品相关的柔性来讲，式中的成本主要指由于产品变化所造成的与产品设计和材料等相关的成本，而发生的概率应当根据材料技术的发展、客户喜好的变化、竞争对手的策略以及对产品功能变化的预测等因素综合而定。对过程柔性来讲，式中的成本主要包括由于加工过程所需设备更新造成的成本，而发生的概率可根据制造过程中的各种不确定性因素而定。

生产系统的敏捷性从以下几个层面进行分析：

（1）设备级敏捷性。设备级敏捷性主要从设备角度出发，考虑制造系统内的设备对不可预见的变化的适应能力和创新能力。其包括设备的模块化程度、标准化程度和通用化程度，使得系统能够在环境突变时真正做到及时响应。

（2）系统级敏捷性。系统级敏捷性主要从系统的角度出发，考虑制造系统的人员、控制结构、生产过程及组织结构对不可预见的变化的适应能力和创新能力。人员的敏捷性是指单元内人员的知识、技能程度和人员的主动性。控制结构的敏捷性指控制系统的可重用性、可扩充性。扁平的管理和控制结构敏捷性好。过程的敏捷性主要指物料传输的可重构性、调度策略的适应性、系统的冗余程度。组织结构的敏捷性主要表现为系统的自治能力、可扩充能力和系统配置的可重组能力。

（3）市场级敏捷性。市场级敏捷性指系统和外界系统的关系。在市场层，制造系统的敏捷性主要是与零件混合比的可重组性、产品的模块化程度、生产能力的可扩充性以及批量的范围有关，还包括必要时期各个系统之间的协作程度。具体表现在当零件混合比、批量等制造系统运作参数发生变化时，系统适应变化所需要花费的时间和成本。

质量指标是评估制造系统影响产品质量的相关因素的指标，包括工艺能力指数、生产的可靠性以及工艺对保证质量的合理性等方面。这部分将在质量章节详细介绍。

有关可持续绿色制造方面的主要评价指标如下：

（1）生态环境影响。制造系统及产品在整个生命周期中对生态环境造成的影响，如制造过程中产生的废气、废液、废物，产品寿命结束后的处置对生态环境的影响等。

（2）资源综合利用。制造系统对自然资源特别是不可再生资源的综合利用和优化利用能力，包括生产制造过程可能要用到的原材料、能源、土地和水资源等的优化利用。

（3）职业健康。制造系统在其运行过程中可能对劳动者职业健康造成的损害。

（4）安全性。制造系统及其产品在运行或使用过程中因故障等原因产生的危害和不安全性。

四、生产系统的信息集成技术

（一）生产数据获取与物联网技术

对制造系统发生的变化通过传感器采集（数据），经过物联网将变化的信息适时地传递给使用者，使制造系统及时知道发生了什么（信息）。根据采集到的数据运用智能化的综合分析方法，识别出是什么原因造成的变化（知识），例如，检测到主轴扭矩增大是由于加工参数变动，还是由于刀具磨损。智慧决策根据分析识别出来的原因，预测出可能造成的后果，依据系统的知识体系和任务目标进行决策（智慧）。根据决策内容形成执行的方案（知识），执行方案转换成具体指令（信息），控制执行机构精确完成（数据）。最后根据任务和执行的结果进行自我学习，也可学习吸收其他系统知识，进行跨系统的学习提高。数据经过这些环节形成一次从数据—信息—知识—智慧—知识—信息—数据的闭环，在系统中有许多这样的闭环，它们共同组成智能系统。

物联网 IOT 通过各种信息传感器、射频识别技术、全球定位系统、红外感应器、激光扫描器等装置与技术，实时采集任何需要监控、连接、互动的物体或过程，采集其声、光、热、电、力学、化学、生物、位置等各种需要的信息，通过各类可能的网络接入，实现物与物、物与人的泛在连接，实现对物品和过程的智能化感知、识别和管理。对于智能生产系统来说，物联网主要应用于自动识别、时间与定位、传感及设备数据采集以及网络平台支持，如图 1-32 所示。

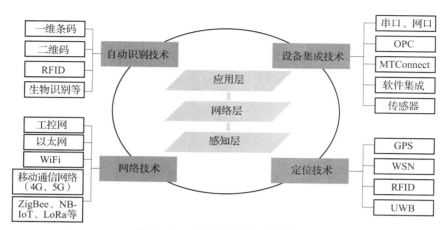

图 1-32 车间物联网的关键技术

物体标识技术构成有 3 个基本元素：标识编码技术、标识载体技术和标识解析技术。

（1）标识编码技术：是将事物或概念赋予一定规律性的，易被人或机器识别和处理的数字、符号、文字或任意可以被机器识别的混合信息符号等。

（2）标识载体技术规定了标识数据在"载体"上以何种形式存储和读取。离线载体有条形码、二维码、RFID、NFC 等，在线载体则以各种文本或二进制数字信息存在。

（3）标识解析技术是指将对象标识映射至实际信息服务所需的信息的过程，如地址、物品、空间位置等。

条形码可以标出物品的生产国、制造厂家、商品名称、生产日期以及图书分类号、邮件起止地点、类别、日期等信息。常用的一维条形码有：UCC/EAN-128 条形码、ITF-14 条形码、EAN/UPC 条形码，如图 1-33 所示。

a）   b）

图 1-33 一维条形码与二维条形码

二维条形码/二维条形码（2-dimensional barcode）是用某种特定的几何图形按一定规律在平面（二维方向上）分布的、黑白相间的、记录数据符号信息的图形，如图 1-33b 所示。在代码编制上巧妙地利用构成计算机内部逻辑基础的"0""1"比特流的概念，使用若干个与二进制相对应的几何形体来表示文字数值信息，通过图像输入设备或光电扫描设备自动识读以实现信息自动处理，它具有条形码技术的一些共性，每种码制有其特定的字符集，每个字符占有一定的宽度，具有一定的校验功能等。同时还具有对不同行的信息自动识别功能以及处理图形旋转变化等特点。

RFID 即射频识别，俗称电子标签。它通过无线射频方式进行非接触双向数据通信，利用无线射频方式对记录媒体（电子标签或射频卡）进行读写，从而达到识别目标和数据交换的目的。RFID 射频识别是一种非接触式的自动识别技术，主要用来为各种物品建立唯一的身份标识，是物联网的重要支持技术。典型应用有汽车防盗器、电子不停车收费系统（ETC）、门禁管制、停车场管制、产品、设备及物料管理等。最基本的 RFID 系统由 3 部分组成：

（1）标签（Tag）：也叫应答器，由耦合元件及芯片组成，每个标签具有唯一的电子编码，附着在物体上标识目标对象。

（2）阅读器（Reader）：读取（有时还可以写入）标签信息的设备，可设计为手持式或固定式。

（3）天线（Antenna）：在标签和读取器间传递射频信号。

生物识别技术（Biometrics），主要是指通过人类生物特征进行身份认证的一种技术，人类的生物特征通常具有可以测量或可自动识别和验证、遗传性或终身不变等特点，通过计算机与光学、声学、生物传感器和生物统计学原理等高科技手段密切结合，利用人体固有的生理特性（如指纹、脸像、虹膜等）和行为特征（如笔迹、声音、步态等）来进行个人身份的鉴定。生物识别技术比传统的身份鉴定方法更具安全、保密和方便性。生物特征识别技术具有不易遗忘、防伪性能好、不易伪造或被盗、随身"携带"和随时随地可用等优点。

对目标对象的采集及识别是对其进行控制和管理的基础，通过物联网对生产管控所涉及的人员、设备、工装夹具、物料、产品等的识别以及对其状态属性、过程数据、环境数据等的采集为分析和决策提供数据源。

（二）生产系统的时间及定位信息

通过定位技术获取位置信息是智能制造系统研究的一个重要问题。位置信息涵盖了以下几点：①地理位置（空间坐标）；②处在该位置的时刻（时间坐标）；③处在该位置的对象（身份信息）这 3 要素。制造资源、产品和人员等位置信息是智能生产系统重要的信息，获取位置信息的主要技术有：①全球定位系统（GPS，Global Positioning System），目前全球主要有美国的"全星球导航定位系统 GNSS"、欧盟的"伽利略 Galileo"、俄罗斯的"格洛纳斯 GLONASS"和我国的"北斗"卫星定位系统；②射频识别室内定位技术；③无线传感器网络（WSN，Wireless Sensor Networks），通过无线局域网（WiFi）、ZigBee[①] 等无线电信号的强度或多点的信号强度差值等算法获取位置信息；④超宽带 UWB[②]、红外线以及超声波等技术。

定位的算法有：①基于距离的 TOA 定位（Time of Arrival，到达时间）、基于距离差的 TDOA 定位（Time Difference of Arrival，到达时间差）都是基于电波传播时间的定位方法，都是采用三基站定位方法，目标点就是三者距离球的交点。②AOA（angle of arrival）指通过两个基站的入射角来获取位置。③位置标记（location signature）对每个位置区进行标识来获取位置。④卫星定位。室内定位精度可达厘米级。

时间问题包含时刻和时段两个概念，时刻是指某一瞬间，时间由时钟进行计时工作。生产系统由不同的装备、仪器及软件等组成，由于物理上的分散性，系统无法为彼此间相互独立的模块提供一个统一的全局时钟，必须由各个设备或模块各自维护它们的本地时钟。由于这些本地时钟的计时速率、运行环境存在不一致性，这些本地时钟间也会出现失步。其中 2000 年时出现的"千年虫"问题也是时间问题的一种，为了让这些时钟再次达到全系统相同的时间值，必须进行时间同步操作。

时间同步就是通过对本地时钟的某些操作，达到为分布式系统提供一个统一时间标度的过程。网络系统同步算法有：①网络时间协议（NTP，Network Time Protocol）；②高精度时间同步协议（PTP，Precision Time Protocol）；③通用高精度时间同步协议

---

① 一种近距离、低复杂度、低功耗、低速率、低成本的双向无线通信技术。

② 一种无载波通信技术。

（gPTP，general Precise Time Protocol）；④无线传感器时间同步协议（TPSN，Timing-sync Protocol for Sensor Networks）。PTP 协议也称 IEEE 1588 协议，是大部分网络所采用的同步协议，它通过主从站间发送同步报文及应答报文计算出时钟的偏差（Offset）和时延（Delay），如图 1-34 所示。

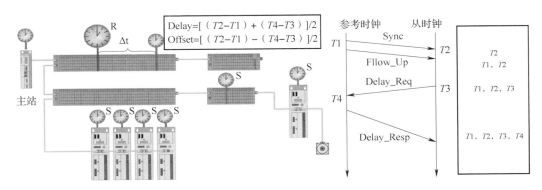

图 1-34　时钟的偏差和时延

（三）工业控制总线及实时以太网

20 世纪 80 年代以后，随着微处理器芯片应用的不断渗透，智能化的传感器、执行器等工业现场控制器件不断涌现，采用全数字化、串行、双向式的通信系统将这些设备连接起来从而诞生了现场总线。按照国际电工委员会的定义，现场总线是指安装在生产过程区域的现场装置之间，以及现场装置与控制室内的自动控制装置之间的数字式、串行、多点和双向通信的数据总线。现场总线作为工厂数字通信网络的基础，沟通了生产过程现场及控制设备之间及其与更高控制管理层次之间的联系。它不仅是一个设备现场网络，而且还是一种开放式、新型全分布控制系统。随着 IT 技术不断向工业领域渗透，许多厂家提出以以太网作为新的现场总线技术标准，最新版 IEC61158 Ed.4 标准将总线协议的标准增加到 20 种。

为满足高实时性能应用的需要，各大公司和标准组织纷纷提出各种提升工业以太网实时性的技术解决方案。这些方案建立在 IEEE802.3 标准的基础上，通过对其和相关标准的实时扩展提高实时性，力争做到与标准以太网的无缝连接，这就是实时以太网 RTE。实时以太网通过将 CSMA/CD 机制改变，采用时分、优先级、抢占式调度策略以及集总帧等机制避免竞争，提高效率，解决端到端的通信延迟，给以太网带来确定性，从而保证实时性要求。根据实时以太网扩展的不同技术方案，可以将实时以太网分为如下几种类型：①基于 TCP/IP 的实现，如图 1-35a 所示。采用通用以太网控制器和 TCP/IP 协议，所有的实时数据和非实时数据均通过 TCP/IP 协议传输，完全兼容通用以太网。②基于以太网的实现，如图 1-35b 所示。采用通用以太网控制器和专有过程数据传输协议，如 Powerlink 等。③修改以太网的实现，如图 1-35c 所示。采用专用以太网控制器和专有过程数据传输协议，如 EtherCAT、SERCOS-Ⅲ、PROFInet/IRT，它在底层使用专用以太网控制器（至少在从站侧），从而保障总线的实时性。

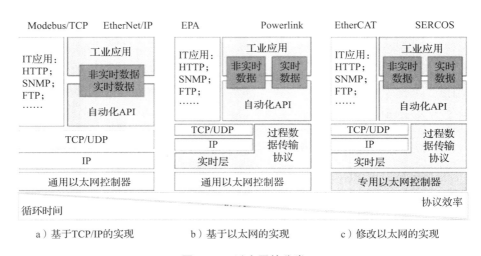

a）基于TCP/IP的实现　　b）基于以太网的实现　　c）修改以太网的实现

图 1-35　以太网的分类

（四）基于工业互联网的网络实施架构

工业互联网作为全新工业生态、关键基础设施和新型应用模式，通过人、机、物的全面互联，实现全要素、全产业链、全价值链的全面连接，不断颠覆传统制造模式、生产组织方式和产业形态，推动传统产业加快转型升级、新兴产业加速发展壮大。工业互联网产业联盟提出的工业互联网体系架构 2.0 版，通过业务视图、功能架构、实施框架 3 大主题明确了工业互联网从需求到实施部署的要素和方法。业务视图从产业层、商业层、应用层、能力层四个层次进行分析，产业层主要定位于产业整体数字化转型的宏观视角，商业层、应用层和能力层则定位于企业数字化转型的微观视角。功能架构是基于数据驱动的物理系统与数字空间的全面互联与深度协同，以及在此过程中的智能分析与决策优化。通过网络、平台、安全三大功能体系构建，全面打通设备资产、生产系统、管理系统和供应链条，基于数据整合与分析实现 IT 与 OT 的融合和三大体系的贯通。实施框架是构建工业互联网的操作方案，目前以传统制造体系的层级划分理论为基础，适度考虑未来基于产业的生态协同，按"设备、边缘、企业、产业"四个层级开展系统建设。

工业互联网的实施重点明确工业互联网核心功能在制造系统各层级的功能分布、系统设计与部署方式，建设"网络、标识、平台、安全"四大实施系统。其中网络关注全系统的互联互通，新型基础设施的构建；标识关注标识资源、解析系统等关键基础的构建；平台关注边缘系统、企业平台和产业平台交互协同的实现；安全关注安全管控、态势感知、防护能力等的建设。图 1-36 展示了工业互联网网络实施框架图，设备层对应工业设备、产品的运行和维护功能，关注设备底层的监控优化、故障诊断等应用；边缘层对应车间或产线的运行维护功能，关注工艺配置、物料调度、能效管理、质量管控等应用；企业层对应企业平台、网络等关键能力，关注订单计划、绩效优化等应用；产业层对应跨企业平台、网络和安全系统，关注供应链协同、资源配置等应用。

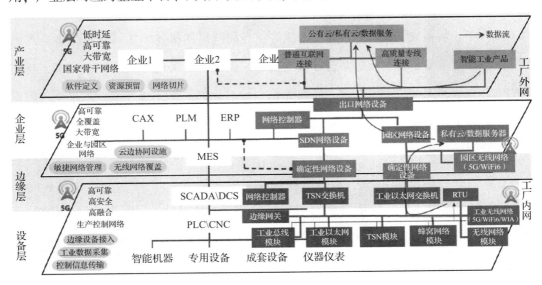

图 1-36　工业互联网网络实施框架图

生产控制网络实施核心目标是在设备层和边缘层建设高可靠、高安全、高融合的网络，支撑生产系统的人、机、料、法、环、测全面的数据采集、控制、监测、管理、分析等。生产控制网络主要部署的设备包括：用于智能装备、仪器仪表、专用设备、传感及执行器等边缘设备接入的工业总线模块、工业以太网模块、TSN 模块、无线网络（5G、WiFi6、WIA、ZigBee、NB-IoT 等）模块；用于边缘网络多协议转换的边缘网关；用于生产控制网络汇聚的工业以太网交换机、TSN 交换机；用于生产控制网络数据汇聚的 RTU 设备；用于生产控制网络灵活管理配置的网络控制器。

生产控制网络建设的难点在于，网络技术的选择往往受制于设备层工业装备支持的网络技术。在建设实施过程中需要结合设备实际情况制定针对性策略。生产控制网络建设主要有两种部署模式。①叠加模式：在已有控制网络难以满足新业务需求时，叠加新建支撑新业务流程的网络以及相关设备，构建原有控制网络之外的另一张网络。例如，在已有的自动控制网络基础上，部署新的监测设备、传感设备、执行设备等，实现安全监控、生产现场数据采集、分析和优化。②升级模式：对已有工业设备和网络设备进行升级，实现网络技术和能力升级。例如，在流程制造现场，通过用支持 4G/5G 智能仪表更新替换原有的模拟式仪表，实现现场数据智能采集汇聚和危险现场的无人化。

生产控制网络升级改造主要问题是如何处理设备升级和网络升级二者间的关系。对于现有工业装备或装置，如机床、产线等，当前网络连接技术能够满足基本生产控制需求，主要需要解决的问题是打破数据孤岛，因此可以采用部署网关的方式，将传统的工业总线和工业以太网技术，转换为统一标准化的网络连接技术。如果当前的网络已不能满足业务需求，则需要对设备的通信接口进行改造升级。

信息互通互操作体系部署的核心目标是构建从底到上全流程、全业务的数据互通系统。主要部署内容包括：在工厂内网，工业企业部署支持 OPC UA、MTConnect、MQTT 等国际国内标准化数据协议的生产装备、监控采集设备、专用远程终端单元、数据服务器等，部署支持行业专有信息模型的数据中间件、应用系统等，实现跨厂家、跨系统的信息互通互操作。在工厂外网，企业部署的各类云平台系统、监控设备、智能产品等应支持 MQTT、XMPP 等通信协议，实现平台系统对数据快速高效的采集、汇聚。在部署方式上，信息互通互操作体系贯穿设备层、边缘层、企业层、产业层。

实训

（一）实验目标

能够采用仿真软件对生产线进行仿真

（二）实验环境

1. 硬件：PC 计算机一台、局域网网络（交换机）、显示屏

2. 工厂运行仿真软件一套

（三）实验内容及主要步骤

进行一定规模车间的建模及仿真，对产能、瓶颈及排产方案进行验证

第三节　生产数据采集及智能化监控

考核知识点及能力要求：

- 了解设备及生产过程数据采集、传输及处理技术；

- 了解生产状态检测用传感器种类；

- 了解设备接口技术，熟悉生产系统的 SCADA 技术；

- 熟悉防呆系统的应用和实施方法；

- 熟悉电子看板系统的规划与实施，能够进行生产监控系统的配置。

一、生产数据与设备接口

（一）生产系统中数据及其分类

组成智能工厂的设备及信息系统种类繁多，对数据信息的应用也有很大的不同。总的来说数据分为 3 种类型：①结构化的数据。有固定格式和有限长度的数据，如机床参数、位置、速度、加速度等。②非结构化的数据。不定长、无固定格式的数据，现在非结构化的数据越来越多，例如网页、语音，视频，机床诊断测试数据等。③半结构化的数据。有基本固定结构模式的数据，如 XML、JSON 格式，许多配置、模型文件等越来越多地采用这种格式。工业大数据来自数字化后工业界产生的这 3 种类型巨大的数据量，如何存储、交换和应用这些数据成为必须要解决的问题。

另外，生产系统有实时性要求，特别是设备的加工装配任务，其时延如果超出了规定的时间，轻则造成废品，重则造成人员及设备的伤害，所以必须满足任务的实时性要求。实时系统中任务的正确性不仅依赖于结果逻辑的正确性，而且还依赖于得出结果的时间，它具有以下重要特征：①确定性，确定性又称为可预测性；②及时性，具有严格的时限；③并发性，同时处理多个任务。

工业控制设备层的组成比较复杂，除了各类计算机、打印机、显示终端之外，大量的网络节点是各种可编程控制器、开关、马达、变送器、阀门、按钮等控制器、传感器和执行器，其特点是设备的数据量小、实时性和可靠性要求高。根据对实时性的要求，可分为：①一般工业控制，实时响应要求 100 ms 左右；②实时过程控制，要求在 5~10 ms；③运动控制，要求在 5 ms 以下，目前实际上在 1 ms 以下。工业控制网络所传输的数据信息主要分成 3 类：

（1）突发性实时信息。如安全、报警信息、控制器之间的互锁信息等。

（2）周期性实时信息。周期性的控制、采样信息的传递，在系统中以一定的周期时间重复出现，具有可预测性，如数控机床的位置控制信息。

（3）非实时信息。如用户编程数据、组态数据、部分系统状态监视数据和历史数据等。非实时数据对时间要求不是很苛刻，允许有相对较长的延迟，但部分数据的长度较长且不定。

数据采集（DAQ，Data Acquisition），顾名思义是指从传感器和其他待测设备等模拟和数字被测单元中自动采集非电量或者电量信号，送到网络上层中进行分析、处理。而工业生产设备数据采集就是利用泛在感知技术对各种工业生产设备进行实时高效采集和汇聚。通过各类通信手段接入不同设备、系统和产品，采集大范围、深层次的工业生产设备数据，以及异构数据的协议转换与边缘处理，构建工业互联网平台的数据基础。数据的采集分为自动采集和手工采集两类，如图1-37所示。

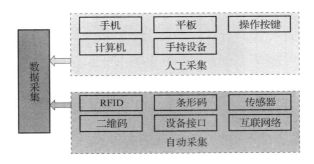

图1-37　数据采集方式

一方面，为满足不同应用对系统响应速度与容量的要求，智能车间系统通常包含实时与历史数据库。实时数据库存放产生于一定时间之内的数据，响应速度快，为实时监控等应用提供良好的支持；陈旧数据被转移至历史数据库，该数据库容量大，但响应速度相对较慢，可为数据分析提供支持。实时与历史数据库都为调度应用提供支持。

另一方面，在制造过程中的属性、位置、时间等各种数据，量大且关系复杂，传统的数据模型很难对其描述。从数据类型来看，离散制造过程的生产数据可以分为两大类：静态数据和动态数据。静态数据主要包括生产要素的基本属性，如名称、编号等，它们一般不会随着加工过程发生改变；动态数据则包括生产状态、过程监控和实时位置信息等，通常随着加工过程的进行不断更新变化。生产系统中数据种类如图1-38所示。因此，对车间生产数据建模的首要任务是确定采集哪些对象的哪些数据。在车间的生产过程中涉及生产要素、制造任务、工艺过程、质量控制等各方面的数据信息，在数据采集前对数据进行分类，从而存储到不同类型的实时和

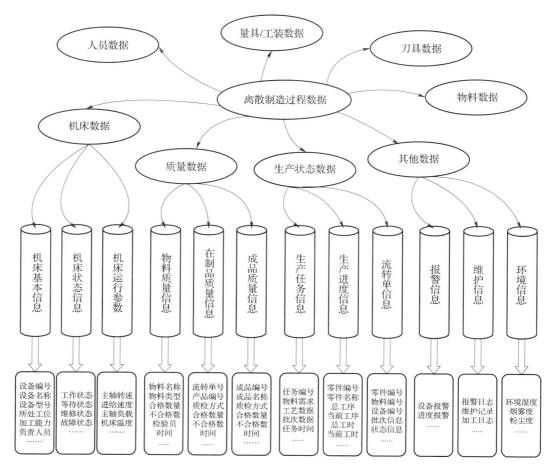

图1-38　生产系统数据分类

历史数据库中。

（二）传感器与生产数据采集

传感器是数据采集的源头，具有对自身状态与环境的感知能力是装备及系统具有智能的起点，感知是认知、决策和控制的基础与前提，包括信息的获取、传输和处理。感知的任务是有效获取系统内部和外部的各种必要信息，制造系统的变化是由运动学、动力学、电磁学、温度、声音等多学科物理信号（场）来描述，不同的物理场存在相互耦合作用，如机械运动造成摩擦，引起位移、应力和温度等的变化，所以需要多学科融合才能更准确判断机器所处的状态。

随着传感技术的发展和广泛应用，对传感器的类型和性能也提出了复杂多变的要求。以下是传感器的分类：

（1）从传感器的工作原理划分：机械式传感器、电阻式传感器、电感式传感器、电容式传感器、压电式传感器、磁电式传感器、光电式传感器、半导体式传感器等其他原理传感器。

（2）从传感器的用途划分：位移传感器、力传感器、温度传感器、加速度传感器、湿度传感器等。

（3）从传感器的构成原理划分：结构型传感器、物性型传感器和复合型传感器。结构型传感器是依靠传感器结构参量的变化来实现信号的转换；物性型传感器是依靠敏感元件材料本身物理性质的变化来实现信号变换；复合型传感器本身是一个组合体可以理解为一个整体，集成两个及以上的检测不同物理量的传感器单元，能够实现综合感知。

（4）从传感器的敏感元件与被测量之间的能量关系划分：能量转换型传感器和能量控制型传感器。能量转换型传感器也称无源传感器，直接由被测对象输入能量使其工作；能量控制型传感器也称有源传感器，从外部供给辅助能量并由被测量控制外部供给能量的变化。

（5）按传感器的工作机理划分：物理型传感器、化学型传感器和生物型传感器。物理型传感器基于光、电、声、磁、热效应的物理效应；化学型传感器基于化学吸附、选择性化学反应的化学效应；生物型传感器基于酶、抗体、激素等分子识别功能和生物传感功能的生物效应。

（6）按传感器的信号输出方式划分：模拟式传感器和数字式传感器。

传感技术发展主要表现在以下几个方面：①传感新材料。微机电系统（MEMS）等感知新材料的研发，甚至新型生物传感器的诞生，扩展了机器装备的感知能力，带给设备扩展其智能的潜力。②智能传感器。智能传感器是具有信息处理功能的传感器，它带有微处理机，具有采集、处理、交换信息的能力，是传感器集成化与微处理机相结合的产物。③小型、无线、低功耗及高可靠。传感器直接附着在机器上甚至在机器材料内部，由于无法维修及更换，要求长期可靠工作。④网络化。感知信息不仅来源于机器本身的传感器，还可通过网络获得网络上其他传感器信息。

（三）设备的互联互通

串行接口至今仍是许多设备默认的配置，从 RS-232 点对点通信发展到更高速率的不同串行接口形式。设备的互联互通是实现网络化制造的基础。设备的互联从通过 I/O 信号进行信息交换发展到 5G/TSN，从有线到无线移动及卫星通信方式，开启了万物互联时代（见表1-7）。图1-39 展示了从 20 世纪 70 年代计算机集中式控制开始到今天分布式智能控制所支撑的通信技术。主要的接口如下：

表1-7   设备互联互通接口

发展阶段	第1阶段	第2阶段	第3阶段	第4阶段
通信方式	I/O 方式 开关量	串行接口 RS-232C	网络通信 以太网	互联网 多媒介
代表协议	—	ITU-T V.24	ISO 802.3	OPC UA MTconnect
传输内容	数控程序、 I/O	数控程序、I/O、 参数、指令	数控程序、I/O、 参数、指令	程序、I/O、参数、 指令、数据
开放性	差	差	较好	好
应用领域	设备内	DNC	工厂内局域网	全球互联网

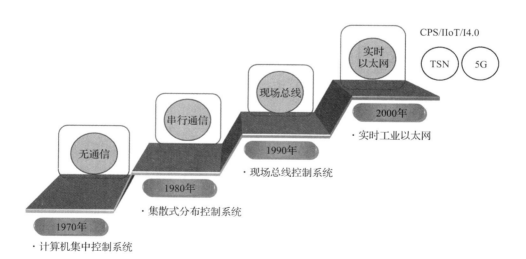

图1-39   控制系统及其通信技术的发展

（1）RS-232 接口。串行端口将并行数据转换为连续的串行数据流进行通信，同时可将接收的串行数据流转换为并行的数据。目前 RS-232 的通信端口为 9PinD 型接头，大多数设备为了兼容性还保留了这个接口形式。由于 RS-232 接口的通信速率和物理信号电压的限制，它逐渐被 RS-485 及其他通信方式取代。

（2）GPIB。GPIB 的特点是可用一条总线连接若干个仪器，组成一个自动测试系统。该通信速率较低，适用于电气干扰轻微的实验室或生产现场。

（3）以太网。目前大多数设备都配有以太网接口，符合 ISO 802.3 标准协议，俗称"水晶头"，是目前主流的网络通信协议。

（4）通用串行总线（USB）。USB 只有 4 根线，两根电源、两根信号线，USB 的主要作用是对设备内的数据进行存储或者设备通过 USB 接口对外部信息进行读取识别；除此以外，USB 也是做二次开发的有效接口。

（5）无线：有很多仪器设备内部都直接内置了 802.11（俗称 WiFi）无线接口，有些设备甚至直接对接移动通信 4G/5G。为了实现活动半径小、业务类型丰富、面向手持操作、车间内的无线通信网络需要，无线个域网（WPAN，Wireless Personal Area Network），包括蓝牙、UWB、Zigbee、RFID、Z-Wave、NFC 等技术越来越多的在车间设备上得到应用。

以上是生产设备体现信息化能力的基础物理接口，然而随着自动化程度的提高，在生产现场的数据采集方式从单一设备硬件逐渐实现标准化、规模化的集成态势，上层系统很少再采用单一接口方式对设备进行数据采集。一般来讲，工业生产设备数据采集包括数据系统直接联网通信、通过工业网关进行采集、通过远程 IO 进行采集，以及人工辅助采集。

（1）直接联网通信。直接联网是指借助设备自身的通信协议、通信网口，不添加任何硬件，直接与车间的局域网进行连接，从 TCP/IP 发展到基于 MQTT、OPC UA、MT connect 等大量物联网的数据通信方式，实现与数据采集服务器进行通信，服务器上的软件进行数据的展示、统计和分析。随着工业互联网的进一步升级，基于以太网的通信配置无疑是未来主流通信技术发展的趋势之一，这种信息采集模式内容非常丰富，而且可以实现远程控制。

目前，高端数控系统都自带用于进行数据通信的以太网口，通过不同的数据传输协议，即可实现对数控机床运行状态的实时监测。发那科 0i \ 31i \ 18i 系列的数控系统在操作面板背面都配置有网口，通过发那科的 FOCAS 协议，就可以进行直接联网通信；西门子 840D 系统，PCU50 版本以上的也可以通过 OPC 协议进行设备的直接联网通信。

此外，众多数控系统厂商，如西门子、三菱、菲迪亚（FIDIA）等，以及 PLC、测控仪器等厂商均配备了局域网口，拥有大量方便集成的接口，可以实现实时采集设备程序运行信息、设备运行状态信息、系统状态信息、报警信息、运行程序内容信息、操作数据、设备参数、坐标、功率等数据。

（2）工业网关采集。对于没有以太网通信接口，或不支持以太网通信的设备，可以借助工业以太网关的方式连接设备的控制器，实现对设备数据的采集，实时获取设备的开机、关机、运行、暂停、报警状态。根据设备基础硬件接口差异，又称工业物联网智能网关、无线数据采集网关、有线数据采集网关、无线传感器管理主机、通信采集网关、无线网关、工业通信网关、工业以太网串行口智能网关，RS485 串行口 Modbus-RTU 等智能网关。

目前工业智能网关本质上是采用分布式采集-中心路由监控的方式，具有高度集成的特点，集成了数据接收、协议转换、无线通信传输等功能，支持 WiFi、以太网等多种通信协议和模式。工业通信网关可以在各种网络协议间做报文转换，即将车间内各种不同种类的 PLC 的通信协议、CNC 通信协议等转换成一种标准协议，通过该协议实现数据采集服务器对现场数据的实时获取。有些厂家甚至将边缘计算功能设置在网关中，成为车间数据采集处理的核心，如图 1-40 所示。

（3）远程 IO 采集。远程 IO 模块是工业级远程采集与控制模块，提供了对设备状态数据的采集，通过对设备电气系统的分析，确定需要采集的电气信号，将这些信号接入远程 IO 模块，由模块将设备电气系统的开关量、模拟量转化成网络报文，通过车间局域网传送给数据采集服务器。

（4）人工辅助方式。适用于非自动化设备以及不具备自动信息采集功能的自动化设备，采用手工填表、条码扫描、手持终端等，实现对数据的采集。其具有灵活方便的优势，弥补了自动采集在丰富性、适应性上的缺陷，但也存在实时性和准确性差的缺点。

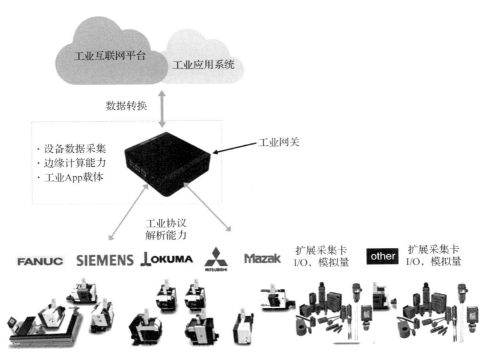

图 1-40　工业网关

（四）设备的接口标准

目前，广泛应用于机床设备之间的标准化通信协议主要有德国机床制造协会（VDW）提出的 Umati、美国制造协会（AMT）提出的 MTConnect，以及中国数控机床互联通信协议标准联盟制定的 NC-Link。

（1）MTConnect。由美国机床协会在 2006 年提出了一个免税、开源、标准化及可互操作的数据通信协议，它将语义信息进行了标准化的定义，并且提供了构建信息模型的相关规则，能够统一设备的信息模型。MTConnect 标准基于 XML，采用 HTTP 作为传输协议，得到了美日大部分机床厂家的支持。

图 1-41 为构建 MTConnect 应用的组成架构，分为四个层次：

1）设备（Device）。表示车间进行生产制造的设备或传感器，通常分为 3 种类型：①非 MT 设备。通过添加具有数据采集能力的适配器（Adapter）获取设备信息，完成数据格式转换后通过 Socket 接口传输给代理（Agent）。②具有 MTConnect 接口的设备。

直接通过代理进行通信。③具有 MTConnect 接口并且内置代理的设备。应用可直接采集相关数据。

2）适配器。进行车间设备数据采集并能与代理进行数据传输的程序或设备，目前有许多设备厂商生产的设备都支持适配器的功能，无须额外实现适配器。

3）代理。能够连接多个设备或适配器，并能进行数据传输和响应数据查询请求的程序，代理是 MTConnect 的核心组成部分，代理能同时进行多个设备数据信息的收集，并能响应客户端的不同数据请求，生成对应的 XML 文档。

4）应用。应用开发者无须关心底层的设备数据协议，通过对代理发送想要的数据的请求，就可以得到包含对应节点数据信息的 XML 文档，通过解析 XML 文档便可以获得车间设备的数据信息。

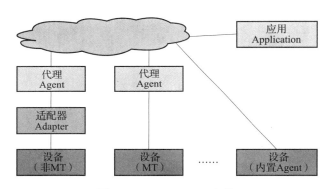

图 1-41　MTConnect 架构

为了建立车间设备统一的信息模型，MTConnect 将设备信息分为四类：①设备定义信息；②设备数据流信息；③设备错误信息；④设备资产信息。MTConnect 通过结构化的方法，利用 XML 定义设备的数据类型，来实现对车间设备的描述。MTConnect 设备主要描述车间设备的结构组成和用户额外需求的数据定义，对于机床的结构组成（包括主轴、伺服轴、系统、控制器等），通常将用户所需要的数据按照 MTConnect 设备描述语言的格式进行 XML 文档的编写。对于用户额外需求的数据通常指外接传感器采集的数据（总功率、振动信号、力等），需要按照设备描述语言中的单位格式进行自定义。目前 MTConnect 主要的缺点是数据单向性，只能从设备采集数据。

（2）Umati 为 2019 年提出的基于 OPC UA 的接口标准，采用 Client/Server 构建，

可便捷安全地把机床和设备无缝连接到用户端的 IT 生态系统中去。如图 1-42 所示，Server 的数据层（地址空间）采用面向对象的思想进行设计，组织结构较为灵活，能够对工业数据、事件、报警和信息模型进行管理，提供的服务主要有实时数据访问、订阅和发布、事件和报警等；Server 的服务层负责处理逻辑和制定的交互任务。OPC UA 具有安全通道能够对数据的传输进行加密和解密，而且支持二进制和 HTTP 传输，通过 OPC UA 协议为 Client 提供数据和服务。Umati 和 MTConnect 正在协调开发统一的"字典"，但是在实现方面仍存在一些差异，Umati 正努力将机床行业的特殊知识转换为语义和信息模型。

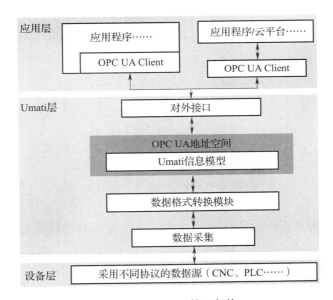

图 1-42　Umati 接口架构

（3）NC-Link 协议是由华中科技大学牵头，联合多家国内知名数控、机床厂家研发的机床互联互通协议。NC-Link 协议具有高效、易用的特点，并且综合了 OPC UA 协议和 MTConnect 协议的优点，数控装备模型采用 JSON 树状结构化模型文件，更加贴切地反映出了机床及其各个功能部件的逻辑关系。JSON 具备丰富的数据类型，可完全覆盖数控机床各类信息的描述需求，因此 NC-Link 信息模型能够描述更多的设备数据，输出更多的设备及生产信息。NC-Link 支持自定义的数据关联机制，即以多种标准在数控装备端把同一时间段（或者其他形式对齐方式）产生的一组数据组成一组数据块，在数据块内数据自然对齐，从而可以大大提高数据传输效率，也为数据的关联分析提供基础。NC-Link 协议由以下 5 部分构成：通用要求、机床模型定义、数据项定义、终端与接口、协议安全要求。

1）通用要求。NC-Link 协议体系架构设计为适配器、代理器和应用系统 3 个部分。其中，适配器负责将从数控设备采集到的数据转换为 NC-Link 协议格式并发送到代理器，或者将控制信息转换为设备可识别的信息，从代理器发送至数控设备。代理器负责适配器与应用系统之间的数据转发。NC-Link 协议的系统实施架构如图 1-43 所示，由设备层、NC-Link 层和应用层组成。

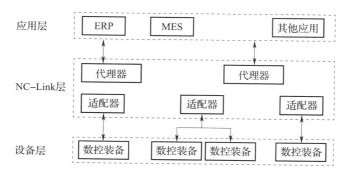

图 1-43　NC-Link 应用框架

设备层由具体的异构数控装备组成，数控装备是指数控机床或者工业用机器人，包括能与外部进行通信的能力控制器和执行部件，数控装备与适配器通信的协议可以是任意协议，如开放协议或私有协议。设备层也包含第三方的信息化系统/平台，包括 MES、ERP、CAPP 等。NC-Link 层由适配器层和代理器层组成，每个适配器可以和多个数控装备相连，但是一个数控装备只能连接一个适配器。每个适配器必须连接一个代理器，且只能连接一个代理器，每个代理器支持多个应用系统，也可和多个适配器连接。

2）机床模型定义。机床模型是 NC-Link 标准的核心，定义了机床模型的数字化描述方法，即对物理设备的逻辑描述，反映了真实物理设备的各种配置信息、能力、组件及组件的子组件等信息。机床模型文件由 JSON 语言描述，包括根对象、设备对象、组件对象、数据对象和采样通道对象，如图 1-44 所示。

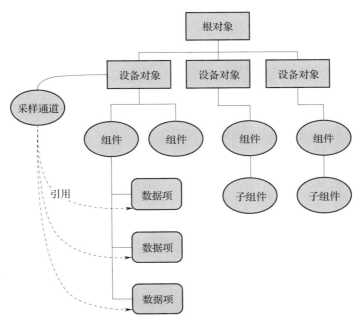

图 1-44   NC-Link 机床模型结构定义

3）数据项定义。数据项定义也称为"数据字典"，是 NC-Link 数据设计规范，描述了数据的层次结构和语义表达。设备终端或系统应用根据机床模型文件描述的语义信息，结合数据字典，便可准确掌握数控机床的组成、能力、配置等信息，以及其能提供什么运行数据等。

4）终端与接口。NC-Link 协议采用订阅/发布（Publish/Subscribe）与请求/响应（Request/Response）相结合的通信模式，提供设备侦测、设备注册、设备发现、数据查询、数据采样等接口。

5）协议安全要求。NC-Link 协议在协议安全上设置了设备接入认证和数据权限分层，确保设备安全运行，具备很高的数据防密性。

基于 NC-Link 协议采集工控设备的物理模型、传感器、运行历史等数据，还可在 iNC-Cloud 平台完成工控设备在云端虚拟空间的数字化映射，建立实体装备全生命周期的追溯体系，完成预测性分析、远程故障诊断、工艺参数评估等业务实现，以及制造装备在线检测分析，并通过反馈控制实时优化生产过程。

伴随着物联网技术的发展，还出现了 M2M（Machine-to-Machine）即"机器对机器"，也有人理解为人对机器（Man-to-Machine）、机器对人（Machine-to-Man）等，旨在通过通信技术来实现人、机器和系统三者之间的智能化、交互式无缝连接。无线通信 3GPP（Third Generation Partnership Project）组织、欧盟及中国都提出了 M2M 系统模型及标准，促进了机器与机器之间的交互。

二、智能生产系统的监控

（一）数据采集与监视控制系统（SCADA，Supervisory Control And Data Acquisition）

数据采集与监视控制系统综合利用了计算机技术、控制技术、通信与网络技术，完成对测控点分散的各种过程或设备的实时数据采集，本地或远程的自动控制，以及生产过程的全面实时监控，并为生产、调度、管理、优化和故障诊断提供了必要和完整的数据及技术手段。其应用领域很广，可以应用于电力、冶金、石油、化工等领域的数据采集与监视控制以及过程控制等诸多领域，其中在电力系统中的应用广泛，发展技术也最为成熟。在制造车间通过对设备数据、过程数据以及各类报警信号等数据的采集对现场的运行设备进行监视和控制，同时将数据上传给上层进一步处理。

"监控"即"监视与控制"，指通过计算机对自动化设备或过程进行监视、控制和管理。相比于 DCS 和 PLC 系统，SCADA 系统组成较为复杂和分散，互联的通信形式多种多样，SCADA 系统主要用于采集现场信息，将这些信息传输到计算机系统进行处理。在车间的监控中心安装车间 SCADA 系统客户端，用图像或文本的形式显示这些信息，车间管理人员可以通过客户端实现对车间生产活动的监视，并根据需求对车间生产设备进行远程控制。在工业自动化和控制系统的网络体系结构中三者相互关联和补充，PLC 作为重要的控制部件，通常应用在 SCADA 系统和 DCS 中，作为其下位机，为其提供数据信息并执行下达的指令，实现工业设备的具体操作与工艺控制，通过回路控制提供本地的过程管理。三者之间的区别主要体现在应用的需求上，如在炼油行业，DCS 常常要求高级的控制算法，PLC 经常用在连锁应用上，甚至是安全冗余控制系统上。总体而言，目前在车间实际管控工作中，SCADA、DCS、PLC 管控系统既能够独立发挥作用，又能够相互配合，结合采集接口和车间管理系统，实现自动化，甚至智能化车间管理，提高生产效率，减低管理成本。

"数据采集"指通过计算机对设备进行数据请求，采集现场设备的各种信号。设备层需要采集的信息包括机床生产任务信息、设备运行状态信息、报警信息、环境参数信息、质量信息、物料状态信息等。其中物料状态信息由射频识别器或条码识别器进行采集并直接上传给服务器，其他信息由安装在各个工位的传感器及设备本身接口进行采集。如图 1-45 所示，生产过程数据包含生产要素信息、工位信息和生产加工时间信息。

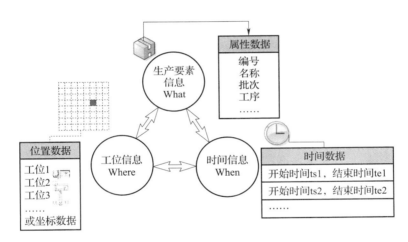

图 1-45　生产过程数据

SCADA 系统所要采集的数据具有密度大、实时性强等特征，是保证设备正常生产与产品质量的基础。在没有 MES 的生产系统中 SCADA 承担着生产过程监视控制功能，在有 MES 的生产系统中为 MES 及其他管控系统提供设备及生产数据来源，甚至成为 MES 的组成部分，实现数据采集及生产过程监控。SCADA 系统主要功能如下：

（1）实时监控模块。设备监控模块可以对车间数控机床运行状态进行实时监测，还可以对机床进行远程遥控。环境监控模块可以实时显示车间当前加工环境参数信息以及一段时间内车间环境参数的变化情况，并能够依据制造工艺需求对环境参数进行设定。生产进度监控模块能够实时监控主计划进度、作业计划进度、工序进度。质量监控模块能够依据样本的质量信息判断当前工序的产品质量是否处于受控状态，如果产品质量进入非受控状态则进行预警。

（2）数据查询和显示模块。提供产品生产状态查询、告警信息查询、能耗信息查询等功能，通过可视化的显示使得管理员能够轻松了解当前的生产状况，对生产过程中的异常事件做出合理的决策，实现制造过程动态调度。

（3）统计分析模块。主要是对车间生产过程信息进行综合处理，包括对车间设备利用率分析、计划完成率统计、产品合格率统计等方面。

（二）SCADA 系统的组成及功能介绍

传统的 SCADA 系统一般基于组态软件开发完成，如采用西门子的 WinCC、Wonderware 公司的 Intouch、北京亚控的组态王系列软件等。随着工业互联网技术的发展，SCADA 系统的架构逐渐由 C/S 架构向 B/S 架构迁移，监控界面也向逼真的数字孪生发展。SCADA 系统主要有以下组成部分：监控计算机系统、远程终端单元（RTU，Remote Terminal Unit）、可编程逻辑控制器（PLC）、通信基础设施、可视化显示系统、客户应用端，如图 1-46 所示。

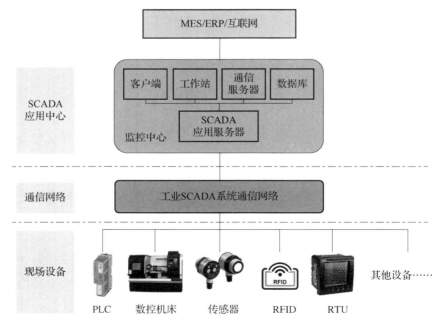

图 1-46 SCADA 系统架构

（1）监控计算机系统。监控计算机是 SCADA 系统的核心，其采集过程数据并向现场连接的设备发送控制命令。它包括数据库服务器、应用服务器、通信服务器以及工作站等硬软件系统，主要功能是数据采集、处理、存储和分析管理，并控制系统的运行监控画面。现场连接控制器是指 RTU 和 PLC，也包括运行在操作员工作站上的 HMI 软件。在较小的 SCADA 系统中，监控计算机可能由一台 PC 组成，在这种情况下 HMI 是这台计算机的一部分。在大型 SCADA 系统中，主站可能包含多台监控计算机服务器、灾难恢复站点和分布式软件应用程序。为了提高系统完整性，多台服务器通常配置成双冗余或热备用形式，以便在服务器出现故障的情况下提供持续的控制和监视。

（2）远程终端单元。通常在流程型企业中使用的概念，远程终端单元也称为 RTU，其连接到生产过程中的传感器和执行器，并与监控计算机系统联网。RTU 是"智能 IO"，通常具有嵌入式控制功能，例如梯形逻辑，以实现布尔逻辑操作。它将末端检测仪表和执行机构与远程调控中心的主计算机连接起来，具有远程数据采集、控制和通信功能，能接收主计算机的操作指令，控制末端的执行机构动作。

（3）可编程逻辑控制器。可编程逻辑控制器也称为 PLC，其连接到过程中的传感器和执行器，并以与 RTU 相同的方式联网到监控系统。与 RTU 相比，PLC 具有更复杂的嵌入式控制功能，并且采用一种或多种 IEC 61131-3 编程语言进行编程。PLC 经常被用来代替 RTU 作为现场设备，因为它们更经济、多功能、灵活并且可配置，特别是随着 PLCopen 组织的发展壮大，以工控机为硬件平台的软 PLC 迅速发展。

（4）通信基础设施。通信基础设施用于将监控计算机系统连接到 RTU、PLC、CNC 等设备和传感器执行器，采用有线、无线方式对设备层数据进行采集，进一步通过物联网、工业互联网实现数据的采集。

（5）可视化显示系统。人机界面是监控系统的展示及操作员窗口，如图 1-47 所示，它以尽可能真实感的形式提供生产信息显示。工厂可视化应用常规功能包括：

1）系统总貌。展示公司鸟瞰图/平面图，可以直观显示公司主要车间的所在地点，也可快捷通过沙盘图调用相关子系统监控图。

图 1-47　SCADA 系统的可视化显示

2）车间工艺图。按公司生产工艺流程涉及的工艺设备，直观展示主要工艺流程，也可快捷调用到相关设备系统监控图。

3）工序设备图。根据工序设备数据及展示需要，用设备运行图示、表格、曲线等结合方式显示：设备运行状态、生产主数据、工艺主数据、质量主数据等。

4）系统报警。显示系统正在发生的报警信息，提供方式：声音报警、文字报警、推画面报警、灯光报警等。对于不同等级不同状态的报警可以通过颜色、闪烁状态进行区分，同时提供报警确认、报警禁止、报警筛选、报警推送、报警导出、报警打印等功能。

5）系统日志。记录和查询用户在系统内对用户管理、报警操作、数据修改、设备远程控制等的详细信息。

6）历史趋势。显示某一个或多个模拟量在一段时间内的变化规律，通过曲线方式对多个模拟量进行比较，判断其发展趋势，通过分析数据可以发现生产规律，提高生产效率。

7）监控视频。通过远程摄像头实时的监视和记录工作现场的生产情况，包括实时监控、图像抓拍、远程回放、本地录像保存与播放、视频联动等功能。

8）网络诊断。显示系统内部软件组件和硬件设备的运行信息，诊断系统设备状态，在发现设备或组件异常时发出报警信息，提示用户尽快进行处理，并将信息记录在历史日志中。

9）统计报表。依据生产的实时数据、历史数据、报警、日志、关系数据等信息展示按班次、每天、月度、季度、年度的生产、设备效率、能耗、质量等业务数据的统计分析报表。展现画面除了能显示在大屏幕上、台式机桌面、车间电子看板上外，也可以显示在手机或平板终端上。

（三） 基于 OPC UA 的数据采集与 OT/IT 的融合

生产系统数据采集属于传统的操作运营技术 OT 域，OT 技术是直接对工业物理过程、资产和事件进行监控和/或对其实施改变的硬件和软件。概括来讲，OT 其实就是工业控制系统（PLC、DCS、SCADA 等）及其应用软件的总称。MES 系统处于 OT/IT 之间，其他系统如 ERP/PLM/CRM 等企业管理系统则属于 IT 域。由于传统的技术限制，OT 和 IT 是相互隔离的，数据的采集和运用，不仅在时间尺度上、在数据交换的格式和语义上难以融合，而且在通信任务的触发机制上也难以匹配。它们各自有着不同的目标，沿着不同的路径发展，同时在不同的生态系统中运行。这个鸿沟阻碍了生产系统及时充分利用上层已掌握的信息和知识，导致上层不能及时掌握数据信息，造成决策错误和产生不可靠的行动。随着工业互联网、智能制造和大数据技术的发展，开启了 OT/IT 互联的工厂时代。

OT 域包括机械装备、物理成套设备以及对它们进行监视和控制的工业硬件和软件，OT 专业人员主要使用 PLC、DCS、RTU、HMI、SCADA，以及嵌入式计算技术。而 IT 包括用于企业管理的硬件、软件、网络、通信技术以及存贮、处理和向企业各个部门传输信息的系统。IT 专业人员掌握联网技术、云基础架构、基于 Web 的部署和诸如 SQL、Java 及 Python 等技术。

ISO 通信标准划分了 7 个层次，工业通信通常在以下层次展开：互连——侧重硬件接口的连接，互通——强调软件级别的数据格式和规范，语义互操作性——表示语义定义和规范，如图 1-48 所示。从该角度出发，现场总线解决了工业领域中的连接问题，互通实现了各种应用程序的匹配，OPC UA 的出现，实现了不同系统之间的语义互操作。在工业 4.0 参考模型中，OPC UA 也是关键技术，其主要特点在于：

（1）OPC UA 建立了信息模型。无论什么行业，要实现互联和建立协调，都是以建立信息模型为基础。基于此，才能对特定的体系结构相关数据进行收集、分组和分析。

（2）安全机制。OPC UA 支持 X509 安全信息交互标准，同时根据角色和规则定义，来实现对不同级别的权限管理。

（3）高度的独立性。从用户角度出发，用户标准与企业的私有通信标准及规约不同，OPC UA 作为一个公益型组织，越来越多组织及标准建立在 OPC UA 之上或对其进行支持，如 MTConnect、OMAC/PackML、Euromap、POWERLINK、FDT/DTM、Profinet 等。

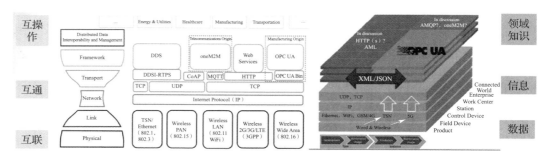

图 1-48　OPC UA 在智能工厂作用

OPC UA 的基础是数据的传输和信息建模，通过信息建模，OPC UA 服务器将数据存在地址空间中，然后 OPC UA 客户端就可以通过访问 OPC UA 服务器来对地址空间中的数据进行读写操作。OPC UA 客户端与 OPC UA 服务器之间使用 OPC UA 通信栈进行通信，且支持 HTTP、TCP 等协议，可以与对应的端口对接后进行信息通信。在 OPC UA 通信过程中对数据进行编码后传递，OPC UA 可以采用 XML 编码和 OPC UA 二进制编码。而 OPC UA 二进制编码是 OPC UA 为了满足车间庞大的数据交互量而制定的一种编码规则，具有体积小，编码解码速度快的优点。

将 OPC UA 技术运用于车间的实现方法是将 OPC UA 服务器嵌入各类底层设备之中，也就是在被采集的设备中开发 OPC UA 服务器，设备所采集的数据通过信息模型与 OPC UA 服务器地址空间中的节点相关联。采集时通过使用 OPC UA 客户端与 OPC UA 服务器进行连接，实现通信从而获取服务器中所需的数据。OPC UA 信息交互网络架构可分为 3 层，底层是由生产加工设备、生产辅助设备和传感器构成的设备层。在这一层，设备数据由 OPC UA 服务器获取，存储在服务器信息模型中，通过 OPC UA 的订阅/发布或客户/服务器模式传输到高层或通信层。第二层是通信层，它连接底层设备和管理信息系统，连接企业外部的互联网和各种云应用。同时，通信层的设备控制网络和企业信息网络也向融合的方向发展。第三层是信息管理层，该层的作用是根据车间业务流程的需要，通过 OPC UA 客户端收集设备层的数据，存储在企业本地数据库、云数据库或其他应用系统中，从而实现企业资源计划 ERP、制造执行系统 MES 的业务应用，如图 1-49 所示。该框架展示了 OPC UA 在工业通信中的优势所在，即通过信息模型对底层设备数据的语义进行规范化的暴露，使得车间各类设备的信息能在交互式得到清晰展示，并且由于地址空间的存在，对外提供了统一化接口，结合信息模型的语义暴露能力，使得 OPC UA 可以在通信过程中很好地对车间各类设备完成统一化通信。

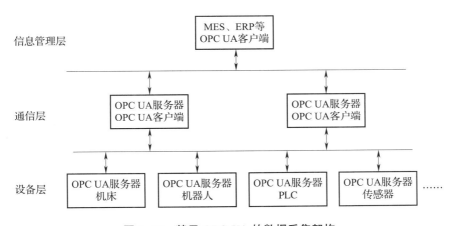

图 1-49 基于 OPC UA 的数据采集架构

（四）图像与视觉信息采集与处理

自 20 世纪 70 年代视频监控出现以来，经历了由闭路电视实时监控到数字视频可存储式监控的重大变革，但对监控视频信息的提取，则完全由人力完成。从 20 世纪 90 年代中期开始，算法的迭代更新与硬件设施的不断发展为智能视频监控系统的发展奠定了基础，特别是卡耐基梅隆和麻省理工学院共同发明的视频监控和活动监督（VSAM，Video Surveillance And Monitoring）系统，促进了智能视频监控系统的发展。

视频监控由于其直观、实时和准确的优势而被广泛使用。视频监控的应用范围，由社会安全领域发展到工厂车间生产领域。在工厂车间内，传统的视频监控需要专人来目视监控和报备车间内各设备的运行轨迹、位置和分布信息等。对海量监控图像进行实时监管，易出现人员工作强度过高的现象，很难保证生产设备信息的准确性与高效性。特别是由于现代车间设备的种类和数量较多，需要同时布设大量的监控摄像机，如图1-50所示，对车间进行全局监控。

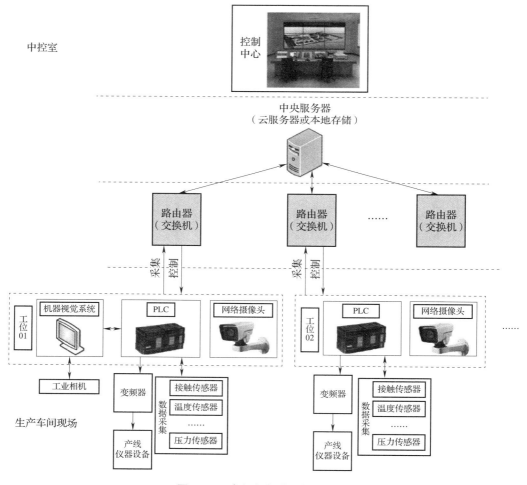

图1-50　车间视频监控框架结构

目前我国的监控产品公司开发了智能跟踪与分类功能，实现了区域内目标检测定位、跟踪等相关智能监控功能。摄像机产品通过对关注区域与非关注区域进行不同的画质调节，从而达到节约存储空间的目的，还能实现监控视频目标的检测、跟踪和定位。2014 年，重庆市中煤科工集团重庆研究院有限公司开发了现代煤矿智能监控视频系统，不仅可以对煤矿生产中的打滑、断带、烟雾等生产故障进行报警，还能对现场矿井的运输、排水、通风和供电系统进行实时动态监控。

图像识别主要的处理流程如下：

（1）图像采集。图像采集就是从工作现场获取场景图像的过程，是机器视觉的第一步，采集工具大多为 CCD 或 CMOS 照相机或摄像机。照相机采集的是单幅的图像，摄像机可以采集连续的现场图像。就一幅图像而言，它实际上是三维场景在二维图像平面上的投影，图像中某一点的彩色（亮度和色度）是场景中对应点彩色的反映。

现在大部分相机都可直接输出数字图像信号，可以免除模数转换这一步骤。不仅如此，现在相机的数字输出接口也是标准化的，如 USB、VGA、1394、HDMI、WiFi、Blue Tooth 以及以太网等接口，可以直接送入计算机进行处理，以免除在图像输出和计算机之间加接一块图像采集卡的麻烦。后续的图像处理工作往往是由计算机或嵌入式系统以软件的方式进行的。

（2）图像预处理。对于采集到的数字化的现场图像，由于受到设备和环境因素的影响，往往会受到不同程度的干扰，如噪声、几何形变、彩色失调等，都会妨碍接下来的处理环节。为此，必须对采集图像进行预处理。常见的预处理包括噪声消除、几何校正、直方图均衡等处理。

通常使用时域或频域滤波的方法来去除图像中的噪声；采用几何变换的办法来校正图像的几何失真；采用直方图均衡、同态滤波等方法来减轻图像的彩色偏离。总之，通过这一系列的图像预处理技术，对采集图像进行"加工"，为机器视觉应用提供"更好""更有用"的图像。

（3）图像分割。图像分割就是按照应用要求，把图像分成各具特征的区域，从中提取出感兴趣目标。在图像中常见的特征有灰度、彩色、纹理、边缘、角点等。例如，对汽车装配流水线图像进行分割，分成背景区域和工件区域，提供给后续处理单元对工件安装部分的处理。

图像分割多年来一直是图像处理中的难题，至今已有种类繁多的分割算法，但是效果往往并不理想。近年来，人们利用基于神经网络的深度学习方法进行图像分割，其性能胜过传统算法。

（4）目标识别和分类。在制造或安防等行业，机器视觉都离不开对输入图像的目标进行识别和分类处理，以便在此基础上完成后续的判断和操作。识别和分类技术有很多相同的地方，常常在目标识别完成后，目标的类别也就明确了。近年来的图像识别技术正在跨越传统方法，形成以神经网络为主流的智能化图像识别方法，如卷积神经网络（CNN）、回归神经网络（RNN）等一类性能优越的方法。

（5）目标定位和测量。在智能制造中，最常见的工作就是对目标工件进行装配，但是在安装前往往需要先对目标进行定位，安装后还需对目标进行测量。安装和测量都需要保持较高的精度和速度，如毫米级以下的精度，毫秒级速度。这种高精度、高速度的定位和测量，倚靠通常的机械或人工的方法是难以办到的。在机器视觉中，采用图像处理的办法，对现场图像进行处理，按照目标和图像之间的复杂映射关系进行处理，从而快速精准地完成定位和测量任务。

（6）目标检测和跟踪。图像处理中的运动目标检测和跟踪，就是实时检测摄像机捕获的场景图像中是否有运动目标，并预测它下一步的运动方向和趋势，即跟踪。并及时将这些运动数据提交给后续的分析和控制处理，形成相应的控制动作。图像采集一般使用单个摄像机，如果需要也可以使用两个摄像机，模仿人的双目视觉而获得场景的立体信息，这样更加有利于目标检测和跟踪处理。

三、看板系统及多维交互技术

看板管理，常作"Kanban 管理"（来自日语"看板"，カンバン，日语罗马拼写：Kanban），是丰田生产模式中的重要管理概念，指为了达到精益生产（JIT）方式衍生而来的控制现场生产流程的工具。车间电子看板系统主要是针对车间管理项目，特别是信息透明化管理活动。它是车间视觉管理（VM，Visual Management）的视觉形式，能够使人一眼就掌握车间数据、信息等，生产现场可以使用灯、标志、信号灯、符号颜色等发送视觉信号。它通过利用形象直观而又色彩适宜的各种视觉感知信息来组织现场生产活动。通常涵盖数据包括时间、产品型号、计划数、实绩数、差异数、标准节拍、实际节拍、不良数、嫁动率、报警工位、停线工位、通知信息、巡检信息、物料信息等。

（一）电子看板的组成及其功能

电子看板是一种由新型电子化看板，突破传统看板白纸黑字固定不变的方式，采用电子化的方法，集单片机技术、光电子显示技术、现场总线技术于一体。看板系统可以独立于 SCADA 系统，或者作为 SCADA 系统的展示部分。

作为独立的看板系统一般由 3 部分组成：①看板显示系统。其包括发光二极管（LED）显示屏、数码显示屏、全点阵显示屏、液晶显示器（LCD 液晶屏）、平板电视等。②看板数据采集终端。它主要用于收集现场的数据。③看板管理软件应用程序（App）主要用于看板系统管理、发布看板信息、设置看板参数及其他有关电子看板系统的一切内容及数据，并且随着虚拟技术的发展，看板集成数字孪生，通过参数化和虚实互动模型展示车间实时状态和生产情况。

相对于传统的看板管理方式，电子看板是目前工厂和企业进行管理时常用的一种管理形式。车间电子看板通常会悬挂或放置在比较显眼的地方，以便人们即时获取生产、任务的相关信息，是一种先进的可视化管理方式。车间级可视化看板以生产订单为基本粒度，涵盖在管控对象（人、机、料、法、环、测）、管控视角（全要素管控、全流程管控）与管控类型（三维场景、动态行为、生产状态与运行指标）等车间生产管理周期。主要涵盖如下功能：

（1）车间看板监控。该功能分现场看板监控和浏览器看板监控两部分。现场看板监控是在生产车间里的 LED 看板上实时显示生产数据，如图 1-51 所示，主要是面向车间工人和车间管理人员。浏览器看板监控是通过电脑以网页形式向生产经营者展示生产数据，使得有关人员可以不需要到车间现场就可以通过互联网观察到实时的生产数据，所观察到的数据是与车间看板数据同步的。

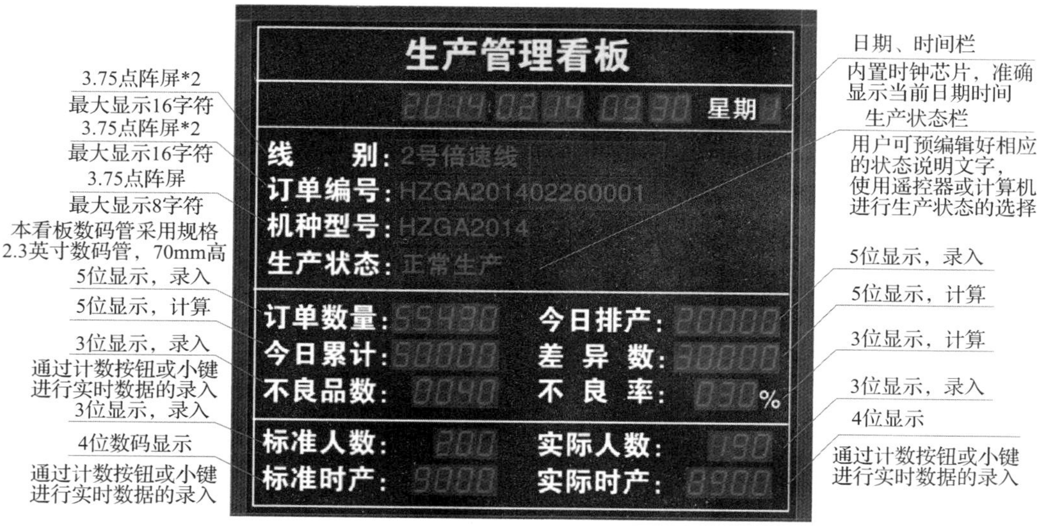

图 1-51　某企业的生产管理看板

（2）新闻看板发布。该功能车间各个生产环节能够实时获取管理层新闻，帮助现场及时进行响应；针对特殊工位可用作现场多媒体培训设备，随时进行现场的生产培训及其他培训。

（3）设备看板管理。该功能通过设置看板的名称、IP 地址、类型、启用状态，并显示出看板 LED 屏的有关参数，可以使看板投入运行状态，开始采集、统计、显示生产数据。在计算实际节拍、理论产量等数据值时剔除掉休息时间段，从而使得数据更加客观、准确。例如，在计算稼动率时，要自行设置计划用时，嫁动率有两个计算公式：目标嫁动率＝（嫁动时间－停线时间）/嫁动时间；实绩嫁动率＝生产实绩×实际节拍/60/嫁动时间。

（4）工单看板管理。该功能从 MES 生产计划开始，将执行工单下发到车间，到设备实际开始加工。为每条生产线预先设置生产工单、投放工位顺序，可以设定或改变其顺序。设置每个工位所需物料。可以用计算机或工位上的按钮操作来切换工单及相应的排产信息。

（5）物料看板管理。该功能由物料员根据相应的权限在局域网计算机发布信息，滚动播放，有新信息时警灯闪烁并蜂鸣。物料管理员通过软件来设定物料投放顺序。例如，每个工位投完物料按一次并计数，如果后一工位比前一工位的计数大时，则报警（前一工位警灯闪烁并鸣警），当前一工位补齐数后，则恢复正常；如果某一工位按钮坏了，可以通过软件设置跳过此工位，进入下一工位，继续自动循环。

（6）巡检看板监控。该功能由巡检员根据相应的权限在局域网计算机发布信息，滚动播放，有新信息时警灯闪烁并蜂鸣固定时间。

（7）工位看板报警。该功能针对生产现场故障告警，提供按灯 Andon，实时监控工位/工序加工状态，每个工位有红、绿、黄 3 个按钮，处理工位上的状态控制。例如，2 号工位发现异常按下黄色按钮，屏上显示 02 号工位，黄色警灯亮并有报警声。按下红色按钮表示出现故障，设备停机。

（8）采集看板监控。该功能为后台处理功能。计算机每秒自动循环采集线上数据，即时更新统计数值。

（9）数据看板共享。该功能为后台处理功能。系统可以向外部系统的企业数据库写入准实时数据，支持公司内部局域网访问，以有上层报表系统的数据展现。

（10）质检看板管理。该功能针对品质动态数据实时展示和查询，质检看板包含废品、次品、废品率、报警工管理等，在线实时采集质量信息，可以保证严格的产品质量，及时发现问题所在，并且能够妥善解决所存在的质量问题；同时也支持产品质量的离线分析。

（11）看板报表查询。该功能分为即时产出查询和日累计统计两块，并提供导出 Excel 报表功能。

综上所示，不同的厂家会针对实际车间情况制定不同类型的电子看板，从而辅助提高执行效率。例如，青岛某公司的电子看板根据使用对象不同，分成多层级看板：决策层电子看板、制造系统电子看板、生产线电子看板、工位电子看板、物流电子看板、质量电子看板。公司通过 SAP 系统下达销售订单计划给旗下的所有工厂（负责制造），各工厂按照销售订单的需求内容和时间组织生产，旗下各车间会根据在 APS 系统中按日节拍工序生产的策划导入具体需要执行的生产计划。通过看板来展示生产系统执行的有效性，其中节拍生产达成率监控每车间每天系统中生产计划的达成情况，如图 1-52 所示。

图 1-52 某车间的电子看板

（二）电子看板的作用

电子看板是生产目视化管理的重要工具，显示格式灵活多变，可通过控制器内嵌软件进行组合，实现多样的信息内容显示和全面的无纸化。其主要作用如下：

（1）传递生产和运送指令。即时掌握各个生产环节的实时动态。电子看板系统中，一方面，下游单位的需求通过信息网络直接传递到上游工序的信息显示终端，增加了信息的及时性；另一方面，看板的回收传递信息也不需要人工操作，简化了回收看板的过程，减少了看板传输错误和不及时的问题。图 1-53 为工序安排看板，能清楚地了解整体的工序安排，每天每工序的工作量。

通过引入自动识别技术，在物料交接和消耗的环节增加扫描操作，由扫描设备自动识别物料、看板卡等重要信息，保证了输入、输出的准确性，提高了核对信息的速度，实现了看板目视化管理的信息化。

以物料配送为例：在 MRP 生成的日生产计划的基础上，车间厂长根据生产现场和需求的每日实际情况微调计划，导入电子看板系统，作为系统计算当日每种材料最大配送量的依据。生产线工人在使用每箱原材料零件之前扫描物料周转箱上的条形码。

看板信号通过网络传送到电子看板系统数据库中，并模拟把一个材料请求看板放到了材料请求看板池里，系统自动根据每种物料的配送周期计算是否到达触发量，当物料达到触发点，打印出材料请求条形码看板标签，并记录相应的信息。配送工根据

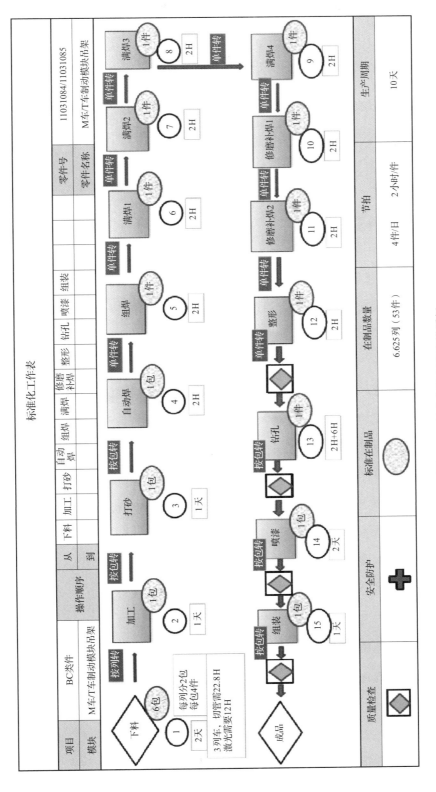

图1-53　某车间的工序安排看板

条形码上的信息准备物料，然后运往生产线。物料送到工位后，配送工扫描每箱上的材料请求看板的条形码。确认信号把相应的材料请求看板从系统中材料请求看板池中移走。最后配送工在离开时，将空周转箱或料车带回到仓库的集中存放区。

（2）调节生产均衡。由于种种原因生产计划往往不能百分之百执行，那么每天生产计划的改变就需要电子看板来调节。电子看板是各个工序时间、各个部门之间的调节剂，电子看板具备读取实时数据和自动计算的能力，只要告诉它每种物料的生产需求量和配送周期，它就可以得出每种物料的动态触发量。从而使动态触发量成为可能，更精确地接近市场的需求。这一点可以说是把信息系统引入看板后的一个重大革命，真正体现了不断减少浪费的精髓。

（3）改善车间机能。在生产过程中，我们总是会遇到很多突发问题：如设备故障、质量问题、工序设置安排不合理等，通过车间电子看板系统可以把这些问题都控制在可控范围内。在运用看板的情况下，如果某一工序设备出故障，生产出不合格产品，根据看板的运用规则之一"不能把不合格品送往后工序"，后工序所需得不到满足，就会造成全线停工，由此可立即使问题暴露，从而必须立即采取改善措施来解决问题。

计算机管理下的电子看板，可以对触发量、配送时间、库存量等关键指标设置自动预警，由计算机系统实时监控。一旦到达预警点，系统就向相关人员发出电子预警信息。从而使看板从单一的被动管理方式，变为能够主动参与管理的模式。

（4）规划生产流程。车间电子看板系统显示计划调度分配给工人和设备的任务，通过领料登记记录物料在车间的流动历史，通过任务进度录入反馈信息到计划调度，通过工时采集为财务系统提供数据。

（5）保证生产标准操作。看板是车间可视化工具，看板可以根据现场的实时状况进行生产现场操作。利用多引擎快速构建，高分辨率3D图像，通过建模技术、立体合成技术、交互技术模拟现实中的虚拟环境，实现虚拟化重现工艺操作流程，来指导现场操作员按照标准化执行。

（6）提供与MES的联动管理。传统的看板系统只能在系统自身内传达信息，缺少和其他信息系统交换数据的能力。电子化看板提供了和其他信息系统交换数据的接口，可从其他系统读取数据，如生产进度和生产计划数据，增加了看板方式管理的扩展性。

以成品交接为例：校验区工人将校验合格成品装入成品料架中，一旦完成一个周转料架的装载，立刻扫描每台成品的条形码和料架本身的条形码。MES 系统获取实时工位信息，将指令下达到电子看板系统，打印出一张包含成品和料架条码的看板标签。然后，由工人把条形码标签贴到成品料架上。这个看板标签将成品和料架作为一个整体放到电子看板系统中模拟的成品缓存区。

MES 系统中会实时更新物料信息，成品仓库工人在成品入库时，扫描成品料架上的条形码和看板上的条形码，由系统自动检查是否一致。如果看板系统发现料架和成品不符或不合格的产品，立刻通知校验区取回不符合入库条件的成品。

（三）多维交互技术发展

人机界面是机器与人交互的接口，它的发展大致经历了 3 个阶段：①命令行界面；②图形界面；③自然用户界面（NUI，Natural User Interface）。NUI 的出现为人机界面操作效率与用户体验带来了质的进化，人们不再需要学习复杂的命令及交互方式，便可以用自然的方式与机器进行互动。目前的用户界面正在由图形界面向 NUI 发展，包括触控用户界面、实物用户界面、3D 用户界面、多通道用户界面和自适应用户界面。

（1）触控用户界面。在图形用户界面的基础上支持触觉感知的交互技术，用户通过屏幕直接用手和虚拟对象交互。智能手机、平板电脑等移动设备和大多数工业控制计算机都支持这种技术。

（2）实物用户界面（TUI，Tangible User Interface）支持用户直接使用现实世界中的物体通过计算机与虚拟对象进行交互。区别于传统的 GUI 范式，TUI 强调虚实融合，在真实环境中加入辅助的虚拟信息，或在虚拟环境中使用真实物体辅助交互。

（3）3D 用户界面。使用户在一个虚拟三维空间中与计算机进行交互，如在虚拟环境中进行抓取物体、观察环境、场景漫游等都需要 3D 用户界面的支持。这种交互技术在 VR 和 MR 环境中被大量应用。

（4）多通道用户界面。多通道用户界面支持用户通过多种通道与虚拟世界进行交互，包括多种不同的输入工具（如文字、手势和语音等）和不同的感知通道（如视觉、听觉和触觉等）。通过维持不同通道间的一致性，融合多通道信息能够使人机交互更自然、更逼真，多种交互通道相互补足，消除交互环境中的二义性，提高了交互效率。

（5）自适应用户界面。自适应界面是一种可以根据用户的操作行为特征，自动地改变自身的界面呈现方式及其内容，以适应用户操作要求的用户界面，它基于个性化学习算法对用户的交互行为进行预测。

人们与以计算机为代表的人造"产品"的交互方式主要是通过图形显示器、鼠标、键盘、遥控器或者手柄等带有操控性按钮的面板及工具来进行，这些交互方式虽然成本低、灵敏度高，但是其交互方式并不符合人们自然的交互认知。因此，探索更为自然友好的交互方式成为不断努力的方向。虚拟现实 VR 是一种为改善用户与环境交互方式的计算机仿真技术，它通过高性能计算机建立模拟逼真环境与用户在视觉、听觉、触觉甚至味觉、嗅觉等感知系统交互，使用户能够沉浸到所创建的场景中去，从而引发丰富的想象力，形成"幻觉"；所以沉浸性、交互性和想象性为虚拟现实技术的 3 个主要特性，让用户在虚拟场景中就如同身处现实当中一样，可以与虚拟场景进行没有约束的、实时反馈的交互行为，从而显著扩展用户与环境的交互内容以及自然程度，其构成要素及相互间的关系如图 1-54 所示。

增强现实技术（AR 技术）在虚拟现实（VR）基础上发展起来，它借助计算机图

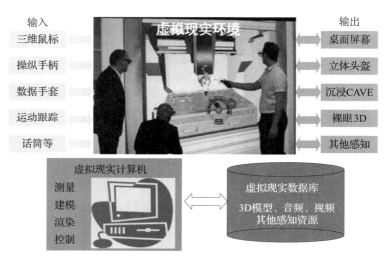

图 1-54　虚拟现实交互技术

形技术和可视化技术生成现实环境中不存在的虚拟对象并将虚拟对象准确"放置"在真实环境中，同时借助显示设备将虚拟对象与真实环境融为一体，呈现给用户一个感官效果逼真的新环境。AR 的特征是把计算机生成的世界带入用户的"世界"中，而不是像 VR 那样把用户沉浸到计算机的"世界"中。AR 技术已在娱乐、制造、医疗、军事及教育培训等行业得到应用。

AR 由一组紧密联结、实时工作的硬件与相关软件协同实现，硬件由处理器、显示装置、摄像机（跟踪设备）、传感器和输入装置组成。图 1-55 展示了通过 AR 进行维护的场景，光学透视眼镜（头盔），可让肉眼在透过镜片看到前面的实物图像（伺服驱动器）和场景的同时（红色线条），将由摄像机、位置传感器和麦克风等获得的图像和场景等信息输入计算机（蓝色线条）。经过处理后在显示器输出虚实叠加的图像和场景，如在伺服驱动器图像上叠加"伺服驱动总线故障，检查连接器"字样（绿色线条）。此外，可借助麦克风（话筒）将音频的输入输出添加到场景中（黑色线条）。

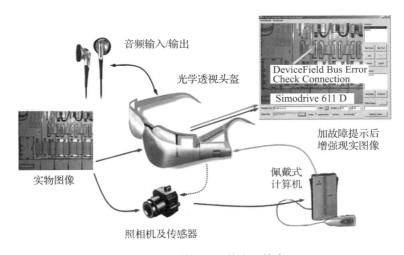

图 1-55　基于 AR 的交互技术

四、安全生产管控

（一）安全生产管理的概念

安全生产管理就是指在生产经营活动中，为避免造成人员伤害和财产损失的事故而采取相应的事故预防和控制措施，以保证从业人员的人身安全，保证生产经营活动得以顺利进行的相关管理活动。充分利用人们所拥有的资源并辅以人类自身的智慧，通过各种工具或方法、手段按照科学的原则以及客观规律进行相关的决策、计划、组织以及控制等活动，从而实现企业生产过程中人与机器设备、生产环境的和谐，达到企业安全生产的目标，降低生产过程中的各种损耗，提高企业的经济效益。

安全生产管理指标包括：生产安全事故控制指标（事故负伤率及各类安全生产事故发生率），安全生产隐患治理指标，安全生产、文明施工管理指标。安全生产管理的目标是：减少和控制危害以及事故，尽量避免生产过程中由于事故造成的人身伤害、财产损失、环境污染以及其他损失。

安全生产管理工作是一个系统性的工程，是由生产过程中各种安全要素构成的。安全管理体系，顾名思义就是基于安全管理的一整套体系，体系包括软件、硬件方面。软件方面涉及思想、制度、教育、组织、管理；硬件包括安全投入、设备、设施、操作规程、运行维护等。构建安全管理体系的最终目的就是实现企业安全、高效运行。综合来讲，安全生产管理体系要素主要包括安全文化、安全投入、安全科技、安全法制以及安全责任等。

安全生产标准化主要包含目标职责、制度化管理、教育培训、现场管理、安全投入、安全风险管控及隐患排查治理、应急管理、事故查处、绩效评定、持续改进 10 个方面。国家新版《企业安全生产标准化基本规范》（GB/T 33000—2016）于 2017 年 4 月 1 日起正式实施。

以计算机为基础的工业控制和信息系统是智能制造的核心，面向智能制造系统通常将安全分成 3 类，即物理安全、功能安全和信息安全。①物理安全。由于机械危险、电击、着火、辐射、化学危险等因素造成的危害方面的安全。②功能安全。功能安全是整体安全的一部分，依赖于一个系统或设备对其输入的正确响应，它通过一个特定的安全回路来保证安全。③信息安全。信息安全是指通过计算机技术和网络技术手段，使计算机系统的硬件、软件、数据库等受到保护，最大可能不因偶然的或恶意的因素而遭破坏、更改或泄密。

随着新一代信息网络化技术的发展，控制系统和信息安全面临新的挑战，震网病毒给伊朗核电站造成的事故，美国输油管路系统受到攻击造成停工等事件，说明了信息安全的重要性。信息安全主要从3个方面考虑：①保密性。信息不能泄露给非授权的用户、实体或过程。②完整性。系统和数据不被破坏、篡改和劫持。③可用性。系统功能能正常运行。

功能安全技术体系创新地提出了以下几个关键概念。

（1）安全功能。针对特定的危险事件，为实现或保持受控设备 EUC（Equipment Under Control）的安全状态，由 E/E/PE（电气/电子/可编程电子）安全相关系统或其他风险降低措施实现的功能。例如，温度检测过热保护就是一个安全功能。

（2）安全完整性（Safety Integrity）。在规定的时间段内和规定的条件下，安全相关系统成功执行规定的安全功能的概率。安全完整性等级（SIL，Safety Integrity Level）从某种意义上可以理解为对安全功能实现能力的概率要求，是一个综合化的指标，其中既有定性的技术措施也有定量的数值要求。

（3）安全相关系统（Safety-related system）。安全相关系统所指的系统应满足以下两项要求：执行要求的安全功能足以实现或保持 EUC 的安全状态；并且自身或与其他 E/E/PE 安全相关系统、其他风险降低措施一起，能够实现要求的安全功能所需的安全完整性。安全相关系统是整个功能安全研究的对象，即从软硬件的角度如何设计、开发、运行和维护安全相关系统。

通常，功能安全系统由传感器子系统、逻辑控制子系统和最终执行单元子系统组成。即由传感器感知特定的物理参数（温度、压力、距离、位置等），然后逻辑单元将检知的参数值进行计算比较，判断状态是否正常，最终通知执行部分实施恰当的安全措施，如停止运转、紧急停车、启动安全装置、向人员发出警报等。

本质安全是指通过设计等各种手段使得企业的生产设备、机器设备或系统等具有安全性，即使发生了失误性操作或者机器设备因为各种因素发生了故障也不会导致安全事故的发生。企业必须要提高对安全科技的重视程度并加大该方面的投入，最大程度上实现生产设备或系统的本质安全。

（二）安全生产基本原则

（1）以人为本。要求在生产过程中，必须坚持"以人为本"的原则。在生产与安全的关系中，一切以安全为重，安全必须排在第一位。必须预先分析危险源，预测和评价危险、有害因素，掌握危险出现的规律和变化，采取相应的预防措施，将危险和安全隐患消灭在萌芽状态。

（2）谁主管、谁负责。安全生产的重要性要求主管者也必须是责任人，要全面履行安全生产责任。

（3）管生产必须管安全。这里指工程项目各级领导和全体员工在生产过程中必须坚持在抓生产的同时抓好安全工作。这实现了安全与生产的统一，生产和安全是一个有机的整体，两者不能分割，更不能对立起来，应将安全寓于生产之中。

（4）安全具有否决权。这里指安全生产工作是衡量工程项目管理的一项基本内容，它要求对各项指标考核，评优创先时首先必须考虑安全指标的完成情况。安全指标没有实现，即使其他指标顺利完成，仍无法实现项目的最优化，安全具有一票否决的作用。

（5）"三同时"。基本建设项目中的职业安全、卫生技术和环境保护等措施和设施，必须与主体工程同时设计、同时施工、同时投产使用的法律制度的简称。

（6）"四不放过"。事故原因未查清不放过，当事人和群众没有受到教育不放过，事故责任人未受到处理不放过，没有制定切实可行的预防措施不放过。"四不放过"原则的支持依据是《国务院关于特大安全事故行政责任追究的规定》（国务院令第302号）。

（三）安全风险管理

安全风险管理就是指通过识别生产经营活动中存在的危险、有害因素，并运用定性或定量的统计分析方法确定其风险严重程度，进而确定风险控制的优先顺序和风险控制措施，以达到改善安全生产环境、减少和杜绝安全生产事故的目标而采取的措施和规定。风险管理由目标设定、风险识别、风险评价、风险应对组成，这4个风险管理关键环节环环相扣，紧密联系。企业在这4个环节的基础上，开展风险管理工作。

（1）目标设定。即企业首先要明确自己的风险管理目标，知道要达到什么目的，通过做什么工作来推动目标实现，以及为了目标的实现可以付出多大的经济代价。

（2）风险识别。系统地、全面地对企业未发生的、可能存在的危险源进行系统的辨别和归类，并且分析事故的发生原因。风险识别一方面可以依靠工作人员的经验积累，另一方面可以通过专业人士的风险分析。常见的风险识别方法有实地调查法、问卷调查法、流程分析法。

（3）风险评价。基于对企业各个环节风险的分析，评估这些风险因素存在的各种可能性，依照一定的风险评估标准，对这些风险因素进行排序和分级，确定企业需要重点评估和关注的风险影响因素。

（4）风险控制。利用一定的方法和措施，消灭或者减少风险所带来的影响，主要有：①工程技术措施；②管理措施；③培训教育措施；④个体防护措施；⑤应急处置措施。

为提高工厂的环保/安全管理水平，国内外通行的做法是依据 ISO 14001/OHSAS 18001 标准，实施环境管理体系（EMS）/职业健康安全管理体系（OHSMS），进而通过 EMS/OHSMS 认证。

（四）防呆

生产现场是一个复杂的环境，而"人、机、料、法、环、测"都有可能导致缺陷。人为的错误不仅存在，而且无法完全避免。防呆是一种预防矫正的行为约束手段，运用避免产生错误的限制方法，让操作者不需要花费注意力，也不需要经验与专业知识即可直接无误地完成正确的操作，即在过程失误发生之前即加以防止。防呆是一种在操作过程中采用自动作用、报警、标识、分类等手段，使操作人员不特别注意也不会失误的方法。工业安全的产品种类较多，主要可以分为以下几个类别：安全控制器、安全开关、安全光幕、安全继电器、报警装置、防爆产品、防雷/浪涌保护器、安全网络等。

防呆的根本目的就是针对在生产过程中，容易因为操作者疏忽、执行流程不规范、环境条件突变等容易造成出错情况，通过合理规范的流程、方法、手段等设计以及在管控系统中设置防呆措施避免出错。可采用：①利用物体特征约束，提高操作者警觉。例如，现场作业看板可以通过视觉差别提高警示作用。②利用治具或辅助工具约束。

③利用物品的放置方式或作业顺序进行约束。④利用管控系统进行防呆。

利用管控系统进行防呆，通过软件信息系统从全局角度并利用数据统计技术进行更加全面的防错处理。可从如下 3 方面进行防呆处理：

（1）以信息化促进多工种协同，消灭错误发生原因。生产过程需要多工种协同，因此错误的发生不是由某个人而是由于不同工种之间的不一致导致的，这是传统防错很难实现的，而这恰好是信息化防错的优势。生产以计划/工单拉动物料配送，供应部门依据计划/工单进行物料准备，生产工单执行时，根据检验规程生成检验请求并通知质检人员，实验室检验完成后，根据检验请求将检验结果反馈给现场。MES 系统实现对上述流程的各环节严格按照工单顺序执行，上游生产结束且质量合格才可转序，下游方可执行。

（2）自动化检测消除错误。管控系统可以规范现场业务操作，并在各个流程节点进行自动化检测，避免各类错误的产生。通过生产标准数字化，便于管理和 IT 系统自动检查。操作手册电子化，建立目录和关键词，方便检索。设备检查/安全检查/5S 检查，例如，在开班/交接班/工单启动时，设立设备检查节点。物料检查，例如，按照工单接收物料，非当前工单或下一工单，不接收物料；投料前，按照工单 BOM 进行物料的比对工作，检查不合格不允许工单启动。工艺参数/设备参数/环境参数检查，工单启动时，进行相关参数检查，检查不合格不允许工单启动。

（3）基于工业大数据实现无忧生产。分析工艺过程，并制定统计过程控制（SPC，Statistical Process Control）预警规则，利用自动化数据采集，实时收集工艺参数和在线检测数据，根据 SPC 预警规则，进行现场预警并给出操作提示。当数据和信息积累到一定程度，就可以采用工业大数据来进行深入的预测性分析和质量管控，实现无忧生产。

案例 1-4：

易错点：加料员工的疏忽易造成注塑粒子加料错误。

汽车配饰产品多数是塑料制品，主要原材料是注塑粒子，同一种供应商不同型号的粒子往往采用相同包装，材料形态也基本一样。在生产过程中，容易产生注塑粒子加料错误，而造成批量产品报废，那么如何避免这样的事情发生呢？

防错方法：利用 MES 和电磁锁通过加料验证实现防错。对每个料斗加装电磁锁，电磁锁处于常闭状态，同时每个料斗上粘贴对应的粒子牌号二维码，当员工向料斗中加入原材料时，需要在 MES 中依次扫描料斗上的二维码，以及粒子包装上厂家附带的牌号二维码，当两者一致时，MES 给出信息通知电磁锁打开，员工加入原材料；否则MES 发出错误报警，电磁锁无法收到开锁的信号。

实训

（一）实验目标

能够搭建车间信息看板

（二）实验环境

1. 硬件：PC 计算机一台，局域网网络（交换机），显示屏
2. 可联网装备：数控机床一台，机器人一台，三坐标测量仪一台

（三）实验内容及主要步骤

进行车间设备的数据采集，并在显示屏上显示当前数据、历史数据并进行数据分析和展示

思考题

1. 进行生产系统管控的主要目标是什么？进行生产系统管控主要在哪几个方面进行？

2. 生产系统如何分类？什么是大批量定制的生产方式？

3. 数控机床主要技术指标有哪些？机器人的主要技术指标有哪些？

4. 什么是 SCADA 系统？生产系统中主要的传输的数据信息有哪几类？

5. 什么是电子看板？电子看板的作用是什么？

6. 生产系统的安全分为哪几类？防呆的主要措施有哪些？

第二章
智能生产系统的生产计划编制

生产管控可归纳为生产计划、生产组织和准备以及生产控制 3 方面工作。生产计划是首要环节，是执行与控制的先决条件，其目的是为未来的时间（计划期）规定生产活动的目标和任务，以指导企业的生产工作按经营目标的要求进行。生产组织和准备工作进行工厂车间的布局、设备等生产资源的准备、能源准备、工艺技术准备以及人力的组织。生产控制的目的是对生产计划的具体执行情况进行跟踪、检查、调整等，实现进度控制、库存控制、质量控制及成本控制。

- **职业功能：** 智能生产管控。
- **工作内容：** 配置集成智能生产管控系统和智能检测系统的单元模块。
- **专业能力要求：** 能根据智能生产管控系统总体集成方案进行单元模块的配置；能进行智能管控系统单元模块与控制系统及其他控制系统的集成。
- **相关知识要求：** 生产运营管控技术基础，包括 PLM、ERP、MOM/MES 等软件系统。

第一节　生产计划概述

考核知识点及能力要求：

- 了解产品从设计到制造的流程，了解物料分类及数据字典的意义；

- 理解物料编码的概念，熟悉不同阶段物料清单的内容和作用；

- 了解生产计划的分类，理解生产大纲的编制方法；

- 进行生产大纲及物料需求计划的编制。

生产制造阶段是在产品设计完成之后，经过生产工艺规划和生产系统的设计，通过制订生产计划、执行计划以及对计划执行进行控制的过程。质量、成本、交货期和服务等是生产的目标，为了实现这些目标，需要做到"在正确的时间提供正确数量的所需产品"。这些目标虽然彼此是相互矛盾的，市场的变化也是动态的，但是要能快速地响应市场的需求，使顾客满意，生产计划和控制的每一个层次都应系统地去考虑和分析，以确保生产过程高效稳定，快速响应顾客，为顾客提供高质量的产品。

一、从产品设计到生产制造

（一）基于模型的技术发展

三维数字化设计技术得到了广泛的应用，基于模型定义 MBD（Model Based Definition）的数字化设计与制造技术在航空航天工业中得到成功的应用。为了更好地使基于三维标注的 MBD 数据在产品的整个生命周期内能够得到有效充分的利用，很多大型装备提供商、供应商通过不同的型号项目开始研究、验证和应用基于模型的企业 MBE（Model Based Enterprise）方法，就是要基于 MBD 在整个企业和供应链范围内建立一个集成和协同化的环境，各业务环节充分利用已有的 MBD 统一数据源开展工作，从而有效地缩短整个产品研制周期，改善生产现场工作环境，提高产品质量和生产效率。

采用 MBD 技术后，制造企业的流程发生很大的变化，不再需要二维工程图纸，制造信息全部由三维数字化模型得到，减少了物料清单 BOM 转化中的工作量，简化了管理流程。基于 MBD 模型建立三维工艺模型进行仿真优化，根据 PMI 三维标注信息生成零件加工、部件装配动画等多媒体工艺数据；检验部门依据基于 MBD 的三维产品设计模型、三维工艺模型，建立三维检验模型和检验计划。MBD 将原来 BOM 之间靠技术人员进行信息查询、分析和转换的工作，通过数字化自动连接起来，保障了数据的完整性和一致性。MBD 统一的数字化模型贯穿生产制造的整个流程，在它之上方便进行知识挖掘与积累，同时也是企业知识固化和优化的最佳载体，成为企业从数字化向智能化发展的必由之路。

在实践中数字样机 DMU（Digital Mock Up）就是建立在计算机中的仿真模型，一方面，采用合适的建模技术将物理产品从现实世界映射到虚拟世界，不可避免地要进行一些简化、抽象以及重构工作；另一方面，为了使所建立的数字样机能够满足应用需求，必须确保仿真验证结果有足够的可信度。1996 年美国国防部发布相应的规范（DoD instructive 5000.61），要求在国防部范围内建立校核、验证与确认机制 VV&A（Verification，Validation & Accreditation），从而确保仿真的效果。对这 3 个概念的解释如下：①校核：确定模型执行和其相关数据是否准确地表述开发者概念定义和规范的过程，主要从逻辑上强调所建模型是否符合开发者的意愿，就是关于"正确地建立了模型"的问题；②验证：从模型预期功用的角度，决定提供的模型和其关联的数据对实际系统精确表述程度的过程，就是关于"建立了正确的模型"的问题；③确认：所建模型或仿真系统及其相关数据可用于特定用途的官方证明。VV&A 3 个部分是相互关联的，并且伴随着建模及仿真的整个过程，通过不断进行修正，直到模型确认通过。

（二）生产制造的全生命周期

如图 2-1 所示，由产品生命周期管理系统 PLM 进行产品设计数据、项目工作流程的统一协同管理，主要由 CAD、CAE、CAM 以及 CAPP 等计算机辅助设计制造软件，以及产品结构管理、变更管理、文档管理、项目管理等模块组成。经过 CAE/DMU 等仿真优化验证，完成对设计方案初步确定。

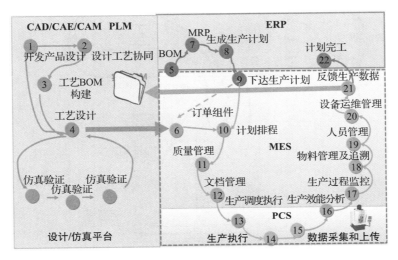

图 2-1 生产制造的全生命周期的各阶段的工作任务

对设计方案进行工艺设计，将产品设计转换为制造工艺文件，经过数字化工厂的虚拟仿真验证，在保证可制造性（Producibility）和质量的前提下，防止不合理的设计提升生产成本，最终影响产品定价和企业竞争力。ERP 系统根据工艺规划生成的 MBOM 等确定主生产计划（下一节详细说明），并下达生产计划到 MES 系统。PLM 与 ERP 间需集成产品设计、产品生产计划、产品质量等数据，PLM 将产品设计数据，包括产品规格、BOM、工艺流程等，传输给 ERP，以便 ERP 制定采购需求、分配生产资源、核算成本等；ERP 向 PLM 反馈产品的生产计划、批次、生产资源配置、产品质量检测结果等，以便 PLM 对产品生产过程进行跟踪管理。

MES 根据生产计划及工艺文件进行排产，将排产计划下达到 FCS 控制层，由 FCS 将任务下达到设备，并对生产过程进行调度控制。生产中的过程数据不断由 SCADA 系统进行采集，在 MES 系统进行分析，形成生产控制的闭环。最后生产数据反馈到 ERP 系统中形成生产管理的闭环，数据进一步反馈到设计环节，形成设计到制造的大闭环，从而实现全局的产品生命周期的闭环优化。

如图 2-2 所示，进一步考虑企业的客户、供应商、服务维护等相关企业间信息交互，共同在云平台架构下实现跨企业的制造闭环。

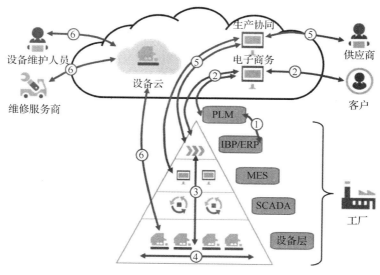

图 2-2　企业间的制造大闭环

二、生产计划的主要内容

（一）生产计划的分类

企业生产计划可以划分为 3 个不同的层次：战略计划、经营计划和作业计划。企业生产计划以战略计划为主体，经营计划和作业计划辅助战略计划，对整个公司的目标和发展方向进行规定，同时指导公司的全部活动。战略计划对企业的成功具有决定性的作用。企业的决策者应具有丰富的市场营销经验，了解行业最新的科技发展动态，对企业产品未来的发展趋势具有较为敏锐的市场洞察力，而通常情况下，战略计划对企业进行宏观上的规划，譬如新产品开发、市场占有率、利润率等，这些较为宏观的计划是基于对未来科技发展和市场变化的预判，因此，该计划周期较长，一般 3~5 年，甚至更长。而为了实现企业的战略规划，需要将战略计划转化为企业的生产经营计划。

经营计划是战略计划的细化，计划周期一般是 1~3 年，例如，需要将利润率、市场占有率等宏观计划分解为具体的产品体系结构、营销系统、劳资系统等方面，使长期战略计划的目标和任务变得切实可行。而作业计划则是计划产品的具体生产和实施，它不仅需要预测产品短期的市场销售，而且要考虑产品的仓储来平衡生产资源和加工负荷。按照时间段，作业计划分为长期作业计划和短期作业计划。长期作业计划提前期一般为一年，也可以称为年度作业计划。短期作业计划没有提前期，周期一般为一个月。具体的计划框架体系如图 2-3 所示。

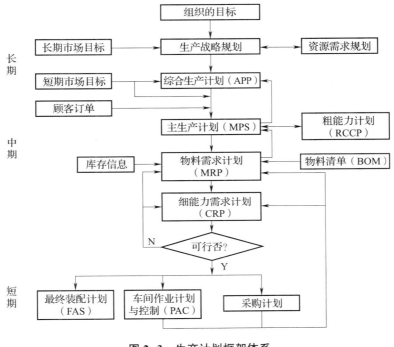

图 2-3　生产计划框架体系

（1）长期计划。战略计划属于长期计划，企业决策者在制订战略计划时最重要的任务是基于科技发展和市场变化的把控，进行市场需求的长期预测。而与战略计划相对应的是战略资源规划，即为了实现战略计划需要哪些资源，因此，长期市场需求预测、战略规划和战略资源需求规划组成了长期计划。

（2）中期计划。中期计划属于企业的经营计划，从计划周期看，中期计划的计划周期为 1~3 年。从计划内容看，中期计划包括主生产计划（MPS，Master Production Scheduling）、能力需求计划（CRP，Capacity Requirement Planning）、物料需求计划（MRP，Material Requirement Planning）。其中能力需求计划又分为粗能力计划（RCCP，

Rough-cut Capacity Planning）、细能力计划（CRP，Capacity Requirement Planning）。

由于长期计划和中期计划的计划周期相差较大，为了实现在复杂生产环境下制造资源、劳动力、库存水平等指标的综合优化，准确安排生产计划，生产大纲也称综合生产计划（APP，Aggregate Production Planning）应运而生，它是指导企业进行高效率、高质量经营生产活动的纲领性文件。它是对企业未来较长一段时间内资源和需求之间的平衡所作的概括性设想，是根据企业所拥有的生产能力和需求预测对企业未来较长一段时间内的产出内容、产出量、劳动力水平、库存投资等问题所做的大致性描述。

（3）短期计划。短期计划是车间生产层面上的生产计划，是实现零件加工、产品装配、样机试运行的主要计划方式，包括最终装配计划（FAS，Final Assembly Scheduling）、生产作业计划与控制（PAC，Production Activity Control）、采购计划等。

最终装配计划是将 MPS 的物料组装成产品的计划，执行 MRP 将形成生产作业计划和采购计划，该计划具体规定每种作业任务完工时间，以及各种零件在每台设备上的加工顺序。根据生产要求，生产作业计划在安排时，或者考虑设备的负荷，或者考虑产品的交付期。

（二）生产大纲制定

生产大纲是企业经营计划或者战略规划等长期计划的细化，它主要用于指导企业编制 MPS，并有计划地组织生产。生产计划大纲的编制最重要的步骤是收集数据。表 2-1 为某摩托车厂在编制生产大纲时收集的数据。

表 2-1   生产计划大纲编制中收集需求数据案例表

数据来源	数据	例子
经营计划	销售目标（美元） 库存目标（美元）	某公司当年销售额为 100 万美元 库存占用为 100 万美元
市场部门	产品类分时间段销售预测 （数量，而不是金额）	产品的定义是可变的，如该摩托厂决定： 二轮车产品，预测为 3 000 辆 三轮车产品，预测为 1 500 辆 四轮车产品，预测为 375 辆
	分销与运输要求	分销是 2.5 星期，占用资金 = 2.5 星期×2 万 美元 = 5 万美元

续表

数据来源	数据	例子
工程部门	资源清单：每单位产品类所需的劳动与机器、材料采购单	每生产一辆摩托车所需要的钢材数量 每类产品所需要的劳动力和装配工时
	专用设备需求	工具、冲模、铸模
	特殊说明（宏观水平）	材料管理政府规定
	影响资源设计的产品计划、材料货物的改变	从技术组织到塑料铸造的变更
生产部门	资源可用性，包括：可用劳力；可用机械小时/工作中心小时；按库存生产的当前库存水平（包括原材料制品和产成品）；按订单生产的当前未交付订货	每年工时：2 000 小时 每月工时：167 小时 锻压中心：230 小时 碎石中心：150 小时 摩托车期初库存 400 辆 摩托车期初未交付订货 250 辆
财务部门	单位产品的收入 单位产品的成本 增加资源的财务能力 资金可用性	销售一辆摩托车收入 195 美元 生产 1 辆摩托车成本 45 美元 后两年设备预算 100 万美元 流动资金约束 25 万美元 信贷约束 400 万美元

下面分别介绍按库存生产（MTS）和按订单生产（MTO）两种生产条件下生产大纲的编制方法：

1. 按库存生产（MTS）

具体编制步骤如下：①在计划展望期上合理分布产品预测；②计算期初库存（＝当前库存水平−拖欠订货数）；③计算库存水平的变化（＝目标库存−期初库存）；④计算总生产量（＝预测数量+库存改变量）；⑤按均衡生产率原则把总生产量和库存改变按时间段分布在整个展望期上。

【例2-1】 某公司产品 A，年预测量为 6 000 件，当前库存为 3 250 件，拖欠订货数为 2 350 件，目标库存为 600 件，请编制其生产大纲初稿。

解： 假定 6 000 件的年预测量平均分布到计划展望期 12 个月内。根据上述计算方法可知，期初库存为 900 件，库存水平变化为−300 件，总生产量为 5 700 件，按照均衡生产率原则，总生产量和库存改变在展望期的分布见表 2-2。其中本月库存量为上月库存量+本月生产计划大纲−本月销售预测。

表 2-2　MTS 生产方式下某公司的生产计划大纲　（单位：件）

	1月	2月	3月	4月	5月	6月	7月	8月	9月	10月	11月	12月	全年
销售预测	500	500	500	500	500	500	500	500	500	500	500	500	6 000
生产计划大纲	470	470	470	470	470	470	470	470	470	470	500	500	5 700
期初库存 900 预计库存	870	840	810	780	750	720	690	660	630	600	600	600	目标库存 600

由于大纲的相对稳定性，编制实际生产计划大纲可通过较为严密的算法实现，MTS 环境下生产计划大纲的编制算法如下：

若将表 2-2 视为一个 3×13 的矩阵 D：

$$D=\begin{bmatrix} d_{11} & d_{12} & \cdots & d_{1n} \\ d_{21} & d_{22} & \cdots & d_{2n} \\ d_{31} & d_{32} & \cdots & d_{3n} \end{bmatrix}$$

其中，$n=13$；d_{1j}（$j=1$，2，…，12）表示第 1～j 月份的销售预测，d_{1n} 表示全年销售预测；d_{2j}（$j=1$，2，…，12）表示第 1～j 月份的生产计划量，d_{2n} 表示全年销售生产计划量；d_{3j}（$j=1$，2，…，12）表示第 1～j 月份的预计库存量，d_{3n} 表示目标库存量。上述 MTS 环境下生产计划大纲编制步骤如下：

（1）为 d_{1j}（$j=1$，2，…，13）变量赋值；

（2）计算期初库存量 S_0；

（3）计算库存变化量 K_s；

（4）计算总产量 G_s；

（5）为了满足均衡生产原则，总产量 G_s 的分配方法如以下公式所示。

$$\begin{cases} |d_{2i}-d_{2j}| \leqslant m \quad (i, j=1, 2, \cdots, 12) \\ \sum_{k=1}^{12} d_{2k}=G_s \end{cases}$$

式中，m 为常量，其值越接近零，就越符合均衡生产原则。由于分配 G_s 的策略不唯一，所以生产计划大纲也不唯一。

（6）计算每月库存量：

$$d_{3j} = \begin{cases} d_{21}+S_0-d_{11} & (j=1) \\ d_{2j}+d_{3,j-1}-d_{1j} & (j=2，3，\cdots，13) \end{cases}$$

2. 按订单生产（MTO）

其具体的编制步骤如下：①在计划展望期上合理分布产品预测；②在计划展望期内合理分布其他未完成的订单；③计算拖欠量变化（=期末拖欠量−期初拖欠量）；④计算总产量（=预测量−拖欠量变化）；⑤把总产量和预计未完成的订单按时间段分布在计划展望期上。

【例 2-2】 某公司产品 B，其年预测量为 4 080 件，期初未完成的拖欠预计为 1 730件，其数量为 1 月 345 件，2 月 325 件，3 月 295 件，4 月 255 件，5 月 205 件，6 月165 件，7 月 140 件，期末拖欠量为 1 130 件，尝试编制其生产大纲初稿。

解： 假定 4 080 件的年预测量平均分布到计划展望期 12 个月内，未完成的订单按要求分布到 1—7 月份的计划展望期见表 2-3。根据上述计算方法可知，拖欠量变化为 600件，总生产量为 4 680 件，按照均衡生产率原则，总生产量和预计未完成订单在展望期的分布见表 2-3，本月未完成订单量=上月未完成订单+本月计划销售量−本月计划产量。

表 2-3 MTO 生产方式下某公司的生产计划大纲 （单位：件）

	1 月	2 月	3 月	4 月	5 月	6 月	7 月	8 月	9 月	10 月	11 月	12 月	全年
销售预测	340	340	340	340	340	340	340	340	340	340	340	340	4 080
期初未完成订单 1 730	345	325	295	255	205	165	140						
预计未完成订单	1 680	1 630	1 580	1 530	1 480	1 430	1 380	1 330	1 280	1 230	1 180	1 130	期末未完成订单 1 130
生产计划大纲	390	390	390	390	390	390	390	390	390	390	390	390	4 680

同理，MTO 环境下编制生产计划大纲的算法如下。

表 2-3 可视为一个 4×13 的矩阵 E：

$$E = \begin{bmatrix} e_{11} & e_{12} & \cdots & e_{1n} \\ e_{21} & e_{22} & \cdots & e_{2n} \\ e_{31} & e_{32} & \cdots & e_{3n} \\ e_{41} & e_{42} & \cdots & e_{4n} \end{bmatrix}$$

其中，$n = 13$；e_{1j}（$j = 1$，2，$\cdots$，12）表示第 $1 \sim j$ 月份的销售预测，e_{1n} 表示全年销售预测；e_{2j}（$j = 1$，2，$\cdots$，12）表示第 $1 \sim j$ 月份未完成的订单，若该月无未完成订单，则其值为 0；e_{3j}（$j = 1$，2，$\cdots$，12）表示第 $1 \sim j$ 月份的预计未完成的订单量，e_{3n} 表示期末未完成订单量；e_{4j}（$j = 1$，2，$\cdots$，12）表示第 $1 \sim j$ 月份的生产计划量，e_{4n} 表示全年销售生产计划量。上述 MTO 环境下生产计划大纲编制步骤如下：

（1）为变量 e_{1j}（$j = 1$，2，$\cdots$，13）赋值；

（2）将未完成的订单量赋给变量 e_{2j}（$j = 1$，2，$\cdots$，12），若该月无拖欠订单，则其值为 0；

（3）计算拖欠量变化 K_0；

（4）计算总产量 G_0；

（5）为了满足均衡生产原则和保证月生产量满足该月拖欠订单的要求，总产量 G_0 的分配方法如以下公式所示：

$$
\begin{cases}
| e_{4i} - e_{4j} | \leqslant m & (i, j = 1, 2, \cdots, 12) \\
\sum_{k=1}^{12} e_{4k} = G_0 & \\
e_{4i} \leqslant e_{2i} & (i = 1, 2, \cdots, 12)
\end{cases}
$$

式中，m 为常量，其值应接近零。同理，总生产量 G_0 的分配策略也不是唯一的，也就是说 MTO 环境下生产计划大纲也不唯一。

（6）计算每月的拖欠量：

$$
e_{3j} =
\begin{cases}
e_{11} + M_0 - e_{41} & (j = 1) \\
e_{1j} + d_{3, j-1} - d_{4j} & (j = 2, 3, \cdots, 13)
\end{cases}
$$

三、物料编码与物料清单

（一）物料编码

物料编码有时也叫物料代码（Item Number）或物料号（Part Number），它们是计算机管理物料的检索依据。对生产所需的所有物料进行编码是生产信息化的基础工作。

物料编码是物料在计算机系统中的唯一标识代码，类似每个公民的身份证号，它用一组号码来代表一种物料。这里所说的物料是指所有的物品，如材料、半成品和成品等。每个企业可以有自己的一套物料编码方法，也可以用有关的推荐标准，如《全国企业产品（商品、物资）分类与代码》（GB 7635—87）。

ERP 系统在物料编码方面没有强制性规定，只要符合计算机表示方法的符号都可以，如数字、英文字母或者二者的组合。不同的 ERP 软件系统可能会有不同的要求，但最基本的要求为：物料编码必须是唯一的。也就是说，同一企业内不同物料不可以用同一个物料代码，无论该物料在企业的何地或在何种产品中出现。

物料编码作为一个数据类型，有字段长度的限制。也就是说物料编码方案必须考虑所选用 ERP 系统对物料编码字段长度的限制要求。一般来说，物料编码常采用数字与英文字母（有的 ERP 系统不区分大小写）的混合编码方式。编码的位数一般为 6~24 位。物料编码可以有一定的规律（意义），即编码的每一位代表一种意义，如 0 代表原材料，1 代表在制品，2 代表成品；但也可以无任何意义，只按顺序编码（流水号，从 0 开始）。如果企业的技术零件图号是唯一的，也可以采用该图号作为物料编码。

企业的物料编码一旦确定后（指已经录入 ERP 系统中，而且该物料已经有业务发生），一般不允许更改与删除。ERP 系统通常不提供删除物料编码的功能，即使要删除，也要把有关的业务结清（会计结账），并将其转入历史资料库供以后查阅，同时从系统内的所有库和表文件中删除该编码。

物料编码主文件也叫物料代码文件，是用来存储物料在 ERP 系统中的各种基本属性和业务数据的。它的信息是多方面与多角度的，基本涵盖了企业涉及物料管理活动的各个方面。它是进行主生产计划和 MRP 运算的最基本文件。各类 ERP 系统物料编码主文件的内容不尽相同。一般来说，物料编码主文件含有以下信息：

（1）物料技术资料信息。这类信息提供物料的有关设计及工艺等技术资料，如物料名称、品种规格、型号、图号/配方、计量单位（基本计量单位与默认计量单位）、默认工艺路线、单位质量、质量单位、单位体积、体积单位、设计修改号、版次、生效日期、失效日期及成组工艺码等。

（2）物料库存信息。此类信息提供物料库存管理方面的信息，如物品来源（制造、采购、外加工、虚拟件等）、库存单位、ABC 码、物品库存类别、批量规则、批量周期、年盘点次数、盘点周期、积压期限、最大库存量、安全库存量、在库数量、库存金额、默认仓库、默认货位、物品容差、批次管理、单件管理及限额领料标识、是否是消耗件等。

（3）物料计划管理信息。该类信息涉及物料与计划相关的信息。在主生产 MPS 与 MRP 计算时，首先读取物料的该类设置信息，如计划属性（MPS、FAS、MRP、订货点等）、生产周期、提前期、累计提前期、最终装配标志、生产分配量、销售分配量、不可用量及库存可用数量等。

（4）物料采购管理信息。这类信息用于物料采购管理，如上次订货日期、物品日耗费量、订货点数量、订货点补充量（即订货批量）、主供应商、次供应商及供应商对应代码等。

（5）物料销售管理信息。此类信息用于物料的销售及相关管理，主要有物品销售类型（视需求而定）和销售收入科目、销售成本科目、销售单位和默认销售商等。

（6）物料财务有关信息。该类信息涉及物品的相关财务信息，一般有物品财务类别（财务分类方法）、增值税代码、实际成本、标准成本、计划价、计划价币种、成本核算方法（计划成本或实际成本）、最新成本单价、成本标准批量以及成本项目代码。

（7）物料质量管理信息。物料还必须有质量管理信息，一般要有检测标志、检测方式（全检、抽检）、检验标准文件、是否有存储期以及存储期限等。

（二）物料清单 BOM

实现数字化制造，首先要有产品的数字化描述，而要描述一个产品，必然要先弄清楚它的物料清单。物料清单是制造企业记录产品所需物料的一个数字化描述列表，按照用途划分，它可以分为很多种类型。BOM 是传统制造企业用来在生产流程中传递信息，连接生产过程上下游的纽带。BOM 描述产品物料的组成、产品结构和工艺流程，在生产制造不同阶段中有不同的 BOM。

EBOM 即 Engineering BOM，它是设计部门产生的数据，产品设计工程师根据设计需求或者功能需求对产品进行三维设计并指派物料名称、物料编码等信息。EBOM 是整个 BOM 系统中的基础数据，它可以演变成其他形式的 BOM 结构。从层级结构上来讲，EBOM 的层级结构反映了产品在设计功能层面的意图，如图 2-4 所示的自行车 BOM，它分为了 4 层，表示出一辆自行车组成的层次结构。如果该物料清单是以三维的方式展现，可以称其为 3D EBOM。

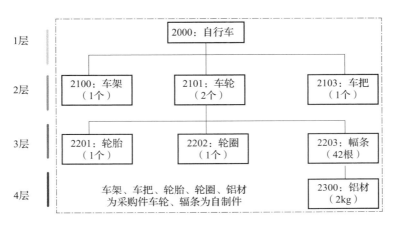

图 2-4　自行车的 BOM

EBOM 由产品的设计人员根据设计方案等来确定产品的零部件模型和组成关系而生成，设计部门通过 EBOM 将产品的设计信息传递到工艺部门；工艺部门进行工艺规划将其转变为 PBOM（Production BOM），主要处理的是需要用户自己加工生产的零部件；制造部门在 PBOM 的基础之上，设计出加工 MBOM（Manufacturing BOM）及装配 ABOM（Assembly BOM），相比 PBOM，MBOM 增加了工时定额、材料定额、工装夹具等具体的工艺信息，包含了工艺辅料节点，这些节点可能是 EBOM 所不具备的，如某些消耗性物料、清洗剂、打磨耗材等。ABOM 中增加了产品的装配序列和装配路径，它的层级结构完全体现了产品在工厂中的装配关系，同时添加了所需的工装夹具等信息，最后具体的生产部门根据相应的 BOM 完成产品的生产和装配。图 2-5 展示了简化的发动机 EBOM 到 MBOM 的转换。

物料清单描述的是产品的构成及其数量，是构成父项产品的所有装配件、零件和原材料的清单。物料清单表明产品与零件之间的结构关系，以及每个组成部分所包含

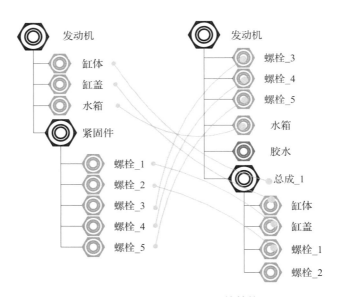

图 2-5　EBOM 到 MBOM 的转换

的数量和提前期。因此，"物料"指的是所有产品、半成品、在制品等与生产有关的物料的统称。由于物料清单常为树型结构，因此，又称为产品结构树。物料清单至少包括 4 个数据项：物料标识、需求量、层次码及提前期。其中，物料标识是指物料码；需求量是指每一个父项所需该子项的数量；层次码是系统统一分配每种物料的数字码，其范围为 $0 \sim N$，处于最顶层的物料其层次码为 0，下一层物料其层次码为 1，依此类推；提前期是指执行一项生产活动应提前的时间跨度，对于加工工序而言指的是该零件的加工时间，对装配工序而言指的是该装配体的装配时间，对最终产品而言指的是交货期前的准备时间。

数控机床是典型的机电一体化复杂系统，一般可分为机械、电气和控制 3 部分。多年来由于技术的限制，数控机床在设计阶段采用的是串行设计方法，并且机械、电气和控制等组成部分都是分开在单学科内进行设计，由于在设计之初没有考虑系统耦合的问题，子系统的各项性能指标要进行单独分配，为了达到系统预设的综合性能指标，各个子系统相关的各项性能指标通常会被设定的比实际所需的性能值高，而且两个性能高的子系统组合并不一定得到高的综合性能指标。在设计阶段也无法对控制程序的调试、控制参数的优化、加工性能及使用特性等方面进行验证。

图 2-6 以机床为例，机床各部分先采用本领域（子系统）的模型进行仿真优化，在满足本学科性能指标后，和其他子系统集合建立基于多学科领域的数字样机模型，对系统级整体性能、功能及可操作性进行评估，如果系统性能不达标，则根据仿真结果对设计方案进行修改优化，直至满足全部指标，初步生成设计的 EBOM。根据工厂生产条件建立数字化工厂，将产品数字样机在这个数字化工厂中进行"制造"，对机加工艺、数控加工、装配次序及路径等进行可制造性的验证及优化，如果有问题直接反馈到相关部门进行会商修改。这样的过程一直到机床在数字空间中被虚拟制造出来，这确保了按此方案制造出的机床产品能够满足设计要求，然后就可将以此生成的制造 MBOM、装配 ABOM 交于工厂进行实际制造了。

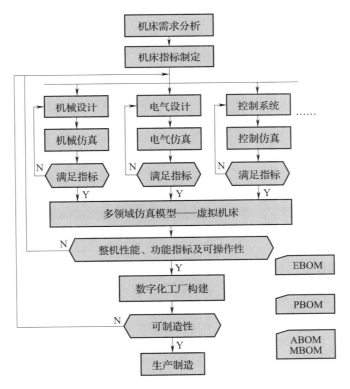

图 2-6　从 EBOM 到 MBOM 的转换流程

四、公共数据字典（CDD，Common Data Dictionary）

如果各品牌都采用统一的标准数据模型来描述产品，采购方就能迅速、准确地通过产品属性来进行比较从而选择出自己所需要的产品。CDD 为不同行业、企业之间的物品建立了统一的语义标准。CDD 定义了用于描述设备、产品和服务等对象的所有必要信息。基于 CDD 规则，可在不同系统、不同企业，甚至不同行业间建立统一的语义系统。CDD 是一种可发展进化的数据库，包含用于描述对象（设备、产品和服务等）的所有必要信息，以分类和属性列表（主要包括设备属性、操作属性、管理属性和商业属性等）为体现形式，可以理解为是设备和产品技术本体（Ontology）的知识库。主要国际标准包括：《电气元器件的标准数据元素类型和相关分类模式》（IEC 61360）规定了通用的 CDD 数据模型；《工业过程测量和控制过程设备目录中的数据结构和元素》（IEC 61987）规定了智能制造测控设备的 CDD。

德国在数据字典的研究方面具有较深厚的基础。2000 年，西门子、巴斯夫、奥迪/大众、意昂、思爱普、拜耳等德国公司共同成立了 eCl@ss 协会，以通过标准化的产品描述、简化跨行业的电子商务为目标，开启了数据字典的研究工作。eCl@ss 标准作为符合 ISO/IEC 标准要求的工业标准，在全球范围内得到了广泛认可和采用，在以对产品和服务进行分类和准确描述为目的的应用领域，已成为国际通行的参考数据标准。

随着大数据、云计算在智能制造环境下的应用，传统的分类和语义化描述方法遇到了新的挑战。利用信息技术实现分类编码和数据交换为公共数据字典提供了更高效的技术方案。因此，除数据字典本身的内容外，另一项重要的研究工作是数据字典接口标准的制定。IEC SC3D 制定了《基于电子表格的标准化的产品本体注册和传输》（IEC 62656）系列标准，提供公共数据字典的公共信息模型接口和数据逻辑结构等规范。作为 IEC 62656 的一部分，STEP（产品模型数据交互规范）接口标准正在起草过程中。此外，除了目前基于文件的交换，IEC 正在研究基于 Web 服务的接口，这将允许更加智能化的软件应用，例如，数控机床直接处理来自 CDD 服务器的数据字典。为输入和输出基于网络本体语言 WOL（Web Ontology Language）的数据字典，IEC 还正在计划基于 WOL 的接口标准。更应该重视的发展方向是，在企业安装类似公共数据字典的数据库，特别是在装备或产品的微芯片上采用无线技术安装，将为公共数据字典的应用开辟非常广阔的前景。

随着制造智能化的深入，从语义上使机器能够相互理解，使制造知识库体系每一条信息及知识都能被正确理解，是实现智能制造的基础。数据字典通过对设备、产品和服务等对象建立统一的语义系统，使企业跨越知识的藩篱，成为生产计划的制订、生产系统管控走向标准化、智能化的关键之一。

第二节　生产计划编制

考核知识点及能力要求：

- 了解主生产计划 MPS（Master Production Schedule）、物料需求计划 MRP（Material Requirement Planning）和能力需求计划 CRP（Capacity Requirement Planning）；
- 理解生产计划之间的逻辑关系和编制流程；
- 能够应用 ERP 软件进行生产计划的编制。

主生产计划 MPS 是企业实现战略规划最重要的一环，是企业正常生产经营 3 大计划之一。由于 MPS 是连接市场销售预测与生产经营的纽带，所以，它需要随时响应市场的变化，并能够及时调整生产计划。由于 MPS 的计划对象是具有独立需求的最终产品，因此，它是 MRP 的主要输入，它需要向生产销售部门提供生产和库存的信息。在传统模式下 MPS 追求的是最大的生产效率、最好的产品质量、最小的库存和最高的制造资源利用率。随着市场需求的变化，个性化的消费需求日益增长，MPS 在进行生产组织时，可能会要求更小的能源消耗，更好的客户体验等新的指标。此时，MPS 所涉及的部门，不仅是产品生产和销售部门，也涉及政策、法规等职能部门。

MPS 是 ERP 系统计划的开始，是将企业的生产计划大纲等宏观计划转变成可操作的微观作业计划，描述企业生产什么、生产多少以及何时完成的生产计划。它是根据企业产品销售计划制订的，是企业经营计划的重要组成部分，同时是编制企业其他计划的主要依据。

MPS 是确定每一个具体的最终产品在每一具体时间段内生产数量的计划。其中，最终产品是指对于企业来说最终制成、准备出厂的完成品，要具体到产品的品种、型号；具体时间段通常是以周为单位，在有些情况下，也可以是日、月、旬。MPS 是独立需求计划，根据客户合同和市场预测，将经营计划或生产大纲中的产品系列具体化，使之成为展开 MRP 的主要依据，起到了从综合计划向具体计划过渡的承上启下作用。

一、主生产计划

（一）认识主生产计划

MPS 确定企业在计划期内生产的产品品种、质量、数量和期限等指标。这些指标各有不同的内容，反映计划期内企业生产活动的要求，主要包括：

（1）品种指标。品种指标是指企业在计划期内出产的产品品名、型号、规格和种类数，它反映"生产什么"的决策。确定品种指标是编制生产计划的首要问题，关系到企业的生存和发展。品种一般按用途、型号和规格来划分，例如，机床制造企业中不同型号的机床等。

（2）产量指标。产量指标是指企业在计划期内出产的合格产品的数量，它反映"生产多少"的决策。产量指标通常采用实物单位或假定实物单位来计量，如机床用"台"表示等。对于品种、规格很多的系列产品，也可以用主要技术参数计量。产量指标是表示企业生产能力和规模的一个重要指标，是企业进行供产销平衡和编制生产作业计划、组织日常生产的重要依据。

（3）质量指标。质量指标是指企业在计划期内各种产品应该达到的质量水平。它反映产品的内在质量（如机械性能、工作精度、寿命、使用经济性等）及外观质量（如产品的外形、颜色、包装等）一般采用统计指标来衡量，如一等品率、合格品率、废品率、返修率等。

（4）产值指标。产值指标是用货币表示的产量指标，但又不同于产量指标，因为它还受质量因素影响，是企业生产成果的综合反映。企业产值指标分为工业总产值、工业增加值与工业销售产值3种形式：①工业总产值是指用货币表示的工业企业在报告期内生产的工业最终产品或提供工业性劳务活动的总价值量；②工业增加值是指用货币表示的工业企业在报告期内从事工业生产活动的最终成果，是企业生产过程中新增加的价值；③工业销售产值是指用货币表示的工业企业在报告期内销售的工业产品总量，包括已销售的成品、半成品价值，对外提供的劳务价值，对本单位基本建设部门、生产福利部门等提供的产品和劳务费及自制设备的价值。

（5）出产期。出产期是指为了保证按期交货确定的产品出产期限。正确地决定出产期对企业来说非常重要，因为出产期太紧，则无法保证按期交货，会给客户带来损失，也影响企业的信誉；出产期太松，则不利于争取客户，还会造成生产能力的浪费。

生产大纲的生产对象是产品大类，而主生产计划则是产品大类下的具体产品型号。如某汽车制造企业旗下主打3类汽车产品：家庭轿车、运动型多用途汽车（SUV）和皮卡，生产大纲的计划对象是上述产品大类，而该企业家庭轿车分为4种型号A、B、C、D，主生产计划的对象则是4种家庭轿车。假设家庭轿车计划年总生产量为10万辆，这是生产大纲的计划范围，而主生产计划则规定每一种型号产品的生产量，如A型车为10 000辆、B型车为30 000辆、C型车为25 000辆、D型车为35 000辆，如图2-7所示。

汽车的生产大纲		月	1	2	3
		汽车产量/辆	13000	12000	11000

	周次	1	2	3	4	5	6	7	8	9	10	11	12
各种型号汽车的主生产计划	A型号		2500		1000	2500				1000		2000	
	B型号	3000			1000			3500					1500
	C型号	1000			1000	2000			2000		3000		
	D型号		1500	2000					2000	2500			1000

图2-7 某厂汽车主生产计划

生产大纲规划的第一个月总产量为 13 000 辆。在此基础上，编制主生产计划时，要将该产品类每一型号的汽车产量分解到每一个时间周期上，由图可以看出，第一周生产 B 型车 3 000 辆、C 型车 1 000 辆；第二周生产 A 型车 2 500 辆、D 型车 1 500 辆；第三周生产 D 型车 2 000 辆；第四周生产 A 型车、B 型车和 C 型车都是 1 000 辆。

（二）主生产计划的编制原则

编制 MPS 的过程实质上就是一个信息分析处理的过程，需要反映社会需求方面的信息，如本企业的经营目标和经营方针、企业长远规划、计划期应实现的利润指标；反映计划期产品销售量、上期合同执行情况及成品库存量、上期生产计划的完成情况；反映社会可能提供的生产资源方面的信息；反映产品开发进度和生产技术准备能力状况；反映企业实际生产水平的有关信息。MPS 应保持稳定具有一定弹性，全面反映企业的产品生产且具体可行。MPS 指标还需同以下几方面的条件进行平衡：

（1）生产任务与生产能力之间的平衡。计算产品生产任务在各个能力单位的负荷分布，分析是否存在负荷过重或不足的情况，从而进行调整，得到合理、可行的生产计划。

（2）生产任务与劳动力之间的平衡。根据任务量确定需要的劳动力数量及劳动力的工种，与现有的劳动力数量及工种进行协调。由于生产任务和生产条件的变化，特别是智能化技术的发展，需要的人工越来越少。

（3）生产任务与物料供应之间的平衡。进行生产，必须具备品种齐全、质量合格、数量合适的各种原材料和外协件。生产部门在编制计划时，必须同物资供应部门进行配合，确保生产对物料的需求能得以供应。

（4）生产任务与生产技术准备之间的平衡。生产技术准备包括技术文件的准备、工艺装备的设计与制造等。其中，技术文件包括产品和零件的图样、装配系统图、毛坯和零件的工艺规程、材料消耗定额和工时定额等；工艺装备是指产品制造过程中的各种工具、量具、夹具、模具等。特别注意采用三维数字化手段，如数字孪生技术。

（5）生产任务与资金占用之间的平衡。生产活动的开展离不开资金的支持，如购买材料、支付水电、人工费用、维修设备等。为保证生产任务能顺利完成，必须要有及时足够的资金支持。

将总生产任务分解到各个车间时，应该注意下列要求：①给各个车间的生产任务，应当在品种、数量和进度上相互衔接，以保证企业计划的按期完成；②要缩短生产周期和减少流动资金占用量，以提高生产的经济效益；③要充分利用车间的生产能力，规定给各个车间的任务应当适合其机器性能和设备条件，并能充分利用这些机器设备，避免忙闲不均。

MPS 不是一成不变的，它需要动态调整以适应生产环境的变化。MPS 常规的动态调整包括两类：①MPS 制定完之后，必须经过 RCCP 检验，满足负荷/能力需求后的MPS，才是合理可行的 MPS；②在 MPS 执行过程中，当接收到新的客户订单时，需要将新的订单插入 MPS 中，此时需要调整 MPS。因此，编制主生产计划涉及的工作包括收集需求信息、生产大纲制定、计算主生产计划、粗能力计划编制、评估主生产计划、下达主生产计划等。

(三) 主生产计划的编制

为了便于理解主生产计划，以 MTO 生产模式为例说明主生产计划的逻辑模型，首先，该模型引入如下概念：

（1）计划展望期。主生产计划的计划展望期一般为 3~18 个月。

（2）时段。主生产计划的时段可以按每天、每周、每月或每季度来表示。时段越短，生产计划越详细。

（3）时界。时界是 MPS 中的参考点，MPS 设有两个时界点：需求时界和计划时界，如图 2-8 所示。

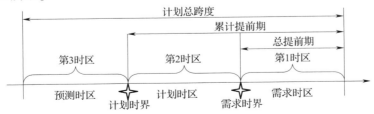

图 2-8　时区与时界

（4）时区。在需求时界和计划时界的基础上，MPS 将计划展望期划分为需求时区、计划时区和预测时区，因此，整个主生产计划跨度共包含两个时界、3 个时区：需求时区、计划时区、预测时区、需求时界（DTF，Demand Time Fence）和计划时界（PTF，Planning Time Fence）。MPS 通过设立 3 个时区，将订单分成 3 种不同的状态，即计划状态、确认状态和下达状态。

（5）预测量。根据历史经营数据，预测最终产品在某一个时段将要生产的数量，数据在预测时区。与预测量不同的是，订单量是企业已经和客户签订订单的产品数量。

（6）毛需求量（GR，Gross Requirement）。毛需求量指的是产品的初步需求量，在不同的时区，毛需求量根据预测量和订单量计算。

（7）计划接收量（SR，Scheduled Receipts）。计划接收量指在制定 MPS 之前已经发出的、在本计划期内即将达到的订单数量。

（8）预计可用库存量（PAB，Projected Available Balance）。PAB 指现有库存中扣除了预留给其他用途的已分配量之后，用于需求计算的那部分库存量。

（9）净需求量（NR，Net Requirement）。NR 指的是根据毛需求量、安全库存量、本期计划产出量和期初结余计算得到的数量。

（10）批量规则。目前 MPS 的批量规则主要有：直接批量法、固定批量法、固定周期法和经济批量法：①直接批量法（Lot for Lot）指的是完全根据实际需求量来确定主生产计划的计划量，即主生产计划的计划量等于实际需求量；②固定批量法（Fixed Quantity）指的是主生产计划的计划量固定，但是下达的间隔期不一定相同；③固定周期法（Fixed Time）与固定批量法刚好相反，主生产计划的计划量下达间隔周期相同，但是其数量却不尽相同；④经济批量法（Economic Order Quantity）指的是某种物料的订购费用和保管费用之和为最低时的最佳主生产计划批量法。

（11）计划产出量（PORC，Planned Order Receipts）。如果 PAB 出现负值，则需要根据批量规则计算应该供应的产品数量及供应时段，即为计划产出量。

（12）计划投入量（PORL，Planned Order Releases）。由于产品的产出需要提前期，根据计划产出量及其产出时段，按照该产品的提前期确定其投入数量和时段，即为计划投入量。

（13）可供销售量（ATP，Available to Promise）。ATP 是销售部门可以销售的产品数量。

确定的生产计划大纲应满足经营计划的目标。生产计划大纲正式下达后，开始编制主生产计划，主生产计划的编制流程如图 2-9 所示。

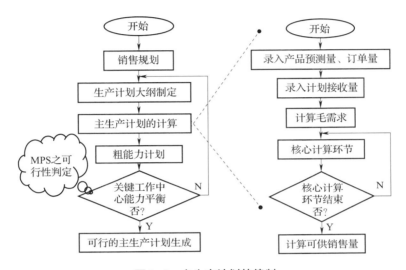

图 2-9　主生产计划的编制

（1）根据生产计划大纲和清单确定每个最终产品的预测量。

（2）计算毛需求 GR，由产品预测量和订单量确定的初步需求数量。在需求时区的毛需求量为合同量；在预测时区的毛需求量为预测量；在计划时区的毛需求量为测量或合同量中最大者。

（3）计算净需求量 NR，NR＝GR－SR－PAB 上一时段＋安全库存量；如果出现净需求，就意味着出现产品短缺，因此，本时段需要有一个计划产出量予以补充，并以此推算 MPS 的计划投入量和投入时间。

（4）计算可用库存量 PAB；PAB 初值＝PAB 上一时段＋SR－GR；PAB＝PAB 上一时段＋SR－GR＋PROC。

（5）计算可供销售量 ATP；ATP＝PROC＋SR－下一次出现计划产出量之前各时段合同量之和。

（6）计算粗能力，用粗能力计划评价主生产计划方案的可行性。

（7）评估主生产计划。对主生产计划的需求和涉及的能力进行评估。如果需求和能力基本平衡，则同意主生产计划；如果需求和能力偏差较大，则否定主生产计划，并提出修正方案，力求达到平衡。

（8）在 MRP 运算以及细能力平衡评估通过后，批准和下达主生产计划。

二、物料需求计划 MRP

（一）MRP 概述

MRP 即是指根据 MPS 按照产品结构各层次物品的从属和数量关系，以每个物品为计划对象，以完工时期为时间基准倒排计划，按提前期长短区别各个物品下达详细的物料采购计划以及生产计划。MPS 是 MRP 的主要输入数据，MPS 的对象是产品，MRP 的对象是构成产品的每一个零部件。MPS 最终的输出为产品的计划投入量和可供销售量，而 MRP 的输出为物料的投入量和采购量。连接 MPS 和 MRP 的纽带则是构成产品的物料清单，根据物料清单将产品的需求转变为零部件的需求。

MRP 的工作原理如图 2-10 所示，MPS、独立需求、物料清单、库存信息和其他因素是 MRP 的输入数据，采购订单和制造订单是 MRP 的输出数据。按照产品结构进行分解，确定不同层次物料的总需求量；根据库存状态，确定各物料的净需求量；根据产品最终交货期和生产工艺关系，反推各零部件的投入出产日期；根据订货批量与提前期最终确定订货日期与数量。MRP 给出企业要生产什么、生产时要用到什么、已经有了什么、还缺什么以及何时生产或订购。MRP 是一种推式体系，根据预测和客户订单安排生产计划。

MRP 系统有两种基本的运行方式：

图 2-10　MRP 的输入输出

（1）全重排方式。主生产计划中的所有最终项目需求都要重新加以分解，每一个物料清单文件都要被访问到，每一个库存状态记录都要经过重新处理。由于全重排方式工作量大，一般按一定的周期通过批处理作业完成。在两次批处理之间发生的所有变化，都要累计起来，等到下一批次一起处理，所以，计划重排结果报告常有延迟，生产系统反映的状态总是滞后于现实状态。

（2）净改变方式。其采用局部分解的作业方式，对计划进行连续的更新。局部分解是指由于库存事务处理等原因导致的 MPS 局部变化，此时的分解只限于直接涉及的物料及其下属物料。所以，净改变方式缩小了运算范围，提高计划重排效率，使得MPS 更符合生产实际情况。

（二）物料消耗定额

物料消耗定额是指在一定条件下制造单位产品或完成单位生产任务所必须消耗的物料数量标准。一定条件指生产技术水平、经济管理状况等影响物资消耗定额水平的各种因素。其中单位产品定义为：以实物单位表示的一个产品。单位工作量定义为：主要是以劳动量指标表示的某项工作量，应是符合国家标准、部颁标准、主管机关规定或合同规定的技术条件的合格产品或工作量。合理消耗物资定额的标准数量为在最低工艺损耗的情况下，生产单位产品或完成工作量所需要的足够的物资量。理论上讲，就是指在充分研究物资消耗规律的基础上，得出的正确反应物资消耗规律的数量。

物料消耗定额的作用：①编制物料供应计划的基础；②控制物料消耗的依据；③合理节约物料的有力工具；④提高经营管理的重要手段。物料消耗定额的制定方法有技术分析法、统计分析法和经验估算法 3 种方法：

（1）技术分析法。按照设计图纸、工艺规格、材料利用等有关技术资料来分析计算材料消耗定额的一种办法。采用技术分析法计算出来的定额比较准确，但其缺点也是明显的。因为其工作量较大，计算过程较为复杂，因此在使用上受到很大的局限，不能要求所有材料都采用这种方法来计算消耗定额。采用技术分析法计算消耗定额的先决条件是企业要具有比较齐全的各种技术资料，凡技术资料比较齐全、产量较大的产品，在制定消耗定额时应以技术分析法为主。

（2）统计分析法。按某一产品原材料消耗的历史资料与相应的产量统计数据计算出单位产品的材料平均消耗量，在此基础上，根据计划期的有关因素来确定材料的消耗定额。其计算公式为：

单位产品的材料平均消耗量=一定时期某种产品的材料消耗总量/相应时期的某种产品产量。

用该公式计算出来的材料平均消耗量，必须注意材料消耗总量与产品产量计算期的一致性。例如，材料消耗总量的计算期为 2 年，那么产品产量的计算期也必须是 2年。根据以上公式计算的平均消耗量还应进行必要的调整，才能作为消耗定额。

（3）经验估算法。根据员工的生产经验，并参考同类产品的材料消耗定额，技术人员和员工相结合，来核算各种材料的消耗定额的一种方法。

通常，但凡有设计图纸、工艺文件的产品，其主要原材料的消耗定额都可以用技术分析法计算，同时参照统计资料和员工在生产实践中的工作经验来制定。综上所述，合理的物料消耗定额既可以保证现场生产的需要和现场生产的连续性，又避免了浪费。所以，企业要结合自身产品特点准确地制定物料消耗定额。

主要原材料消耗定额的确定主要考虑 3 方面因素：①产品净重消耗。产品净重消耗是构成产品（零件）净重的消耗，它是构成消耗定额的主要部分。②工艺性消耗。工艺性消耗指物料在加工过程中，由于工艺技术上的要求所产生的消耗。例如，加工过程中的切屑、铸造中的烧损、下料过程中的料头等。③非工艺性消耗。非工艺性消耗指生产过程中不可避免产生废品，运输、保管过程中的合理损耗和其他非工艺技术的原因而引起的损耗。

（三）MRP 的编制

MRP 主要内容包括客户需求管理、产品生产计划、原材料计划以及库存记录。其中客户需求管理包括客户订单管理及销售预测，将实际的客户订单数与科学的客户需求预测相结合即能得出客户需要什么以及需求多少。一般来说，MRP 的制定是遵照主生产计划导出有关物料的需求量与需求时间，然后，再根据物料的提前期确定投产或订货时间的计算思路。其基本计算步骤如下：

（1）计算物料的毛需求量。即根据主生产计划、物料清单得到第一层级物料品目的毛需求量，再通过第一层级物料品目计算出下一层级物料品目的毛需求量，依次一直往下展开计算，直到最低层级原材料毛坯或采购件为止。

（2）净需求量计算。即根据毛需求量、可用库存量、已分配量等计算出每种物料的净需求量。

（3）批量计算。即由相关计划人员对物料生产做出批量策略决定，不管采用何种批量规则或不采用批量规则，净需求量计算后都应该表明是否有批量要求。

（4）安全库存量、废品率和损耗率等的计算。即由相关计划人员来规划是否要对每个物料的净需求量做这3项计算。

（5）下达计划订单。即指通过以上计算后，根据提前期生成计划订单。MRP所生成的计划订单，要通过能力资源平衡确认后，才能开始正式下达计划订单。

例如，如图2-11所示的零件B分别处于产品A物料清单的1层和2层，因此，零件B的低位码为2，而其他零件的低位码与其层次码相同。在MRP运算中，使用低位码可以将物料清单中不同层次码的同一物料"合并"运算，简化运算过程。

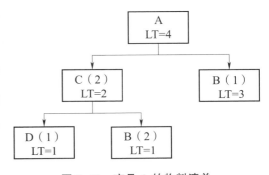

图2-11 产品A的物料清单

综上，MRP中的计算步骤如下：

（1）计算毛需求量。物料毛需求量=物料独立需求量+相关的父项需求量

其中，相关的父项需求量=父项的计划订单量×物料清单中需求量

（2）计算净需求量。首先，计算当前时区的预计可用库存量，公式如下：

预计可用库存量=期初库存量+计划接收量−毛需求量−已分配量−安全库存量

当某个时区的预计可用库存量小于零，则产生净需求量，其值为预计可用库存量的绝对值，否则，其净需求量为零。

（3）生成订单计划。与MPS的计算方法类似，利用批量规则，生成该物料的订单计划，包括该物料的计划产出量和产出时间。如果考虑损耗系数，则根据损耗系数和计划产出量，计算该物料的计划投入量。根据该物料的提前期，计算物料的计划投入时间。

（4）利用计划订单数量计算同一周期内更低一层相关物料的毛需求，从第一步开始循环。

【例2-3】产品A的物料清单如图2-12所示，主生产计划要求产品A在第8个时区有250件的产出，试计算各物料的毛需求和订单计划。

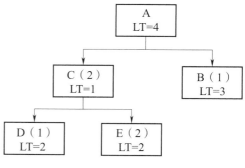

图2-12 案例产品的BOM

解：根据MRP计算流程图，容易求得各物料的毛需求和下达订单计划（见表2-4）。

表2-4　　　产品A、B、C、D和E的毛需求及其下达订单计划

提前期（h）	物料项目	MRP数据项（件）	时区							
			1	2	3	4	5	6	7	8
4	A	毛需求量								250
		下达订单计划			250					
3	B	毛需求量				250				
		下达订单计划	250							
1	C	毛需求量				500				
		下达订单计划			500					
2	D	毛需求量				500				
		下达订单计划	500							
2	E	毛需求量			1000					
		下达订单计划	1000							

三、生产能力计划

（一）生产能力

企业生产能力是指一定时期内（通常为一年）企业的各种资源能力的综合反映，在一定的技术组织条件下，所能生产一定种类和一定质量的产品的最大数量。由于机械制造企业加工环节多，参与加工的设备数量大，设备能力又不是连续变动的，而是呈阶梯式发展的，所以各环节的加工能力是不一致的，生产能力计算比较复杂。计算

工作通常从底层开始，自下而上进行，先计算单台设备的能力，然后逐步计算班组（生产线）、车间、工厂的生产能力。

企业生产能力包括以下 4 个方面的含义：①用 1 年内可生产的最大产品数量来表示。②企业生产能力应是企业各生产环节的各种生产性固定资产在满足生产要求的一定比例关系条件下所具备的综合生产能力。这里，生产性固定资产是指参与企业产品生产过程或直接服务于企业产品生产过程的各种厂房、建筑物、机器设备等。③生产能力是在一定的技术组织条件下出产产品的能力。技术组织条件是指产品的品种、结构、技术要求和工作量，机器、工具，生产面积，制造工艺，原材料，职工的业务水平、熟练程度，所采用的生产组织和劳动组织等。④企业的生产能力通常用实物单位来计量，对于多品种生产企业可以选择一种代表产品来计量。

实际应用中的生产能力主要有 3 种表达：

（1）设计生产能力。设计生产能力是企业建厂时在基建任务书和技术文件中所规定的生产能力，它是按照工厂设计文件规定的产品方案、技术工艺和设备，通过计算得到的最大年产量。企业投产后往往要经过一段熟悉和掌握生产技术的过程，甚至改进某些设计不合理的地方，才能达到设计生产能力。设计生产能力也不是不可突破的，当操作人员熟悉了生产工艺，掌握了内在规律以后，通过适当的改造是可以使实际生产能力大大超过设计生产能力的。

（2）查定能力。查定能力是指企业生产了一段时期以后，重新调查核定的生产能力。在没有设计能力或虽有设计能力，但由于企业的产品方案、协作关系和技术组织发生了很大变化，原有设计能力不能反映实际情况时，企业会重新调查核定生产能力。

（3）计划生产能力。计划生产能力也称为现实能力，是企业计划期内根据现有的生产组织条件和技术水平等因素所能够达到的生产能力。

计划能力包括两大部分。首先是企业已有的生产能力，查定能力；其次是企业在本年度内新形成的能力。后者可以是以前的基建或技改项目在本年度形成的能力，也可以是企业通过管理手段而增加的能力。计划能力的大小基本上决定了企业的当期生产规模，生产计划量应该与计划能力相匹配。企业在编制计划时要考虑市场需求量，能力与需求不大可能完全一致，利用生产能力的不确定性，在一定范围内可以对生产能力作短期调整，以满足市场需求。

工作中心（WC，Work Center）是各种生产单元的统称。工作中心是一种资源，它的资源可以是人，也可以是机器；可以是一台机床或生产装置、一条生产线或装配线、一个或多个操作人员、一个班组或一个工段等。工艺路线文件中，一道工序对应一个工作中心，也可多道工序对应一个工作中心。工作中心是生产进度安排、能力核算、成本计算的一个基本单位，也是编制 MRP 与能力需求计划的重要基础数据。

（二）粗能力需求计划

任何一项计划的制订，必须有其相应的检验过程，即检查企业所具备的实际生产能力是否满足所制订的计划，所以说，能力计划和物料的生产需求计划同样重要。如果不能提供足够的能力或者存在过剩的能力而没有发现，就不能满足顾客的需求，也会造成浪费，也就不可能彻底体现出一个有效运行的生产计划控制系统的价值。一方面，如果能力不足，则可以采取增加库存的方法来克服这种不足，增加库存一定会造成制造成本的增加，也可以采取其他方式来弥补生产能力的不足，但都会使生产成本增加。另一方面，能力过剩会造成设备和人员的利用率下降，增加不必要的支出，所以说，能力不足和能力过剩都应避免。即使那些有先进的物料计划控制系统的企业也会发现，他们为工作中心提供的适当能力不足，这会成为实现最大利益的主要障碍，所以要强调能力计划系统与 MRP 系统一致发展的重要性。

CRP 确定为完成生产任务具体需要多少劳动力和机器资源，是企业在 MRP 后产生的切实可行的能力执行计划。广义的能力需求计划分为粗能力需求计划（RCCP，又称为产能负荷分析）和细能力需求计划（CRP，又称为能力计划）。粗能力需求计划可用来检查主生产计划 MPS 的可行性，它将 MPS 转换成对关键工作中心的能力需求。CRP 是计算所有生产任务在各个相关工作中心加工所需的能力，并将所需能力与实际可供能力进行对比，以便企业确定能力供应是否满足生产需求，可用来检查 MRP 的可行性。若不能满足，则需要调整生产任务或生产时间，直到能力供应能满足所有的生产任务需要。CRP 与 MRP 等系统的关系如图 2-13 所示。

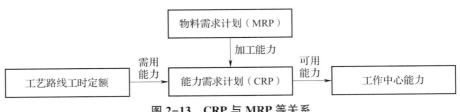

图 2-13 CRP 与 MRP 等关系

MPS 是粗能力计划的基本信息来源，一个特定的 MPS 的粗能力需求可通过综合因子法、利用物料清单法等方法来估算。这些技术为调整资源水平和物料计划提供信息，从而保证主生产计划的实施。对于那些使用 MRP 来准备详细物料计划的企业来说，使用细能力计划可以将能力计划细化。为了提供细节的能力计划，需要先用 MRP 制订出时间分段的物料计划，作为计算分时段能力需求的基础。细能力计划计算所用的数据文件，包括工作进程、工艺路线、计划接收和计划订单。粗能力计划提供的信息用于确定关键工作中心和劳动的能力需求，这主要是几个月到一年的计划，而细能力计划则用于确定所有工作中心的能力需求。

粗能力计划是生产产品的关键工作中心的能力需求计划。关键工作中心是对产品或零部件生产质量和数量有决定性影响的工作中心，一般具有价格昂贵、负荷大、操作复杂、不可替代等特点。产品生产是按照一定的工艺路线进行，工艺路线中涉及的设备种类和数量往往较多。粗能力计划将主生产计划和关键工作中心的能力需求建立关联关系，通过评估关键工作中心的能力来判断主生产计划是否可行。

利用物料清单法编制粗能力计划的步骤如下：①根据产品性质和订单等信息，确定主生产计划中的较为重要的典型产品，并分析其工艺路线；②根据上述分析结果，确定各产品涉及的关键工作中心；③根据产品的工艺路线、工时定额，确定主生产计划典型产品各计划周期对各关键工作中心的能力需求；④分析各关键工作中心的能力/负荷情况，并提出建议。

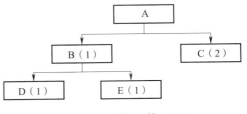

图 2-14 产品 A 的 BOM

【例 2-4】产品 A 的物料清单如图 2-14 所示，其主生产计划见表 2-5，产品 A 及其组成件的粗工艺路线及工时定额见表 2-6，关键工作中心的额定能力见表 2-7，试用物料清单法编制其粗能力计划并进行能力分析。

表 2-5 产品 A 的主生产计划

计划周期	1	2	3	4	5	6	7	8	9	10
主生产计划	25	25	20	20	20	20	30	30	30	25

表 2-6 产品 A 的工艺路线及工时定额

项目	工序号	关键工作中心	单件加工时间（h）	生产准备时间（h）	平均批量	单件准备时间（h）	单件总时间（h）
A	10	30	0.09	0.40	20	0.02	0.11
B	10	25	0.06	0.28	40	0.01	0.07
C	10	15	0.14	1.60	80	0.02	0.16
	20	20	0.07	1.10	80	0.01	0.08
D	10	10	0.11	0.85	100	0.01	0.12
	20	15	0.26	0.96	100	0.01	0.27
E	10	10	0.11	0.85	80	0.01	0.12

表 2-7 关键工作中心的额定能力

关键工作中心	30	25	20	15	10
额定能力（小时/时区）	3.00	2.00	5.50	14.00	5.50

解： 首先，计算产品 A 对工作中心的能力需求。首先分析工作中心 10，D 的工序 10 和 E 的工序 10 在工作中心 10 加工，且单件加工时间都为 0.11，而 D 和 E 的单件准备时间均为 0.01，且从物料清单可以看出产品 A 需要 D 和 E 各一件，因此，可计算出产品 A 在工作中心 10 的加工时间和准备时间（见表 2-8）。同理，对工作中心 15 而言，C 的工序 10 和 D 的工序 20 都在工作中心 15 加工，单件加工时间分别为 0.14 和 0.26，生产准备时间分别为 1.60 和 0.96，且生产产品 A 需要 2 件 C，由此，可计算出产品在工作中心 15 的加工时间和准备时间。计算产品 A 在其他工作中心 20、25、30 的能力见表 2-8。

表 2-8 产品 A 的能力清单

工作中心	单件加工时间（h）	单件生产准备时间（h）	单件总时间（h）
10	0.22	0.02	0.24
15	0.54	0.05	0.59
20	0.14	0.03	0.17

续表

工作中心	单件加工时间（h）	单件生产准备时间（h）	单件总时间（h）
25	0.06	0.01	0.07
30	0.09	0.02	0.11
合计	1.05	0.13	1.18

然后，计算产品 A 的粗能力需求，并进行负荷能力分析，计算和分析结果见表 2-9。

表 2-9　　　　　　　　　　　　　　产品 A 的粗能力分析

项目	计划周期									
关键工作中心 / 能力分析	1	2	3	4	5	6	7	8	9	10
30 需求负荷	2.75	2.75	2.20	2.20	2.20	2.20	3.30	3.30	3.30	2.75
额定能力	3.00	3.00	3.00	3.00	3.00	3.00	3.00	3.00	3.00	3.00
能力超/欠	0.25	0.25	0.80	0.80	0.80	0.80	-0.30	-0.30	-0.30	0.25
负荷率	92%	92%	73%	73%	73%	73%	110%	110%	110%	92%
25 需求负荷	1.68	1.68	1.34	1.34	1.34	1.34	2.01	2.01	2.01	1.68
额定能力	2.00	2.00	2.00	2.00	2.00	2.00	2.00	2.00	2.00	2.00
能力超/欠	0.33	0.33	0.66	0.66	0.66	0.66	-0.01	-0.01	-0.01	0.33
负荷率	84%	84%	67%	67%	67%	67%	101%	101%	101%	84%
20 需求负荷	4.19	4.19	3.35	3.35	3.35	3.35	5.03	5.03	5.03	4.19
额定能力	5.50	5.50	5.50	5.50	5.50	5.50	5.50	5.50	5.50	5.50
能力超/欠	1.31	1.31	2.15	2.15	2.15	2.15	0.48	0.48	0.48	1.31
负荷率	76%	76%	61%	61%	61%	61%	91%	91%	91%	76%
15 需求负荷	14.74	14.74	11.79	11.79	11.79	11.79	17.69	17.69	17.69	14.74
额定能力	14.00	14.00	14.00	14.00	14.00	14.00	14.00	14.00	14.00	14.00
能力超/欠	-0.74	-0.74	2.21	2.21	2.21	2.21	-3.69	-3.69	-3.69	-0.74
负荷率	105%	105%	84%	84%	84%	84%	126%	126%	126%	105%
10 需求负荷	5.98	5.98	4.78	4.78	4.78	4.78	7.17	7.17	7.17	5.98
额定能力	5.50	5.50	5.50	5.50	5.50	5.50	5.50	5.50	5.50	5.50
能力超/欠	-0.48	-0.48	0.72	0.72	0.72	0.72	-1.67	-1.67	-1.67	-0.48
负荷率	109%	109%	87%	87%	87%	87%	130%	130%	130%	109%
总工时	29.34	29.34	23.46	23.46	23.46	23.46	35.20	35.20	35.20	29.34

（三）细能力计划 CRP

细能力计划和粗能力计划一样，都是对能力和负荷的平衡做分析，帮助企业制订出切实可行的生产计划，并能尽早发现生产活动的瓶颈所在，提出合理的解决方案。在制订细能力计划时，必须知道各个物料经过哪些工作中心加工，即加工路线必须已知，还必须计算各个工作中心的负荷和可用能力，因为 MRP 是一个分时段的计划，相应的细能力计划也是一个分时段的计划，故必须知道各个时间段的负荷和可用能力。细能力计划使用了 MRP 系统给出的分时段物料计划信息，考虑所有实际的订货批量和计划接收量及计划订单。

编制能力需求计划从生产排产开始。生产排产指的是为产品及其构成零部件安排生产，尤其是确定每一道工序的开始日期和完成日期。生产类型不同，生产排产的方法也不尽相同，常用的生产排产方法包括向前排产、向后排产、无限负荷和有限负荷等方法。

（1）向前排产。如图 2-15 中的第一条线所示，指的是只有在接到产品订单后，才开始安排生产。

（2）向后排产。如图 2-15 中的第二条线所示，该方法尽量保证产品在订单截止日期交货，也就是尽量减少库存成本。

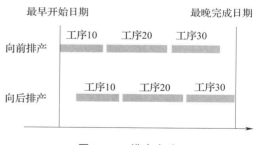

图 2-15 排产方法

（3）无限负荷。无限负荷指的是假定工作中心有无限的能力可供使用，不考虑工作中心能力不足，或者工作中心订单任务竞争。

（4）有限负荷。有限负荷指的是假定工作中心的可用能力是有限的。在同一时间段之内，同一工作中心不能安排不同的生产订单。同一工作中心也不能安排超过其可用能力的生产订单。

CRP 根据物料需求计划中的输出信息及物料，参考物料工艺路线中涉及的工作中心及占用时间，计算在各计划周期内物料在相应工作中心的负荷（需求能力），并与工作中心的可用能力进行比较和平衡。采用向后排产和倒序排产方法，主要包括 3 步：

数据收集、编制工序计划、绘制能力/负荷图（表）。

（1）数据收集。数据主要有加工单数据、工作中心数据、工艺路线数据和工厂生产日历数据。加工单是执行 MRP 后产生的，向工作中心下达的加工任务书；工作中心数据涉及每天的生产班次、每班小时数、每班人数、设备效率、设备利用率等数据，在 MRP 系统中建立工作中心档案时这些数据作为已知数据输入系统中；工艺路线主要有物料加工工序、工作中心和加工时间等数据；工厂日历是企业用于编制生产计划的特殊日历。

（2）编制工序计划。MRP 使用倒序排产方式确定订单下达日期。倒序排产法以订单交货期为基准，按时间倒排方式来编制工序计划，并由此确定工艺路线上各工序的开工时间。编制工序计划主要包括以下 3 个步骤：①获取订单、工艺路线和工作中心等基础数据；②计算每个工作中心上的每道工序负荷、每个计划周期的每个工作中心的负荷；③计算工序的开工日期和交货日期。

（3）绘制能力/负荷图（表）。通过绘制能力/负荷直方图或能力/负荷对比图，能够直观的分析能力需求计划是否存在问题，从而为能力和负荷的调整提供依据。

【例 2-5】某产品 A 的物料清单如图 2-16 所示，其主生产计划、库存信息、工艺路线以及工作中心工时定额信息和工序间隔时间见表 2-10。零件 B、C 的批量规则为：2 时区（周）净需求量。零件 E 的批量规则为：3 时区（周）净需求。零件 F 的批量规则是：固定批量 80。工作时间为：5 天/周，8 小时/天，每个工作中心有一位操作工，所有的工作中心利用率和效率均为 95%。试编制其 CRP 并分析其能力情况。

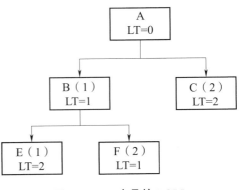

图 2-16 A 产品的 BOM

表 2-10 编制能力需求计划（CRP）有关输入数据表

(a) 项目 A 主生产计划清单

时区（周）	1	2	3	4	5	6	7	8	9	10
项目 A	25	25	20	20	20	20	30	30	30	25

（b）库存信息

项目	计划收到量（时区）								现有库存（件）	已分配量（件）	提前期（h）	固定批量（件）
	1	2	3	4	5	6	7	8				
A												
B	38								14		1	2
E		76				19			5		2	3
F									22		1	80
C	72								33		2	2

（c）工艺路线及工作中心工时定额信息

项目	工序号	工作中心	单位加工时间（h）	生产准备时间（h）	平均批量（件）	单位准备时间（h）	单位总时间（h）
A	10	30	0.09	0.40	20	0.020 0	0.110 0
B	10	25	0.06	0.28	40	0.007 0	0.067 0
C	10	15	0.14	1.60	80	0.020 0	0.160 0
	20	20	0.07	1.10	80	0.013 8	0.083 8
E	10	10	0.11	0.85	100	0.008 5	0.118 5
	20	15	0.26	0.96	100	0.009 6	0.269 6
F	10	10	0.11	0.85	80	0.010 6	0.120 6

（d）工作中心工序间隔时间

工作中心	工序间隔时间	
	排队时间	运输时间
30	2	1
25	2	1
20	1	1
15	1	1
10	1	1
库房	—	1

解：首先，根据【例2-5】编制 MRP，然后编制 CRP，而编制 CRP 包括计算工作中心能力、用倒序排产法计算每道工序的开工日期和完工日期、绘制负荷图等3个步骤。

（1）编制 MRP 计划。根据 MRP 编制方法及例题的已知条件，可编制产品 A 的 MRP 计划（见表 2-11）。

表 2-11　　　　　　　　　　　产品 A 的 MRP 计划

项目	计划量（件）	时区（周）									
		1	2	3	4	5	6	7	8	9	10
A	主生产计划	25	25	20	20	20	20	20	30	30	25
B LT=1	毛需求量	25	25	20	20	20	20	30	30	30	25
	计划接受量	38	0	0	0	0	0	0	0	0	0
	现有库存 14	27	2	20	0	20	0	30	0	25	0
	净需求量	0	0	18	0	20	0	30	0	30	0
	计划订单入库	0	0	38	0	40	0	60	0	55	0
	计划订单下达	0	38	0	40	0	60	0	55	0	0
E LT=2	毛需求量	0	38	0	40	0	60	0	55	0	0
	计划接受量	0	76	0	0	0	19	0	0	0	0
	现有库存 5	5	43	43	3	3	55	76	21	21	21
	净需求量	0	0	0	0	0	38	0	0	0	0
	计划订单入库	0	0	0	0	0	114	0	0	0	0
	计划订单下达	76	0	0	0	114	0	0	0	0	0
F LT=1	毛需求量	0	38	0	40	0	60	0	55	0	0
	计划接受量	0	0	0	0	0	0	0	0	0	0
	现有库存 22	22	64	64	24	24	44	44	69	69	69
	净需求量	0	16	0	0	0	36	0	11	0	0
	计划订单入库	0	80	0	0	0	80	0	80	0	0
	计划订单下达	80	0	0	0	0	80	0	0	0	0
C LT=2	毛需求量	50	50	40	40	40	40	60	60	60	50
	计划接受量	72	0	0	0	0	0	0	0	0	0
	现有库存 33	55	5	40	0	40	0	60	0	0	0
	净需求量	0	0	35	0	40	0	60	0	60	0
	计划订单入库	0	0	75	0	80	0	120	0	120	0
	计划订单下达	75	0	80	0	120	0	120	0	0	0

（2）编制 CRP 计划。

第 1 步：计算工作中心能力。工作中心能力＝件数×单件加工时间＋准备时间。

例如，对于工作中心 20 来说，只有物料 C 的工序 20 在其加工，单件加工时间和生产准备时间分别为 0.07 h 和 1.10 h。因此，对于物料 C 而言，第一时区的负荷为：75×0.07 h+1.10 h＝6.35 h；第 3 时区的负荷为 80×0.07 h+1.10 h＝6.7 h；第 5 时区的负荷为 120×0.07 h+1.10 h＝9.5 h；第 7 时区的负荷：120×0.07 h+1.10 h＝9.5 h。

对于工作中心 10 来说，物料 E 的工序 10 和物料 F 的工序 10 在其加工，而零件 E 的单件加工时间和生产准备时间分别为 0.11 h 和 0.85 h，因此，零件 E 第 1 时区在工作中心 10 的负荷分别为：76×0.11 h+0.85 h＝9.21 h，第 5 时区在工作中心 10 的负荷分别为：114×0.11 h+0.85 h＝13.39 h；零件 F 在在工作中心 10 上的加工时间和生产准备时间分别为 0.11 h 和 0.85 h，第 1 时区和第 7 时区的负荷都为：80×0.11 h+0.85 h＝9.65 h。其他加工中心所需能力负荷情况见表 2-12。

表 2-12　　　　　　　　　　工作中心的能力需求表

零件	工作中心	拖期	计划周期（h）									
			1	2	3	4	5	6	7	8	9	10
A	30	0	2.65	2.65	2.20	2.20	2.20	2.20	3.10	3.10	3.10	2.65
	小计	0	2.65	2.65	2.20	2.20	2.20	2.20	3.10	3.10	3.10	2.65
B	25	0	0	2.65	0	2.68	0	3.88	0	3.58	0	0
	小计	0	0	2.65	0	2.68	0	3.88	0	3.58	0	0
C	20	0	6.35	0	6.75	0	9.50	0	9.50	0	0	0
	小计	0	6.35	0	6.75	0	9.50	0	9.50	0	0	0
E	15	0	12.1	0	12.8	0	18.4	0	17.0	0	0	0
	15	0	20.72	0	0	0	30.90	0	0	0	0	0
	小计	0	32.82	0	12.8	0	49.30	0	17.0	0	0	0
	10	0	9.21	0	0	0	13.39	0	0	0	0	0
F	10	0	9.65	0	0	0	0	0	9.65	0	0	0
	小计	0	18.86	0	0	0	13.39	0	9.65	0	0	0

第 2 步：用倒序排产法计算每道工序的开工日期和完工日期。

以零件 C 为例说明用倒序排产法计算每道工序的开工日期和完工日期。零件 C 的工序 10 和工序 20 分别在工作中心 15 和 20 上完成。根据该例题的已知条件：5 天/周，8 h/天，所有的工作中心利用率和效率均为 95%，可以得到各工作中心每天的可用能力为：8 h/天×1 天×0.95×0.95＝7.22 h；一周的最大可用能力为：7.22 h×5＝36.1 h。

根据 MRP 计划，零件 C 在第三、第五、第七、第九周各有 70 件、80 件、120 件、120 件零件交付库房存储。下面以第一批零件 C 的交付时间，按照倒序排产法倒推零件 C 的工序 20 和工序 10 的开工日期和完工日期。零件 C 第一批零件 80 件在第三周周一早上交付库房存储，也就是说该零件最后一道工序需在第二周周五下班前完工，但是表 2-10（d）显示到库房的运输时间为 1 天，因此，工序 20 的完工时间为第二周周四下班前。表 2-12 显示该批零件 C 工序 20 的加工时间为 6.35 h，而工序 20 的所述工作中心 20 的可用能力为 7.22 h，因此，需要 0.88 天。表 2-10（d）显示工作中心 20 的排队时间和从零件 C 第一道工序 10 所属的工作中心 15 到工作中心 20 的运输时间都是 1 天，因此，工序 10 的完工时间应为第二周周一下班前。表 2-12 显示该批零件 C 工序 10 的加工时间为 12.1 h，工作中心 15 的可用能力也是 7.22 h，需要 1.68 天，而工作中心 15 的排队时间和运输时间都为 1 天，因此，该批零件 C 工序 10 的开工时间为第一周周三（至少工作 4.88 h）。

同理，可以得到零件 C 的其他批订单的最晚开工时间和完工时间（见表 2-13）。

表 2-13 　　　　　　　　　各批次零件 C 的开工时间和完工时间表

订单批次	订单数量（件）	最晚开工时间	完工时间
1	75	第一周第三天	第二周周五下班前
2	80	第三周第三天	第四周周五下班前
3	120	第五周第二天	第六周周五下班前
4	110	第七周第三天	第八周周五下班前

第 3 步：绘制负荷图。

以下以工作中心 15 为例，说明工作中心能力负荷曲线图的绘制过程。由于工作中心 15 的额定可用能力为 36.1，在第 1、第 3、第 5、第 7 周的能力需求分别为 32.82、

12.80、49.30、17.0，因此除了第 5 周因其能力−负荷＝−13.20<0，即其负荷处于超负荷状态（其能力处于欠能力状态）外，其余各周均处于超能力或低负荷状态。工作中心 15 的负荷曲线图如图 2-17 所示。

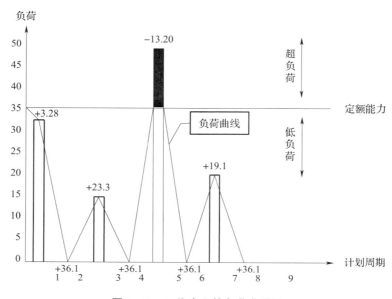

图 2-17　工作中心的负荷曲线图

如果超负荷，说明工作中心能力不足，有可能加剧工作中心损耗，影响生产进度。如果负荷不足，则作业费用增大。对于炼油、发电等流程工业来说，工作中心启动成本很高，负荷不足的问题对生产造成的影响更为严重。因此，需要对负荷报告进行分析，并反馈信息，调整计划。

引起能力不平衡的原因有很多。在制订主生产计划的过程中，已通过粗能力计划从整体上进行了能力分析和平衡。因此，在制定能力需求计划之前就会发现主要问题。但对计划进行详细的能力检查时，还会发现有些在粗能力计划中不曾考虑的因素在起作用。当发现能力/负荷不平衡时，不要轻易调整 MPS，而优先调整能力/负荷。通常情况下，能力/负荷有 3 种调整方式：调整能力、调整负荷、能力和负荷同时调整。调整能力的措施包括调整劳动力、安排加班或转包生产任务等；调整负荷的措施包括重叠作业、分批生产、调整订单等。

实训

（一）实验目标

采用 ERP 软件系统进行生产规划，编制 MRP 并进行产能平衡验证

（二）实验环境

硬件：PC 计算机一台，局域网网络（交换机），ERP 软件系统（面向某一设定产品的装配企业）

（三）实验内容及主要步骤

1. 给出主生产计划 MPS、MBOM、工作中心等参数，将参数输入 ERP 软件

2. 计算粗能力需求，并进行编辑查询

3. 编制 MRP

4. 进行细能力需求，并进行验证

5. 给出各个工作中心的安排及负载情况

第三节　供应链与库存管理

考核知识点及能力要求：

- 了解供应链的概念、目标与特征，理解供应链管理方法；

- 理解仓储管理的概念和意义，熟悉采购管理的流程；

- 熟悉仓储的 ABC 分类方法和不同的采购策略；

- 能够应用 WMS 软件进行仓储管理。

一、供应链管理

（一）供应链概述

供应链这一概念源于价值链，产生于 20 世纪 80 年代后期。目前比较普遍的观点认为供应链是指围绕核心企业，通过对信息流、物流、资金流的控制，从采购原材料开始，制成中间产品以及最终产品，最后由销售网络把产品送到消费者手中的将供应商、制造商、分销商、零售商直到最终用户连成一个整体的功能网链结构和模式。一个产业往往包含很多企业，其中一个企业的产品被另一个企业作为原料加以利用，使企业间发生一定的联系，这种相互联系的企业共同构成一个完整的价值链，实际上就是供应链。

供应链的概念是从扩大的生产概念发展来的，它将企业的生产活动进行了前伸和后延。例如，日本丰田公司的精益协作方式中就将供应商的活动视为生产活动的有机组成部分而加以控制和协调，这就是向前延伸。后延是指将生产活动延伸至产品的销售和服务阶段。因此，供应链就是通过计划、获得、存储、分销、服务等这样一些活动而在顾客和供应商之间形成的一种衔接，从而使企业能满足内外部顾客的需求。供应链包括产品到达顾客手中之前所有参与供应、生产、分配、销售的公司和企业，供应链对上游的供应者（供应活动）、中间的生产者（制造活动）和运输商（储存运输活动），以及下游的消费者（分销活动）同样重视。

典型的供应链可能包括许多不同的环节。供应链环节如图 2-18 所示，包括零部件或原材料供应商、制造商、分销商、零售商以及消费者。恰当的供应链设计取决于最终顾客市场的需求和满足这些需求所涉及环节的作用，各个环节不一定都出现在同一条供应链中。

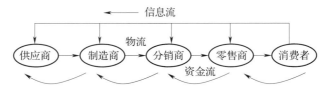

图 2-18 典型供应链环节

供应链的活动主要是通过供应链管理（SCM）来实现的，SCM 划分为 3 个主要流程。

（1）计划。计划包括需求预测和补货，旨在使正确的产品在正确的时间和地点交货，还可以使信息沿着整个供应链流动。这需要深入了解客户的需求，同时这也是成功管理供应链的根本所在。

（2）实施。实施主要关注运作效率，包括如客户订单执行、采购、制造、存货控制以及后勤配送等应用系统，其最终目标是综合利用这些系统，以提高货物和服务在供应链中的流动效率。其中，关键是要将单个商业应用提升为能够运作于整个商业过程的集成系统，也就是要有一套适用于整个供应链的电子商务解决方案（包括实施框架、优化业务流程、技术标准、通信技术及软硬件设备等）。

（3）执行评估。执行评估是指对供应链运行情况的跟踪，以便于制定更开放的决策，更有效地反映变化的市场需求。利用电子商务工具，如财会管理系统，可进行有效的信息审核和分析。为了解决信息通路问题，许多公司正在开发集成数据仓库，它可提供数据分析工具，管理者能够在不影响系统运作性能的情形下分析商业信息。还有一种趋势是利用基于 Web 的软件做预先分析。

（二）供应链目标及其特征

供应链所产生的价值为最终产品对顾客的价值与满足顾客需求所付出的供应链成本之间的差额。企业价值与供应链盈利之间是强相关关系，供应链盈利或者剩余是所有环节共享的总利润，供应链盈利越多，供应链就越成功。例如，一个顾客以 2 000 美元的价格从某公司买了一台计算机，2 000 美元就是该公司的销售收入，该公司与供应链上的其他环节在生产、配送、仓储、运输以及信息传递、资金转移等活动上都要付出一定的成本费用，供应链的利润就是供应商销售收入与上述这些活动成本的差额，作为全部利润之和，供应链的利润将被供应链的各个环节分享。

供应链的目标是使供应链整体价值最大化，即在满足客户需要的前提下，对整个供应链（从供货商、制造商、分销商到消费者）的各个环节，从采购、物料管理、生产、配送、营销，到消费者的整个供应链的货物流、信息流和资金流，进行综合管理，从把物流与库存成本降到最小。采用供应链的目的有 3 个：

（1）提升客户的最大满意度，提高交货的可靠性和灵活性；

（2）降低公司的成本，降低库存，减少生产及分销的费用；

（3）企业整体"流程品质"最优化，去除错误成本。

供应链主要具有以下特征：

（1）复杂性。因为供应链节点企业组成的跨度（层次）不同，供应链往往由多个、多类型甚至多国企业构成，所以供应链结构模式比一般单个企业的结构模式更为复杂。

（2）动态性。供应链管理因企业战略和适应市场需求变化的需要，其中节点企业需要动态地更新，这就使得供应链具有明显的动态性。

（3）面向用户需求。供应链的形成、存在、重构，都是基于一定的市场需求而发生，并且在供应链的运作过程中，用户的需求拉动是供应链中信息流、产品/服务流、资金流运作的驱动源。

（4）交叉性。节点企业可以是这个供应链的成员，同时又是另一个供应链的成员，众多的供应链形成交叉结构，增加了协调管理的难度。

（三）供应链管理的策略

（1）推动式供应链。推动式供应链是以制造商为核心企业，根据产品的生产和库存情况，有计划地把商品推销给客户，其驱动力源于供应链上游制造商的生产。在这种运作方式下，供应链上各节点比较松散，追求降低物流成本，属于卖方市场下供应链的一种表现。由于不了解客户需求变化，这种运作方式的库存成本高，对市场变化反应迟钝。

在一个推动式供应链中，生产和分销的决策是根据长期预测的结果做出的。准确地说，制造商是利用从零售商处获得的订单进行需求预测。事实上企业从零售商和仓库那里获取订单的变动性要比顾客实际需求的变动大得多，这就是通常所说的"牛鞭效应"，这种现象会使企业的计划和管理工作变得很困难。例如，制造商不清楚应当如何确定它的生产能力，如果根据最大需求确定，就意味着大多数时间里制造商必须承担高昂的资源闲置成本；如果根据平均需求确定生产能力，在需求高峰时期需要寻找昂贵的补充资源。同样，对运输能力的确定也面临这样的问题：是以最高需求还是以平均需求为准呢？因此在一个推动式供应链中，经常会出现由于紧急的生产转换引起的运输成本增加、库存水平变高或生产成本上升等情况。推动式供应链对市场变化做出反应需要较长的时间，会导致一系列不良反应，例如，在需求高峰时期，难以满足顾客需求，导致服务水平下降；当某些产品需求消失时，会使供应链产生大量的过时库存等现象。

（2）拉动式供应链。拉动式供应链以客户为中心，比较关注客户需求的变化，并根据客户需求组织生产。在这种运作方式下，供应链各节点集成度较高，有时为了满足客户差异化需求，不惜追加供应链成本，属买方市场下供应链的一种表现。这种运作方式对供应链整体素质要求较高，从发展趋势来看，拉动方式是供应链运作方式发展的主流。

在拉动式供应链中，生产和分销是由需求驱动的，这样生产和分销就能与真正的顾客需求而不是预测需求协调一致。在一个真正的拉动式供应链中，企业不需要持有太多库存，只需要对订单做出反应。

拉动式供应链有以下优点：①通过更好地预测零售商订单的到达情况，可以缩短提前期；②由于提前期缩短，零售商的库存可以相应减少；③由于提前期缩短，系统的变动性减小，尤其是制造商面临的变动性变小；④由于变动性减小，制造商的库存水平将降低；⑤在一个拉动式供应链中，系统的库存水平有了很大的下降，从而提高了资源利用率。当然拉动式供应链也有缺陷。最突出的表现是由于拉动系统不可能提前较长一段时间做计划，因而生产和运输的规模优势也难以体现。

对一个特定的产品而言，应该采用推动还是拉动战略，不仅要考虑来自需求端的不确定性，而且还要考虑来自企业自身生产和分销规模经济的重要性。在其他条件相同的情况下，需求不确定性越高，就越应当采用根据实际需求管理供应链的模式——拉动战略；相反，需求不确定性越低，就越应该采用根据长期预测管理供应链的模式——推动战略。

同样，在其他条件相同的情况下，规模效益对降低成本起着重要的作用，如果组合需求的价值越高，就越应当采用推动战略，根据长期需求预测管理供应链；如果规模经济不那么重要，组合需求也不能降低成本，就应当采用拉动战略。在推–拉组合战略中，供应链的某些层次，如最初的几层以推动的形式经营，其余的层次采用拉动战略，推动式与拉动式的接口处被称为推–拉边界。

（四）采购管理

采购是用户为获取与自身需求相吻合的货物或服务，根据一定的方法、程序从多个选择对象中进行选择购买的过程。对于生产制造企业来说，采购就是为了保证生产经营活动正常进行而购买生产和管理所需各种物料的过程。

采购可分为有形采购和无形采购。有形采购的内容包括原料、辅助材料、半成品、零部件、成品、投资品或固定设备；无形采购主要是咨询服务、技术服务和技术采购，或是采购设备时附带的服务，主要形式有技术、服务和工程发包。采购范围还可以分为直接物料采购和间接物料采购。直接物料是与最终产品生产直接相关的物料，间接物料是与公司生产的最终产品不直接相关的商品或服务。

采购管理是指对采购业务过程进行组织、实施与控制的管理过程。通过采购申请、采购订货、进货检验、收货入库、采购退货、购货发票处理、供应商管理等功能综合运用，对采购物流和资金流全过程进行有效的控制和跟踪，实现企业完善的物资供应管理信息。该系统与库存管理、应付管理、总账管理、现金管理结合应用，能给企业提供全面的销售业务信息管理。一般采购流程如下：

（1）接受采购单或请购单，编制采购计划和用款计划。采购单或请购单一般包括采购物料的品种、规格型号、数量、质量要求、单价等。采购部门要根据 MPS 和 MRP 制订采购计划，并形成用款计划提交财务。

（2）选择供应商。选择一个好的供应商是确保供应物料的质量、价格与交货期的关键。各项物料的供应商至少应有 3 家，一般先从合格供应商中选择，否则要寻找、评价其他供应商。

（3）询价、洽谈、发出采购订单（合同）。确定订货后，要及时签订采购合同，以保证双方的权益。

（4）订货跟踪。订货跟踪主要是指订单发出后的进度检查、监控、联络等日常工作，目的是防止到货延误或出现数量、质量上的差错。

（5）货到验收，结账与费用核算。仓库部门根据订单（采购计划）收料，安排检验，合格后办理入库业务，入库单据交财务，并根据发票形成应付款。对于不合格物料要及时退货、索赔，并按生产要求尽可能组织货源，以减少损失。对供应商的供货情况要进行记录和考核，作为评价合格供应商的条件之一。

采购已经成为企业经营的一个核心环节，是获取利润的重要资源，它在企业的产品开发、质量保证、整体供应链及经营管理中起着极其重要的作用。通过采购管理降低物料成本是企业增加利润的一个极有潜力的途径。对于制造业来说，物料成本占整个产品成本的比重较大，大多数制造业的采购原材料成本都占产品总成本的50%以上。

通过采购管理降低可以合理安排库存。若采购管理不当，会造成大量多余的库存，而库存会导致占用企业大量的资金，增加管理成本。此外，采购管理本身的好坏还会影响到供货的及时性、供货价格和供货质量，而这些都与企业最终产品的价格、质量和及时性直接相关。降低采购材料的成本和提高采购作业的质量已成为每个企业所追求的目标。

二、仓储管理

（一）仓储管理概述

仓库是储存和管理物料的场所，是各种物料供应的中心，是企业物料供应体系的一个重要组成部分，是企业各种物料周转储备环节，担负着物料管理的多项业务职能。仓库管理的主要任务是保管好库存物料，要做到物料数量准确、质量完好、确保安全、收发迅速、面向生产、降低费用、加速资金周转。做好仓库管理工作，对于保证物料及时供应、合理储备、加速周转、降低成本、保证质量、提高经济效益等都具有重要作用。仓储管理是对仓库及仓库内的物品所进行的管理，是仓储机构为了充分利用所具有的仓储资源，提供高效的仓储服务，所进行的一系列计划、组织、控制和协调的过程。具体来说，仓储管理包括仓储资源的获得、经营决策、商务管理、作业管理、仓储保管、安全管理、人力资源管理、经济管理等一系列管理工作。

仓储作业是指以存储、保管活动为中心，从仓库接收物品入库开始，到按需要把物品全部完好地发送出去的全过程。仓储作业过程主要由入库、在库、出库3个阶段组成，按其作业顺序，还可以细分为接车、卸车、检验、交接入库、保管保养、拣出与集中、装车、发运等作业环节。各个作业环节既相互联系，又相互制约。

（二）仓储管理方法

从生产过程的角度，可分为原材料库存、在制品库存、维修库存、产成品库存。①原材料库存指企业在存储的过程中所需要的各种原料、材料，这些原料和材料必须符合企业生产所规定的要求。有时，也将外购件库存作为原材料库存。②在制品库存指仍处于生产过程中已部分完工的半成品。③维修库存包括用于维修与维护的经常性消耗品或者备件，如润滑油和机器零件等。维修库存不包括产成品的维护所需要的物品或备件。④产成品库存指可以出售、分配，能提供给消费者购买的最终产品。

仓储管控的ABC分类管理法又称帕累托分析法或巴雷托分析法、柏拉图分析、主次因分析法等。它以某类库存物品品种数占总的物品品种数的百分比和该类物品金额占库存物品总金额的百分比大小为标准，将库存物品分为A、B、C 3类，进行分级管理。ABC分类管理法简单易行，效果显著，在现代库存管理中已被广泛应用。一般来说，企业的库存物资种类繁多，而各个品种的价格又有所不同，且库存数量也不等。有的物资品种不多但价值很大，很多物资品种数量多但价值却不高。由于企业的资源有限，因此，不太可能对所有库存品种均给予相同程度的重视和管理，也有些脱离实际。为了使有限的时间、资金、人力、物力等企业资源能得到更有效的利用，要对库存物资进行分类，将管理的重点放在重要的库存物资上，进行分类管理和控制，按物资重要程度的不同分别进行不同的管理，突出重点，做到事半功倍，这就是ABC分类方法的基本思想。

ABC分类是根据库存品的年占用金额的大小，把库存品划分为A、B、C 3类，分别实行重点控制、一般控制、按总额控制的存货管理方法。一般地，A类存货的年占用金额占总库存金额的75%左右，其品种数却只占总库存数的10%左右；B类存货的年占用金额占总库存金额的20%左右，其品种数占库存品种数的20%左右；C类存货的年占用金额占总库存金额的 10% 左右，其品种数却占总库存品种数的 70% 左右。

A 类物品在品种数量上仅占 10% 左右，管理好 A 类物品，就能管理好 70% 左右的年消耗金额，是关键的少数，要进行重点管理。对生产企业来说，应该千方百计地降低 A 类物品的消耗量；对商业企业来说，就要想方设法增加 A 类物品的销售额。对仓储管理来说，就要在保证安全库存的前提下，小批量多批次按需储存，尽可能地降低库存总量，减少仓储管理成本，减少资金占用成本，提高资金周转率。

ABC 库存分类管理法的实施，需要企业各部门的协调与配合，并且建立在库存品各种数据完整、准确的基础之上。其主要操作步骤如下：①收集数据，收集有关库存品的年需求量、单价以及重要程度信息。这些信息可以从企业的车间、采购部、财务部、仓库管理部门获得。②处理数据，利用收集到的年需求量、单价，计算出各种库存品的年耗用金额。③编制 ABC 分析表，把各种库存品按照年耗用金额从大到小的顺序排列，并计算累计百分比。④确定分类，按照 ABC 分类法的基本原理，对库存品进行分类。一般说来，各种库存品所占实际比例，由企业根据需要确定，并没有统一的数值。⑤绘制 ABC 分析图，把库存品的分类情况在曲线图上表示出来。

（三）仓库管理

仓库管理负责维护仓库内基础设施，仓库管理包含地标管理、货架管理、货架初始化、仓位管理以及库区管理。仓库管理核心功能是实现对仓库基础设施的维护，例如货架、地标、仓位、库区等仓库日常运作所需的基础信息，为仓储的正常运作提供保障。货架管理主要维护仓库中货架信息，包含货架的编号、类型，货物类型，货物数量以及是否可用等信息，仓库管理人员可根据实际需求设置货架状态。地标管理负责仓库内位置信息的维护，为了在仓库中实现精确定位，需要对仓库实现地图化管理，在节点位置设置地标。货架初始化管理负责货架与地标关系绑定与解绑，在仓储作业中，当货架移动至地标处时，实现货架与地标绑定，更新货架位置信息为该地标所处位置，更新地标状态为已占用，货架离开地标后实现与地标的解绑。仓库内物品存放在货架仓位中，仓位信息中包含物品的明细信息。通过仓位管理，仓库管理员可以明确物品在仓库中所处位置。

一般来说仓库里分成 6 个区域：收货区、散货区、分拣区、包装区、拼装区及办公区，实现不同功能。收货区主要是卸货、验收、搬运、入库、登录。分拣有时候叫订单分拣，按照订单进行拣货。生产线要料按订单，销售发货也是按订单，所以分拣是对搬运到包装区内的指定物品按照类型和数量进行分拣。也有将仓库区域以成品区、半成品区、不合格产品区以及废料区等进行划分。

对于流水生产线通常设置线边库，线边库又叫作暂存库，生产企业的物流仓库包含了常规仓库和生产线边上的暂存库，线边库通常为方便产线生产的通用性物料存放点。线边库的作用主要是支持生产线的不间断生产，由于生产企业的特性没有办法将常规库设立在每一个车间旁边，甚至有些企业是通过第三方物流"供应商管理库存（VMI，Vendor Managed Inventory）"实现来支持生产线的生产。VMI 就是供应商把产品放在客户的仓库，客户消费一件，付费一件。消费之前，库存算供应商的。这种库存管理策略体现了供应链的集成化管理思想，适应市场变化的要求，是一种新的、有代表性的库存管理思想。

（四）入库管理

入库是仓储工作的第一步，标志着仓储工作的正式开始。入库作业的水平高低直接影响着整个仓储作业的效率与效益。物品入库的基本要求是：保证入库物品数量准确，质量符合要求，包装完好无损，手续完备清楚，入库迅速。

影响入库作业的主要因素主要包括以下几方面：

（1）货品供应商及货物运输方式。仓储企业所涉及的供应商数量、供应商的送货方式、送货时间等因素直接影响到入库作业的组织和计划，因此，在设计进货作业时，主要应掌握以下 5 方面的数据：①每天的供货商数量（平均数量及高峰数量）；②送货的车型及车辆台数；③每台车的平均卸货时间；④货物到达的高峰时间；⑤中转运输接运方式。

（2）商品种类、特性与数量。不同种类的商品具有不同的特性，因此需要不同的作业方式与之配合，另外，到货数量的大小也对组织入库作业产生直接影响。在进行具体分析时，应重点掌握以下内容：①每天平均的到货品种数和最多的到货品种数；

②商品单元的尺寸及重量；③商品的包装形态；④商品的保存期限；⑤商品的特性，是一般性商品还是危险性商品；⑥装卸及搬运方式。

（3）入库作业的组织管理情况。根据入库作业要求，合理设计作业岗位，确定各岗位所需的设备器材种类及数量，根据作业量大小合理确定各岗位的人员数量，另外各岗位必须安排合适的人选。整个组织管理活动应以作业内容为中心，充分考虑各环节的衔接与配套问题，合理设计基本作业流程，与此同时要考虑与后续作业的配合方式。

入库业务的工作内容主要包括货物的入库准备、入库验收、入库手续、理货以及装卸搬运合理化的管理。

（1）货物入库前的准备工作。货物入库前的准备工作就是仓储管理者根据仓储合同或者入库单，及时对即将入库的货物进行接运、装卸、安排储位以及相关作业人力、物力的活动，其主要目的是保证货物按时入库，保证入库工作的顺利进行。根据仓储合同或者入库单，及时对即将入库的货物进行接运、装卸、安排储位以及相关作业人力、物力的活动，其主要目的是保证货物按时入库，保证入库工作的顺利进行。

1）入库前的货物接运工作。货物入库接运是入库业务流程的第一道作业环节，也是仓库与外部发生的经济联系。它的主要任务是及时而准确地向运输部门提取入库货物，要求手续清楚，责任分明，为仓库验收工作创造有利条件。做好货物接运业务管理的主要意义在于，防止把在运输过程中或运输之前已经发生的货物损害和各种差错带入仓库，减少或避免经济损失，为验收或保管、保养创造良好的条件。

2）入库前的具体准备事项：①熟悉入库货物；②掌握仓库库场情况；③制订仓储计划；④妥善安排货位；⑤合理组织人力；⑥做好货位准备；⑦准备好作业用具；⑧验收准备；⑨装卸搬运工艺设定；⑩文件单证准备。由于仓库不同、货物不同以及业务性质不同，入库准备工作会有所差别，因此需要根据具体情况和仓库制度做好充分准备。

（2）入库验收工作。商品入库验收：①验收准备；②核对验收单证；③确定抽验比例；④实物验收。实物验收是物资验收业务管理的核心，核对资料、证件都符合后，应尽快验收实物。仓库一般负责物资外观质量和数量的验收。对于有些入库物资需要进行内在质量和性能检验的，仓库应积极配合检验部门，提供方便，做好此项工作。

实物验收包括内在质量、外观质量、数量、重量和精度验收。当商品入库交接后，应将商品置于待检区域，仓库管理员及时进行外观质量、数量、重量及精度等验收，并进行质量送检。①外观质量验收；②数量验收；③重量验收；④精度验收。精度验收包括仪器仪表精度和金属材料尺寸精度检验两个方面。

商品验收是根据合同或标准的规定要求，对标的物品的品质、数量、包装等进行检查、验收的总称。商品在入库以前必须进行商品检验工作。商品验收工作的时间性、技术性、准确性要求很高。搞好商品验收具有十分重要的意义，首先它为商品的储存保管工作打下良好的基础；其次，对生产企业起到监督和促进作用。另外，验收记录是索赔、退货、换货的主要依据。所以，在商品验收时，必须做到"认真、及时、准确"。

货物要能达到公司的各项预定验收标准才准许入库，在验收货物时，基本上可根据下列几项标准进行检验。①采购合约或订购单所规定的条件。②以谈判时对方提供的合格样品为标准。③国家相关产品的品质标准。

（3）入库手续的办理。商品检验合格即应办理入库手续，进行登账、立卡、建档，这是商品验收入库的最后环节。经过验收合格的物资，由仓库验收员整理有关资料证书，交给保管机构，并做出交代，可以正式入库保管。物资一经入库，必须办理登账、立卡、建档等一系列入库手续。

商品入库作业计划是根据仓储保管合同和商品供货合同来编制商品入库数量和入库时间进度的计划。它的主要内容包括入库商品的品名、种类、规格、数量、入库日期、所需仓容、仓储保管条件等。仓库计划工作人员再对各入库作业计划进行分析，编制出具体的入库工作进度计划，并定期同业务部门联系，做好入库计划的进一步落实工作，随时做好商品入库的准备工作。

（五）出库管理

为了做好货物出库工作，必须事先做好相应的准备，按照一定的作业流程和管理规章组织货物出库。货物出库要求仓库准确、及时、安全、保质保量地发放货物，出库货物的包装也要完整牢固、标志正确，符合运输管理部门和客户单位的要求。做好货物出库管理的各项工作，对完善和改进仓库的经营管理，降低仓库作业成本，实现仓库管理的价值，提高客户服务质量等具有重要的作用。货物出库业务，是仓库根据业务部门或者客户单位（货主单位）开出的提货单、调拨单等货物出库凭证，按照货物出库凭证所列的货物名称、编号、型号、规格、数量、承运单位等各个具体的项目，组织货物出库的一系列工作的总称。货物出库意味着货物在储存阶段的终止，因此货物出库管理是仓库作业的最后一个环节。货物出库也使仓库的工作与运输、配送单位，与货物的使用单位直接发生了业务联系。在任何情况下，仓库都不能够擅自动用或者外借库存的货物。

由于各种类型的仓库具体储存的商品种类不同，经营方式不同，商品出库的程序也不尽相同，但就其出库的操作内容来讲，一般地，出库业务程序主要包括出库凭证审核、出库信息处理、拣货、分货、出货检查、包装、货物交接、发货后的处理等。

（1）出库凭证审核。仓储业务部门接到商品出库凭证时，首先要对出库凭证进行仔细的审核工作。审核的主要内容如下：①审核出库凭证的合法性和真实性；②核对商品的品名、型号、规格、单价、数量等有无错误；③核对收货单位、到站、银行账号等是否齐全和准确。如发现出库凭证有问题，需经原开证单位进行更正并加盖公章后，才能安排发货业务。但在特殊情况（如救灾、抢险等）下，可经领导批准先发货，事后及时补办手续。

（2）出库信息处理。出库凭证审核无误后，将出库凭证信息进行处理，采用人工处理方式时，记账员将出库凭证上的信息按照规定的手续登记入账，同时在出库凭证上批注出库商品的货位编号，并及时核对发货后的结存数量。当采用计算机进行库存管理时，将出库凭证的信息录入计算机后，由出库业务系统自动进行信息处理，并打印生成相应的拣货信息（拣货单等凭证），作为拣货作业的依据。

（3）拣货。拣货作业就是依据客户的订货要求或仓储配送中心的送货计划，尽可能迅速、准确地将商品从其储位或其他区域拣取出来的作业过程。①拣货信息的传递。拣货信息是拣货作业的依据，它最终来源于客户的订单。拣货信息既可以通过手工单据来传递，也可以通过其他电子设备和自动拣货控制系统进行传输。②拣货方式。按照拣货过程自动化程度的不同，拣货分为人工拣货、机械拣货、半自动拣货和自动拣货4种方式。

（4）分货。分货也称为配货，拣货作业完成后，根据订单或配送路线等不同的组合方式对货品进行分类。需要流通加工的商品，先按流通加工方式分类，再按进货要求分类，这种作业称为分货作业。分货作业方式可分为人工分货和自动分类机分货两种方式。

（5）出货检查。为保证出库商品不出差错，配货后应立即进行出货检查。出库检查是防止发货差错的关键。采用人工拣货和分货作业方式时，每经一个作业环节，必须仔细检查，按照"动碰复核"的原则，既要复核单货是否相符，又要复核货位结存量来验证出库量是否正确。发货前由专职或兼职复核员按出库凭证对出库商品的品名、规格、单位、数量等仔细地进行复验，核查无误后，由复核人员在出库凭证上签字，方可包装或交付装运。在包装、装运过程中要再次进行复核。

（6）包装。出库商品有的可以直接装运出库，有的还需要经过包装待运环节。特别是发往外地的商品，为了适应安全运输的要求，往往需要进行重新组装，或加固包装等作业。凡是由仓库分装、改装或拼装的商品，装箱人员要填制装箱单，标明箱内所装商品的名称、型号、规格、数量以及装箱日期等，并由装箱人员签字或盖章后放入箱内供收货单位查对。

（7）货物交接。出库商品无论是要货单位自提，还是交付运输部门发运，发货人员必须向收货人或运输人员按单逐件交接清楚，划清责任。在得到接货人员的认可后，在出库凭证上加盖"商品付讫"印戳，同时给接货人员填发出门证，门卫按出门证核检无误后方可放行。

（8）发货后的处理。商品交接以后应及时进行发货后的处理工作。人工处理过程由发货业务员在出库凭证上填写"实发数""发货日期"等项内容，并签名，然后将出库凭证其中的一联及有关证件资料，及时送交货主单位，以便货主办理货款结算事宜。根据留存的一联出库凭证登记实物储存明细账。做到随发随记，日清月结，账面余额与实际库存和卡片相符。出库凭证应该当日清理，定期装订成册，妥善保存，以备查用。采用微机管理系统，应及时将出库信息输入管理系统，系统自动更新数据。

物料的发放实行按计划限额发料制度。按"规定供应，节约用料"的原则，凭限额发料单、拨料单、核对无误后予以发料，并坚持一盘底、二核对、三发料、四减数。

生产现场必须按照生产计划、生产命令单向物料管理部门或仓储单位领料，同时在生产过程中，将多余的物料或品质不良的物料退回，并补料。物料盘点的形式有永续盘点和全面盘点两种。库存物料的盘点要坚持永续盘点，即每日对库存有变动的物料复核一次，每月抽查库存物料的一半，并结合季末和年末要逐项进行全面盘点。

三、仓储管理系统及其智能化

（一）仓储管理信息化

从智能制造的全局视野出发，在对物流供应链管理时，不再把库存仅仅作为维持生产和销售的措施，而将其作为一种供应链的平衡机制。对企业来说无论来自供方还是来自生产或客户方，处理好库存管理与不确定性关系的关键因素是加强企业之间信息的交流和共享，增加库存决策信息的透明性、可靠性和实时性。仓储管理系统（WMS，Warehouse Management System）主要帮助企业解决以下问题：①实时掌控库存情况。所有的出入库都有及时记录，提高了仓库信息的透明度和物资的可追溯性，使管理者对物资现状了然于心。②库存定位精确。每件货物的状态和库存位置都在系统中清晰可见。③高效的自动化管理。通过 RFID 等标识技术实现物品的识别，自此基础上 WMS 结合自动化仓储设备实现对物流仓储的管控。

WMS 提供了一套完整的解决方案，是一个信息化平台，它是将仓库的各流程环节信息流进行信息的采集、存储、传递、监控和管理的集成化信息系统平台，是结合条码和自动识别技术的现代化仓库管理系统。WMS 能有效地对仓库流程和库存空间进行管理，实现批次管理、快速出入库和动态盘点。根据生产型企业仓储管理的业务需求，可将 WMS 分为系统管理、仓库管理、物料管理、出入库管理、产线作业以及物流配送等功能模块。

生产性企业使用 WMS 的人员主要包含系统管理员、仓库管理员、物料采集员以及产线工作人员。其中系统管理员拥有最高权限，通过系统管理功能实现系统中用户、角色以及权限信息的管理，并对用户进行授权操作。系统管理还配置与 ERP、MES 以及仓储设施控制系统的信息交互，实现信息的无缝对接。仓库管理员通过仓库管理模块与 WMS 交互，仓库管理员负责维护仓库内部数据信息，例如原材料、货架、仓位、地标以及库区等信息，并对原材料库存数量进行盘点核对。物料采集员与 WMS 之间的交互主要是收货入库以及物流配送，物料采集员按照仓储作业流程，对入库原材料、零部件等物品进行数量、质量检测，实现标准化处理，最终对物品进行采集上架操作，通过 AGV 等配送设备实现物料运输。产线工作人员通过产线作业和物流配送设备与系统交互，产线工作人员对物品进行拆盘并进行生产制造，生产任务完成后进行成品的上架入库。

（二）储备量的计算方法

物料储备是指用于进行生产或满足顾客需求的材料或资源的储备。物料储备是生产经营活动不可缺少的重要条件，是占用企业流动资金的重要部分。物料储备定额是指在一定条件下，为保证生产顺利进行所必需的、经济合理的物料储备数量标准。物料储备包括经常储备与保险储备两部分，如图 2-19 所示，对一些生产和原材料供应受季节影响的企业还有季节储备。

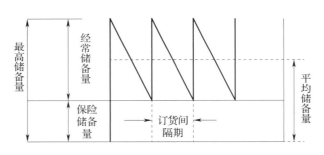

图 2-19　仓储储备量

（1）经常储备。企业用于经常性周转的物料储备，又称为周转储备。在企业前后两批物料进厂并投入使用这一间隔期内，为满足生产日常需要的物料储备。

（2）保险储备。为了预防物料在供应过程中因运输误期、拖延，质量、品种、规格不合标准，以及计划超产等不正常情况，能保证生产连续进行所必需储备的物料数量。

（3）季节储备。企业为了防止某些物资的供应受季节变化的影响而建立的物资储备。

储备量的确定有如下方法：

（1）供应间隔期法。先确定物料的供货间隔天数，也就是前后两批到货的间隔时间，再根据供货间隔天数确定物料经常储备量。供应间隔期确定方法：

1）加权平均法。根据历史统计资料，考虑到每次交货期有一定的差异，而采用的一种平均计算方法，其计算公式为：

$$平均供货间隔天数 = \frac{\sum（每次入库数量×每次进货间隔天数）}{\sum 每次入库数量}$$

2）订货限额法。适用于供需双方根据互利原则签订长期合同，明确规定每次订货（发货）限额条件时采用，其计算公式为：

$$供货间隔天数 = \frac{订货限额}{平均每天需要量}$$

经常储备定额 =（供货间隔天数+验收入库天数+使用准备天数）×平均每日需用量。保险储备定额=平均每日需用量×保险储备天数；其中保险储备天数一般根据以往统计资料中平均误期天数来确定。

（2）经济批量法 EOQ。经济批量法是确定批量和生产间隔期时常用的一种以量定期方法，是指根据单位产品支付费用最小原则确定批量的方法，也是确定批量和生产间隔期时常用的一种以量定期方法。经济批量法的应用是有一定限定条件的，或者说其应用有一个基本前提，那就是分析对象的使用或减少必须是均衡的，满足以下条件：①在一定时期内，确知某项库存的耗用量/销售量，这一数量在分析期保持不变。②每次订货成本固定不变。如订购原材料所花费的订单费、接收验货费用等。③单件库存储存成本固定不变，如仓库保管费、保险费以及库存资金占用的机会成本等。④库存能得到及时补充，因而不考虑保险库存。

经济批量法 EOQ 是固定订货批量模型的一种，可以用来确定企业一次订货（外购或自制）的数量。当企业按照经济订货批量来订货时，可实现订货成本和储存成本之和最小化，如图 2-20 所示。基本公式是：

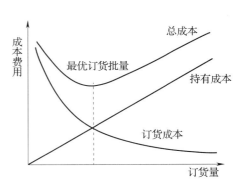

图 2-20 最优订货批量

$$经济订货批量 = sqrt\left(2 \times 年订货量 \times \frac{平均一次订货准备所发生成本}{每件存货的年储存成本}\right)$$

【例2-6】某贸易公司每年以每单位30元的价格采购6 000个单位的某产品，处理订单和组织送货要125元的费用，每个单位存储成本为6元，请问这种产品的最佳订货政策是什么？

解：已知：年订货量 $D = 6\,000$，平均一次订货准备所发生成本：$C = 125$ 元，每件存货的年储存成本：$H = 6$ 元；代入公式可得：

$Q = sqrt(2 \times 6\,000$ 个 $\times 125$ 元 $/6$ 元 $) = 500$ 个；所以该产品的最佳订货量为500个单位产品。

（3）准时生产制库存管理方法（JIT）。JIT作为一种先进的生产方式，通过看板等工具的应用，保证了生产的同步化和均衡化，实行"适时、适量、适物"的生产，效果明显。JIT的基本原理是以需定供、以需定产，即供方（上一环节）根据需方（下一环节）的要求，按照需求方的品种、规格、质量、数量、时间、地点等要求，将生产物资或采购物资，不多、不少、不早、不晚且质量有保证地送到指定地点。看板管理方法按照准时化生产的概念把后道工序看成用户，只有当后道工序提出需求时，前道工序才允许生产，看板充当了传递指令的角色。

（三）仓储管理的智能化

智能仓储的特征表现在两个方面：一方面是智能化，智能化仓储采用大量的物联网感知的相关技术（RFID标签、传感器），通过智能仓储系统可实时看到仓库物料的当前状态，同时可以查询此零件之前的移动轨迹，对于在仓储管理的过程中物料出现非正常情况，智能仓储系统将主动判断非正常情况的信息并发出报警；另一方面是自动化，智能仓储将调度与数据处理连接在一起，系统获取到信息后按照已经设定的逻辑进行数据整合与分析判断，在建立大量的历史数据以及智能分析建模的基础上，系统给予最优解，通过系统分析企业管理人员可以及时了解仓储物流当前状态，依靠系统做出正确的生产决策，使得日益丰富的仓储个性化需求得到更加灵活的响应。智能仓库的规划目标主要有以下几个方面：

（1）智能化。智能化是智能时代下的智能仓库最显著的特征。智能仓库绝不只是自动化，更不局限于存储、输送、分拣等作业环节，而是仓储全流程的智能化，包括应用大量的机器人、RFID 标签等智能化设备与软件，以及物联网、人工智能、云计算等技术，并且与 ERP、MES 等组成工厂车间的信息系统。

（2）数字化、网络化。新时代的一个突出特征就是海量的个性化需求，想要对这些需求进行快速响应，就需要实现完全的数字化管理，将仓储与物流、制造、销售等供应链环节结合，在智慧供应链的框架体系下，实现仓储网络全透明的实时控制。

（3）仓储信息化。无论是智能化还是数字化，其基础都是仓储信息化的实现，而这也离不开强大的信息系统的支持。

（4）仓储柔性化。柔性化构成了制造企业的核心竞争力，仓储管理必须根据上下游的个性化需求进行灵活调整。

实训

WMS 仓储管控系统的使用。

（一）实验目标

1. 理解仓储管理的理论和方法
2. 能够运用 WMS 软件进行仓储管控

（二）实验环境

1. 硬件：PC 计算机一台
2. 软件：ERP 或独立 WMS 软件

（三）实验内容及主要步骤

1. 出入库管理
2. 库存管控
3. 订货练习

第四节　工厂布局及物流规划

考核知识点及能力要求：

• 了解车间布局的概念，理解车间布局的常用方式，熟悉车间布局的设计方法，了解新型车间布局形式；

• 了解设施布局的概念及意义，理解设施布局的方法及特点；

• 能够进行车间、设施布局的设计。

工厂选址、车间布局、生产线建设以及生产组织及准备等工作是生产管控的重要内容，新一代信息与人工智能技术为生产组织工作创造出了新的时空维度，通过在数字虚拟空间中建立工厂的数字孪生，从而实现时空的压缩和提前。设计规划、生产计划和管控方案都可在虚拟空间中进行验证和优化，从而大大提高设计规划质量和生产制造的可行性。

一、工厂布局

（一）布局规划概述

工厂布局规划就是对厂房的配置和设备的排布作出合理的规划，设计确定车间建筑物结构形式、各车间之间以及生产线之间的相互联系。智能布局规划通过在数字空间建立整个工厂的虚拟数字模型，也就是形成一个工厂的 DMU，然后在这个 DMU 上进行仿真验证及优化。工厂 DMU 包括了工厂规划所需的三维模型以及相关的仿真分析模型，通过工厂 DMU 对所关注的问题进行仿真分析，完成工厂布局规划。同时，在仿真分析中工厂 DMU 模型也在不断改进和完善。工厂投入运行后，就可以利用这个工厂 DMU 来实现数字孪生，进一步优化工厂的运行。

工厂布局一般从 3 个层面进行：①工厂层。在厂区 GIS 地理信息系统基础上，进行有关生产区域划分及厂房布局设计，作为整个厂房规划的指导原则，重点突出生产车间的布局情况和相互位置关系。②车间层。主要实现车间内设施建模和布局设计，对设备碰撞干涉、物流、仓储及生产运行等进行验证，是布局设计和研究的重点。③设备层。对单台设备进行详细建模，对其加工工艺以及与其他设备的相互作用进行验证。对设备之间和设备内部的运动干涉问题，可协助设备工艺规划员生成设备的加工指令，再现真实的制造过程。

通常车间布局是在产品的工艺设计和设备选型之后进行的，通过工艺选择和生产能力规划产生整个生产的工序和设备的具体规格，以及设备之间的物料传递关系，为布局设计提供原始数据。主要的布局规划设计的依据有：①工厂土建资料及相关环境固废要求规范；②生产大纲及相关生产组织及产品物料数据；③生产工艺文档；④设备数据；⑤辅助设施及供水供电等要求。

生产系统布局问题不同于一般的几何布局问题。几何布局只考虑空间利用率的问题，各布局实体之间没有必然的联系，其约束条件也仅为单纯的几何约束。而制造系统布局不仅要考虑空间利用率的问题，更重要的是要考虑系统中的物流问题。它不但要满足单纯的几何约束条件，而且还要满足其他一些定性、定量方面的条件。此外，布局实体之间还存在着物流关系、功能关系以及某些特定的约束关系等（如精加工设备不能紧挨振动和冲击力大的设备）。因此，生产系统布局问题比单纯的几何布局问题要复杂得多。如图 2-21 所示，生产系统布局设计需要不同专业人员在多个目标之间进行最佳的平衡或折中。

生产系统布局设计是工业工程研究和实践的一个重要领域。长期以来，布局设计一直被当作制造工业中最关键和最困难的设计任务之一。它是将加工设备、物料搬运设备、工作单元和通道走廊等制造资源合理地放置在一个有限的生产空间内的过程。布局设计的基本原则要技术先进、经济合理、操作维护方便、设备布局简洁美观，布

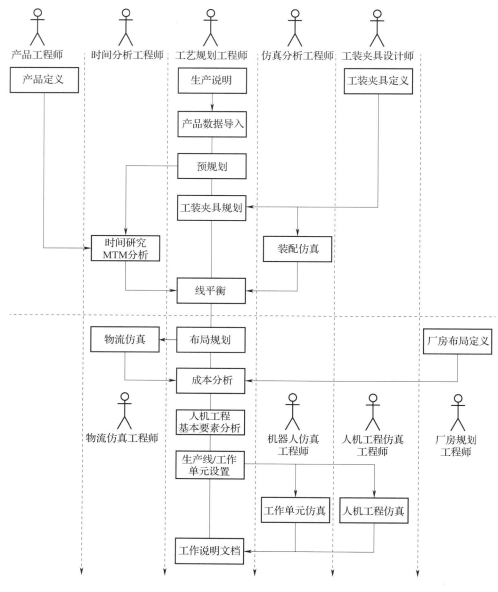

图 2-21　布局规划的实施

局结果满足生产指标和生产工艺要求。定量化指标方面主要考虑物流成本、场地利用率、设备投资等方面最优化。定性和定量这两方面的要求常常会发生冲突，例如，若将喷漆单元紧挨着带点焊的装配单元布置，则由于装配好的部件可以直接送到喷漆单元进行喷漆处理，因此物流成本（定量要求）是最小的，但此时安全性问题（定性要

求）却得不到保证。

（二）生产系统布局策略

生产系统的布局包括制造单元布局和物流路径布局。传统车间常见布局类型大致可分为下列几种：

（1）按工艺流程布置。根据某种产品的加工顺序来排列各种制造设备，典型的有加工流水线布局，旨在使大量产品快速地在生产系统中制造。在标准化较高的产品加工中，如电子工业、汽车工业等，使用这一布置方式。由于加工对象按照同样的加工顺序，所以可以使用固定路线的物料运输设备，从而使加工过程形成一种流的工作方式。在制造业中，这种工作方式称为生产线或装配线。生产线上的工作单元紧密地连接在一起，这种布置方式使得人力和机器得到充分利用，降低了设备费用，同时由于加工对象的移动很快使得在制品数量极少。生产线的常用布置方式除了直线形的布置方式外，还有 U 形、S 形等，便于工人操作和物料运输量减少。

（2）按机床类型布置。将设备按功能进行分类，同一类型的设备集中布置，即机群式布局。将所有相同类型的资源放置于相同的位置上，如图 2-22a 所示。机群式布局根据资源的功能特征对其进行分组，这不仅考虑了规模经济性，同时也符合分配的简单性。普遍认为，当产品品种多而生产批量又小时，机群式布局将能提供最大的制造柔性。但是，众所周知，机群式布局下的作业计划调度透明度不好，物流处理复杂，制造系统的性能不佳。

（3）按成组生产布置。根据成组技术的思想，将设备按照一定的零件族的工艺要求布置，即单元布局。将车间划分为多个制造单元，每个单元供加工工艺相似的零件族使用，这样的布局形式称之为单元布局，如图 2-22b 所示。虽然单元布局在简化工作流和改善物流方面非常奏效，但一般而言，制造单元是专门为一组特定的零件族而设计的，因此其柔性差。同时在设计单元化布局时，存在一个前提假设，即产品需求已知且稳定，同时其生命周期足够长。实际上，一旦单元形成，通常就专用于那些在该单元内基本能完成加工的零件族。当零件分组清晰，且需求量稳定时，这种组织就足够了，但一旦产品的需求发生波动，在这种情况下，单元布局的性能优势就无法显示。这些局限性呼唤新的单元布局结构的出现，如机床共享的单元，以及分形单元等。尽管这些新型的单元在性能上有所改进，但它们仍受其单元布局结构的约束。

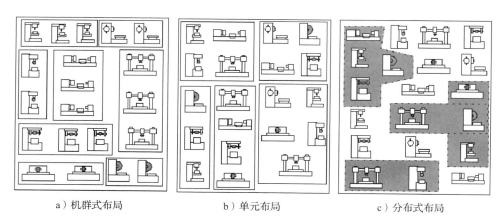

a）机群式布局　　　　　　　b）单元布局　　　　　　　c）分布式布局

图 2-22　机群式布局、单元布局与分布式布局的比较

现有的布局设计方法，大部分都还是基于确定式模式，如零件混合比、产品需求量和产品的工艺路线等都假设为已知且在较长的一段时间范围内（2~5 年）保持不变。

传统车间的布局，一旦确定以后，便基本不再变化。事实上，制造车间的布局可以根据生产任务的变化及制造技术的发展在一定范围内进行适当的调整，使布局更能适应具体生产的要求。对车间布局的调整应基于车间一定阶段内相对稳定的生产任务而言，建立在生产设备的重构基础之上，并在技术上保证设备调整后的生产能力。新型的车间布局主要形式如下：

（1）分布式布局。将大的功能单元分解成小的子单元，并将他们分布在整个车间，这就是分布式布局的概念，如图 2-22c 所示。重复配置单元，并分布于工厂车间的不同区域，将有助于从车间的不同区域对其进行访问，从而改善物流。这样的方式在生产需求频繁波动的环境中尤为适用，根据不同的需求，快速组建单元，而物理上又不需要对资源重新进行组织，同时也能使物流距离保持最小，这正是所期望的工厂布局。

（2）模块化布局。将布局设计成基本布局模块（车间、单元和流水线等）的网络结构，根据需求选择使用相应的模块，这样的布局形式称之为模块化布局，如图 2-23 所示。模块化布局的一个前提假设是：在短期内产品需求已知且稳定。当产品需求发生变化时，可删除其中一些不用的布局模块，同时按需要增加一些新的布局模块。模块化布局的设计思想是将不同工艺路线的工序子集所需要的机床进行分组并排列成经典的布局配置，实现运输距离（成本）最小。

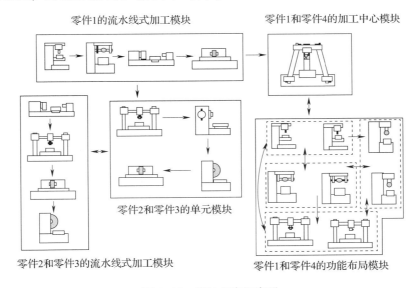

图 2-23 模块化车间布局

（3）可重组布局。该布局是针对以上方法的缺点提出的，上述方法求解的一个前提就是假设生产数据，其中包括所生产的产品、工艺数据，以及设备资源的数量都已知。而在动态环境下，生产变化频繁，这样就要求布局设计者并不是预测下一周期的需求变化，而是其所设计的布局能够快速重构，且重构费用很小即能适应未来周期内的生产需求。未来材料以及机械加工工艺的发展都将促使这类布局的推广和实施。

（4）敏捷布局。敏捷布局的设计目标与经典的设计目标不同，经典布局的设计目标通常是物流距离（成本）最小，该目标没有考虑布局对单元运行性能的影响，如交货期、在制品库存、机床前排队时间和生产率等。随着生产周期的缩短，就智能车间的性能而言，这些指标变得越来越重要，降低生产周期，保持低库存水平是企业竞争的关键，因此，所采用布局配置需要满足库存量低、生产周期短、生产率高的需求，而这正是工业界所追求的。而敏捷布局以此为出发点，使用单元运行性能作为其设计指标。该方法基于仿真，因此，在设计该类布局时，需要应用一些仿真优化策略，可借助于排队模型分析布局配置对制造系统关键性能指标所产生的影响，并根据分析结果设计出车间布局。

二、车间物流布局规划

（一）基于图论方法的布局规划

目前，布局问题的求解算法有以下几种：数学规划法、图论方法、基于专家系统的求解算法、基于约束满足求解的布局设计方法、数值优化法、基于启发式的构造法、模拟退火法、遗传算法等。图论方法是设备布局设计中的一个重要的方法，其基本思路如图 2-24 所示。

首先是基于输入数据和对生产活动的作用及其关系的理解，进行材料流分析（从至表）和活动关系分析（活动关系图），形成一个关系图。其次，根据每个生产活动所需要的面积，决定每个活动的

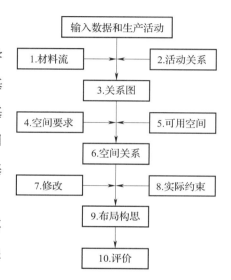

图 2-24 基于图论方法的布局规划

面积，用实际的面积来代替关系图中的节点，形成空间关系图。最后再根据实际可用的面积做出几种布局方案，进行评价、择优。这种方法的优点是简单可行，但缺点是无法获得最优解。

这里，以 n 个不同的零件在 m 台不同设备上加工，设备呈直线布局为例，介绍图论方法在车间布局中的应用。

车间布局的目标：零件的总的移动量最少，即

$$\min \sum_{i=1}^{n} \sum_{j=1}^{m} a_{ij} X_{ij}; \quad \text{其中 } X_{ij} \geqslant 0; \ i=1, \cdots, n; \ j=1, \cdots, m$$

a_{ij}：任意两台设备间零件的移动次数；

X_{ij}：两台设备间的移动距离。

从至表是指从一个工作地到另一个工作地搬运次数的汇总表。表的列为起始工序，行为终止工序，对角线右上方数字表示按箭头前进的搬运次数之和，对角线左下方数字表示按箭头后退的搬运次数之和。从至表是研究物流重要的工具，用"从至表"法，首先作出综合工艺路线图（见表2-14），并根据零件的综合工艺路线图编制零件从至表（见表2-15）。需要说明的是，这里假设设备是线性布置，每两个设备之间的距离是相等的，假设为1个单位。这样，从第1个设备到最后一个设备，距离就是8。

表 2-14　　　　　　　　　　　综合工艺路线

设备 ＼ 零件号	1	2	3	4	5	6	7	8	9	10	11	12	13	14	合计
毛坯	①	①	①	①	①	①	①	①	①	①	①	①	①	①	14
铣床	②			④	⑥		③			②			③		6
车床	③	②	②	③	③⑤⑧			②	②		②		②		11
钻床	④	③	③		④					③	③				6
镗床					②										1
磨床					⑦⑨	⑤									3
压床	⑤										④	②		②	4
锯床		④		②		②④									4
检验台	⑥	⑤	④	⑤	⑩	②	③	③	③	④	⑤	③	④	③	14

表 2-15　　　　　　　　　　　零件从至表

从 ＼ 至	毛坯	铣床	车床	钻床	镗床	磨床	压床	锯床	检验台	合计
毛坯		2	6		1		2	2	1	14
铣床			1	1		1		1	2	6
车床		3		5		1			2	11
钻床			1				2	1	2	6
镗床			1							1
磨床			1						2	3
压床									4	4
锯床		1	1			1			1	4
检验台										

l=1　　　　l=2

在从至表对角线的两侧作平行于对角线，穿过各从至数的斜线，并按距离对角线的远近依次编号，它代表设备之间的距离单位数，总的零件移动距离见表2-16。

表2-16　　　　　　　　　　　　零件的移动距离

序号	前进	后退
	$i\times j$	$i\times j$
1	$1\times(2+1+5+1)=9$	$1\times(3+1)=4$
2	$2\times(6+1+4)=22$	$2\times(1+1)=4$
3	$3\times(1+2+2)=15$	$3\times1=3$
4	$4\times(1+1+1)=12$	$4\times0=0$
5	$5\times2=10$	$5\times1=5$
6	$6\times(2+1+2)=30$	$6\times1=6$
7	$7\times(2+2)=28$	$7\times0=0$
8	$8\times1=8$	$8\times0=0$
	小计 134	小计 22
	总的零件移动距离 $L=\sum i\times j=134+22=156$ （单位）	

斜线与对角线越靠近，则移动距离越短，应将从至表中从至数越大的设备排列在越靠近对角线的位置上。经过有限次的调整后，可得到较优的设备布置方案，见表2-17，零件移动总距离见表2-18。

表2-17　　　　　　　　　　　　改进过的设备布局方案

	毛坯	车床	铣床	钻床	压床	检验台	锯床	镗床	磨床	合计
毛坯		6	2		2	1	2	1		14
车床			3	5		2			1	11
铣床		1		1		2			1	6
钻床		1			2	2	1			6
压床						4				4
检验台										
锯床		1	1			1			1	4
镗床		1								1
磨床		1				2				3

表 2-18	改进后的设备布局方案中的零件移动总距离	
	前进	后退
	$i×j$	$i×j$
1	$1×(6+3+1+2+4)=16$	$1×(1+1)=2$
2	$2×(2+5+2+1)=20$	$2×1=2$
3	$3×(2+1)=9$	$3×2=6$
4	$4×(2+2+1)=20$	$4×1=4$
5	$5×1=5$	$5×1=5$
6	$6×(2+1)=18$	$6×1=6$
7	$7×(1+1)=14$	$7×1=7$
8	$8×0=0$	$8×0=0$
	小计 102	小计 32
	总的零件移动距离 $L_1=\sum i×j=102+32=134$（单位）	
	总的零件移动距离改进前后之差 $\Delta L=L-L_1=22$（单位）	
	总距离相对减少程度 $\Delta L/L=22/156=14.1\%$	

（二）系统化布局设计方法（SLP，System Layout Planning）

系统化布局设计方法 SLP 是应用于工厂、车间布局的设计方法。该方法以分析作业单位之间的物流关系以及相互的非物流关系为主，运用简单图例和相关的表格完成布局设计。该方法使布局设计问题由定性阶段发展到定量阶段，从而使布局设计方法得到了很大的发展。

在 SLP 方法中，主要以 P（产品）、Q（产量）、R（路径）、S（服务）、T（时间）5 个要素作为布局的基本依据。应用 SLP 方法布局时，首先要分析各个作业单位之间的关系密切程度，主要包括物流和非物流的相互关系。经综合二者的关系之后得到作业单位相互关系表，然后依据表中各个作业单位之间的相互关系的密切程度，确定作业单位布局的相对位置，并以此绘制出作业单位位置相关图，位置相关图要与实际的各作业单位占地面积结合起来，并在此基础上形成作业单位面积相关图；通过修改和调整作业单位面积相关图，便可得到几个可行的布局方案；接下来对各方案进行评价选择，采用的是加权因素方法，且对其中的因素进行量化，将分数最高的布局方案作为最佳布局方案，其流程如图 2-25 所示。

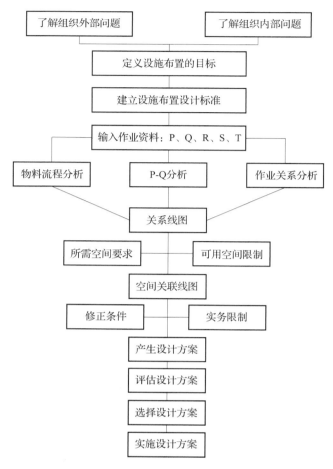

图 2-25　SLP 布局规划方法

（1）物流分析。物流分析是 SLP 中的定量分析，以各作业单元为研究对象，研究各作业单元之间的密切程度，以作业单元之间的物流量作为衡量依据，可采用从至表、多种产品工艺过程表、工艺过程图等方法对车间内或工厂内的各作业单元进行分析。

（2）非物流分析。非物流分析是将定性分析转化为定量分析，综合考虑影响生产中的关键因素，如作业单元之间性质相似性、联系的紧密程度、震动、安全、灰尘、噪声等。

（3）综合相关关系分析。将物流关系和非物流关系进行综合得到综合相关关系，综合相关关系的计算主要采用对物流关系和非物流关系进行加权的方式进行，一般将物流关系和非物流关系的权重控制在范围 1：3 到 3：1 之间。

（4）绘制作业单元位置与面积相关图。得到综合相关关系后，可进一步绘制各作业单元的位置相关图，按照综合相关关系数据表中的数据，各单元之间用数量和长度不同的线进行连线，得到各作业单元位置相关图。根据位置相关图和各单元的作业面积，按一定的比例绘制面积相互关系图。

（5）方案修正。得到初始方案后，需要对方案进行调整和修改，修正各个作业单元的位置和形状，得到最终的设施布局优化方案。

（6）方案评价与选择。采用 SLP 方法可以得到多套可行方案，方案可采用层次分析法、加权因素法等方法进行评价，选择最佳布局方案。目前，随着计算机技术的发展，计算机仿真在设施布局评价上应用较为广泛。

计算机技术的发展有力推动了生产系统仿真软件的研发，为生产系统仿真提供了较大的便利。市面上的软件大多由美国、日本、法国等国家的软件公司开发，通过对比软件的物流部件、拓展性、分析功能、动画功能、操作难易程度可以了解各个软件的特点。这些计算机仿真软件在应用范围上有一定差别：美国的 Flexsim 仿真软件能够适用于大多数产业；西门子的 eM-Plant 软件主要面向制造业领域；达索的 Delmia 为数字仿真软件的佼佼者，应用于航天航空、汽车等领域；Witness 应用于制造业生产线及服务业的仿真，还有其他许多厂家的具有行业特点的软件。选择仿真软件时，必须从分析功能、动画功能、操作容易性等方面来评价软件，依据仿真目标选择适用的仿真软件。

思考题

1. 企业生产计划分为几类？物料需求计划 MRP 属于哪一类计划？

2. 什么是物料清单？从 EBOM 到 MBOM 中间都进行了哪些工作？

3. 什么是主生产计划 MPS？它的主要内容是什么？

4. 物料需求计划 MRP 与生产能力计划之间的关系？

5. 什么是拉动式供应链？仓储的 ABC 分类法有什么优点？

6. 车间布局有哪些方法？面向智能车间布局有什么不同？

第三章
生产作业计划与生产运行控制

生产系统的制造活动以车间的组织形式实施，机床、机器人、测量测试设备以及输送及辅助设施组成车间的设备层，完成生产过程的精确化执行任务，这是智能生产系统的物理基础。以 MES 为中心的管控系统，实现对计划调度、生产物流、工艺执行、过程质量、设备管理等生产过程各环节及要素的管控。生产计划下达到车间层形成生产作业计划，由 MES 系统完成对生产的管控工作。

- **职业功能：** 智能生产管控。
- **工作内容：** 配置集成智能生产管控系统和智能检测系统的单元模块。
- **专业能力要求：** 能根据智能生产管控系统总体集成方案进行单元模块的配置；能进行智能管控系统单元模块与控制系统、智能检测系统单元模块及其他工业系统的集成。
- **相关知识要求：** 系统理论与工程基础，精益生产与管理方法、人因工程等基础，智能生产运营管控技术基础，包括 ERP、MOM/MES 等软件系统。

第一节 制造执行系统（MES）

考核知识点及能力要求：

- 了解制造执行系统 MES 的概念及 MOM 的发展；

- 理解 MES 的体系结构，熟悉与其他信息系统的集成关系；

- 熟悉 MES 的基本功能；

- 熟悉系统之间数据传递的信息流，熟悉 MES 内部的信息流；

- 能够对 MES 在车间的实施进行需求规划，能够进行 MES 的日常应用和维护。

一、MES 系统概述

（一）MES 的来源与发展

为了解决传统企业生产管理的不足以及满足现代企业生产管理的需求，实现生产物流有序、劳动有效、生产均衡、信息充分、物料节约、环境整洁的目标，MES 逐步进入人们的视野。MES 作为专门的生产管理系统，其作用区域为企业的生产车间，主要任务就是根据车间实时信息生成详细作业计划，根据详细作业计划调动设备等资源按计划执行生产，并实时采集生产数据，为管理人员决策提供数据支持；同时，还要对车间紧急事件做出实时快速响应，以保证整个车间生产的正常进行。

美国先进制造研究会（AMR，Advanced Manufacturing Research）于 1990 年 11 月首次提出了 MES 的概念，美国 1992 年成立了以宣传 MES 思想和产品为宗旨的贸易联合会——制造执行系统协会（MESA，Manufacturing Execution System Association）。1997 年，MESA 发布了 6 个关于 MES 的白皮书，对 MES 的定义与功能、MES 与相关系统间的数据流程、应用 MES 的效益、MES 的软件评估以及发展趋势等问题进行了详细的阐述。2000—2005 年相继发布了 SP95.01、SP95.02、SP95.03、SP95.04、SP95.05 和 SP95.06 标准。

不同的机构曾对 MES 进行不同的定义，其中比较具有代表性的是以下两个：

（1）美国先进制造研究机构 AMR 将 MES 定义为：位于上层的计划管理系统与底层的工业控制之间的面向车间层的管理信息系统。它为操作人员以及管理人员提供计划的执行、跟踪以及所有资源（人、设备、物料、客户需求等）的当前状态信息。

（2）制造执行系统协会 MESA 将 MES 定义为：MES 能通过信息传递对从订单下达到产品完成的整个生产过程进行优化管理。当工厂发生实时事件时，MES 能对此及时做出反应、报告，并用当前的准确数据对它们进行指导和处理。这种对状态变化的迅速响应使 MES 能够减少企业内部没有附加值的活动，有效地指导工厂的生产运作过程，从而使其既能提高工厂及时交货的能力，改善物料的流通性能，又能提高生产回报率。MES 还通过双向的直接通信在企业内部和整个产品供应链中提供有关产品行为的关键任务信息。

在智能制造的大环境下，MES 对于现代化企业而言已经不可或缺。随着技术发展，企业对未来 MES 系统提出了新的需求，包括更高的智能性和自适应性，MES 应能够根据制造环境的变化进行智能设计、智能预测、智能调度、智能诊断和智能决策。一些组织已经对 MES 的相关定义与功能进行了修改。例如，美国仪器、系统和自动化协会于 2000 年发布 ISA-SP 95 标准，首次确立了 MOM，MOM 将生产运营、维护运行、质量运行和库存运行并列起来，并极大地拓展了 MES 的传统定义，在图 1-25 中美国 NIST 将 MOM 列为制造信息化的关键枢纽。

离散 MES 更侧重对生产过程的管控，包括生产计划制订、动态调度、生产过程的协同及库房的精益化管理等，管理难度大，但对企业可挖潜力也大。在数据采集方面，离散行业也比流程行业的难度要大。流程企业设备往往是一次性建成，设备厂家比较集中，设备数据开放性较强，很多设备供应商本身就提供 SCADA 等采集系统，数据采集相对容易。离散企业由于设备种类不同、厂家不同、年代不同、接口形式与通信协议不同，数据采集难度较大。在管理方面，流程行业 MES 在管理方面相对简单，且应用时间久，成熟度高，而离散行业 MES 本身管理复杂、行业种类众多、研发与应用时间较短，离散行业 MES 的研发与实施更具有挑战性。

MES 系统是制造业信息化建设过程中，实现车间生产与管控信息化、智能化最为重要的信息管理工具，根据 MES 系统应用的成熟度，将 MES 系统分为五级。

（1）初始级。初步实现生产现场的闭环管理，建立围绕以生产任务单为核心的信息化管理，包括生产计划的下达、生产过程控制、完工等都已经纳入信息系统管理，但管理还仅限于物料、设备等关键性资源。

（2）规范级。生产车间的信息化管理覆盖了车间内各项核心资源，如设备、技术文件、工装、人员等，管理人员能够清晰地把控车间各项核心资源的使用情况、空闲情况等，使车间作业中的各项要素能够得以有效的配合与管理。

（3）精细级。生产车间的主要资源已经都纳入了信息化系统管理之中，实现了集成化的管理，以及主要资源的精细化管理，并能根据现有资源情况，初步进行优化。

（4）优化级。在精细级基础上，实现对各项资源的优化利用，系统能够有效指导现场生产作业。

（5）智能级。建立了覆盖底层设备、过程控制、车间执行、管理控制等无缝一体化的信息系统，应用了智能化的技术，实现了从生产计划的下达、排产、生产加工、完工反馈等过程的无人化或少人化，即自主化。

（二）MES 在生产系统中的作用

从宏观角度看企业生产管理系统，当今比较流行的是美国 AMR 机构提出的企业 3 层组织架构，即 ERP/MES/PCS，如图 3-1 所示。MES 位于企业 3 层组织架构的中间层，是面向生产车间的管理与控制系统，形象表述为：如何做企业资源计划系统安排的事。MES 集成了原来的设备管理、质量管理、生产排程、DNC、数据采集等软件系统，使得多个孤立的软件系统构成了一个互融互通的整体。

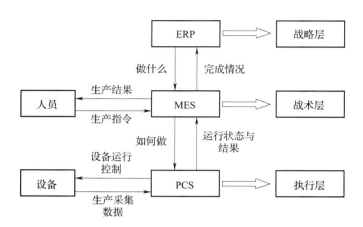

图 3-1　生产信息系统组织结构

　　MES 在生产信息化系统中具有承上启下的作用，是一个数据采集、数据处理、信息提取、信息分发的信息交互枢纽，强调信息的准确性与时效性，MES 从精细生产计划的制订与执行、生产过程的监控与追溯、设备的维护与高效使用、保证产品质量以及合理的人员激励等多个维度对生产现场进行集成化管理。不同行业、不同生产模式的企业，应用的是 MES 中的某几个独立的模块或者在 MES 的基础上进行的拓展应用。

　　制造执行系统是一个高度集成的信息系统，系统外部除与 ERP、PCS 纵向集成之外，还与其他辅助管理系统横向集成，集成的模型便于对数据进行统一的管理和共享，全方位地监控从原材料进入到产品成型的整个生产过程，MES 与周围其他信息系统的集成框架如图 3-2 所示。

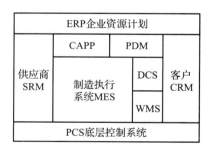

图 3-2　MES 与其他软件的关系

（三）MES 的选型及实施

　　当前 MES 产品众多，由 C/S 和 B/S 架构甚至基于云架构的 MES，给企业选型带来一定困难。企业 MES 选型主要关注如下方面：

　　（1）明确需求定位。企业对自身的需求一定要有一个精准的定位，MES 的实施是一个系统化的循序渐进的过程，需要和企业的组织管理和自动化水平相适应，要注意工艺优化、管理优化等方面工作，而不能只盯着自动化、信息化、智能化，要做到统筹规划，服务企业战略。

（2）行业特点。不同行业、不同规模的中小企业在 MES 需求上存在差异，因而行业细分、MES 产品针对性强的产品，是企业的首选。对制造业企业来说，首先要考虑软件是否适合自己企业的生产类型。

（3）价格因素。MES 系统价格，不仅包括 MES 系统软件的价格，还包括 MES 项目实施价格、定制化价格、二次开发价格、售后维护价格等，企业要把这些都了解清楚，避免之后造成不必要的误解。根据"二八原则"，解决 80% 的问题，通常只会耗费 20% 的成本，而剩下的 20% 却需要高昂的成本。

（4）先进性。制造企业需要的是一套理念及技术先进的系统，数据自动采集、协同制造等都是数字化车间的核心功能，软件框架结构先进。

（5）二次开发能力。任何 MES 产品都不可能完全满足企业的需求，都会或多或少存在一些用户化和二次开发的需求。尤其是制造业，由于制造企业的生产制造环节行业差异大、复杂程度高、个性化强，因此要满足不同用户的生产制造环节的信息化管理系统需求，需要产品开放开发环境或接口，提供必要的开发工具，并同时保证该开发工具简单易学，使用方便。

（6）团队能力。MES 是 OT/IT 的转接枢纽，需要多方人员的相互配合，MES 厂家团队和企业实施团队紧密配合，特别是强有力的领导班子对项目的把控。

二、MES 系统的功能

（一）MES 的功能模块

从功能模块上看制造执行系统的架构：是各功能模块的集成系统，各功能模块独立运行又密切配合，实现整个制造执行系统的稳定、高效与协调运行，根据标准 ISA-95 的规定，MES 应包括 11 大功能模块，如图 3-3 所示。

1. 资源分配与状态管理（Resource Allocation and Status）

根据需要对机床、工装夹具、人员、物料、工艺文件以及数控加工程序等生产资

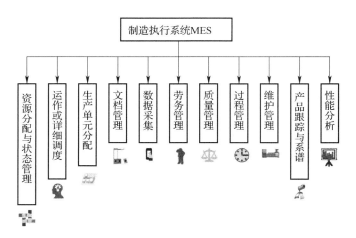

图 3-3　MES 功能模块

源进行合理分配，同时，管理和控制车间 AGV、物料等生产资源的位置，确保物料准确获取、物料精准送到，确保生产的连续正常进行。同时，管理和跟踪车间设备等硬件设施在生产加工中的过程状态，为决策提供数据支持。

2. 运作或详细调度（Operations/Detail Scheduling）

生产详细调度又称为高级计划与排程（APS，Advanced Planning and Scheduling），其主要功能是通过智能化的算法来安排生产的详细作业顺序，目的是根据不同目标的优先级使生产过程达到生产时间、生产成本以及设备负载率等指标间的最佳平衡。

3. 生产单元分配（Dispatching Production Units）

以同一作业下的同一批次加工产品的形式管理生产单元间工作的流动。分配信息主要用于作业顺序的个性化定制调整以及车间发生事件时的实时变更响应。生产单元分配能够提升由高级排程模块制订的生产计划的能力，可对返修品和废品进行快速处理，用工位缓冲区管理的方法控制任意位置的在制品数量。

4. 文档管理（Document Control）

主要是管理与生产过程有关的表格、记录和指导性的文件，包括加工图纸、工作指令、零件的数控加工程序、标准工艺规程、流程更改通知、批量加工记录及班次间的通信记录等。文档管理模块能够依据加工需要，实时地给操作层下达指令信息，包括向设备控制层提供生产规程或向操作者提供操作数据，同时自动保存数据采集模块所采集的数据信息。

5. 数据采集（Data Collection/Acquisition）

在生产过程中可以通过标准化数据采集接口采集各种生产数据，用于生产过程的实时监控以及与成本、效率和质量等方面有关的分析。数据采集按有无人员参与主要分为手动输入和自动化采集，手动输入数据有可能会由于工人的马虎大意出现输入信息错误的情况，对之后的数据处理分析产生负面影响，而自动化采集数据准确率和效率较高。社会发展也要求尽可能减少手工输入数据的数量。数据采集功能最好可以通过采集设备自动完成，数据采集设备又包括手持式和固定式，例如，手持式数据采集设备的典型代表是平板计算机（Pad）数据采集终端，固定式数据采集设备的典型代表为机床数据采集网关盒。

6. 劳务管理（Labor Management）

劳务管理的实质是人力资源管理，包括：统计员工的出勤报告、技能水平的统计与考核、员工的定期培训以及工作效率和质量的评估分析，劳务管理模块与高级排程以及资源分配管理模块共同合作，确定最佳的人力分配方案。

7. 质量管理（Quality Management）

通过智能化和自动化的技术手段对产品质量规程中要求的参数尺寸进行测量，通过与标准尺寸以及公差参数进行对比分析，得出产品加工质量的结果报告。对于质量有问题的产品，根据产品质量问题的类型和尺度，通过基于知识和大数据挖掘匹配分析技术得到质量问题出现的原因，并根据原因的种类和历史解决方案提出可行的纠正质量问题的措施。

8. 过程管理（Process Management）

通过生产过程监控自动纠错或者向用户提供决策支持来纠正和改进制造过程中的活动。这些活动主要集中在被监控的机器和设备上，它们具有内操作性，且同时具有互操作性，从一项作业流程跟踪到另一项作业流程。除此之外，过程管理还包括报警功能，能够让车间人员及时发现超出了允许误差的过程更改。利用数据采集接口，过程管理可以实现智能设备和制造执行系统之间的数据交换。

9. 维护管理（Maintenance Management）

根据生产过程中设备运行状态参数，通过智能化的算法提出科学的设备维护策略，确保设备的正常运行和定期检修。具有故障报警机制，出现报警时可基于知识进行故障原因分析和排除。能够保留历史设备维护数据，通过大数据分析和挖掘技术实现设备的预防性维护。

10. 产品跟踪与系谱（Product Tracking and Genealogy）

产品跟踪与系谱可以提供工件在任一时刻的位置和状态信息。状态信息包括：产品批号、警告、工作的人员信息、当前生产情况、按供应商划分的组成物料、序列号、返工情况以及与产品相关的其他异常信息。同时，在线跟踪功能能够创建历史记录，用以追溯零件和每个末端产品的使用情况。

11. 性能分析（Performance Analysis）

提供按分钟甚至按秒更新的实际生产运行结果的报告信息，并将过去的记录和预想的结果进行比较分析。统计生产运行性能的结果，包括资源可获取性、资源利用率、与排程表的一致性、产品单位周期，以及标准的一致性等指标，所获取的生产运行性能结果通过报告或者在线公布的形式呈现。

（二）MES 的数据流

从信息流的角度看制造执行系统：制造执行系统是系统与系统之间、系统与模块之间以及模块和模块之间通过数据的流通所构成的完整的信息流。图 3-4 是 ERP、MES 与 PCS 之间数据传递的信息流图，如图所示，MES 读取 ERP 中的生产任务、物料和设备等计划层基本信息，通过一定的处理将生产准备信息和作业计划发送至车间控制层；除此之外，MES 需要在生产现场读取工序加工具体数据、物料以及设备的使用情况，通过一定的后台处理向 ERP 层反馈人员分配和设备的利用率、订单和短期生产计划的完成情况等。

MES 系统在做排产的时候首先需要"什么时间？生产什么？生产多少？"的信息，这些信息一般由 ERP 系统生成的主订单计划（也叫节点计划）提供。对没有实施 ERP 系统的制造型企业，可通过如 Excel 等格式导入或者手动创建方式建立生产计划。

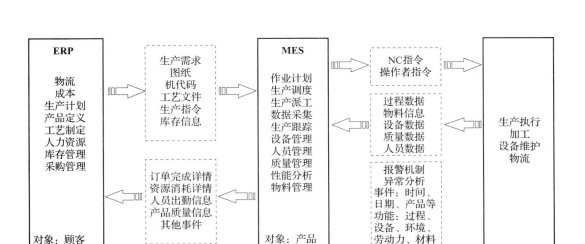

图 3-4 ERP、MES 与 PCS 之间的信息流

图 3-5 为 MES 系统内部的数据流图，从图中可以看出，MES 得到 ERP 传来的生产计划后，根据数据库中的实时资源信息（包括：工艺、机床、人员、物料等约束）进行生产调度，生成详细的作业计划，作业计划下发到具体的设备或人进行生产加工，加工过程产生的工况信息通过数据采集设备上传至数据库，通过统计分析处理后用于进一步指导生产过程。

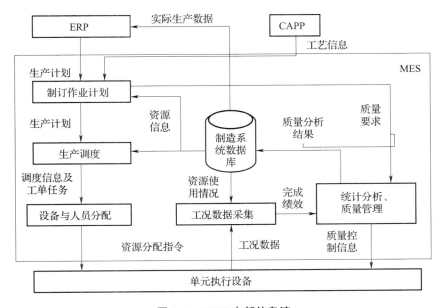

图 3-5 MES 内部信息流

MES通过集中式的数据管理手段，根据生产的需要利用智能化的算法对车间的资源进行合理的分配，对每个订单工序的顺序进行优化，从而实现降低生产成本、缩短交货时间、保证产品质量、平衡设备利用率、提升车间产能的目的。同时，MES可有效管理、处理车间数据，使得整个车间的数据流逻辑清晰、数据信息存储合理，最大化挖掘数据的有用信息，避免僵尸数据的存在。车间的健康有效管理对于提高企业竞争力意义重大，有利于企业的长期稳定健康发展。

MES基础数据一般可分业务、工艺、系统设置参数3类基础数据。第一类业务基础数据，如企业组织架构、人员、生产加工单元（设备及非设备资源）、工具工装、工厂及设备日历等信息；第二类工艺技术数据，包括对产品及零部件、BOM层级、工艺种类、工艺路线、工艺参数要求、工艺版本、工时定额等基础数据的维护；第三类系统设置参数定义，实现对原材料、成品、系统属性、功能属性、系统字典等进行分类定义，通过系统功能的配置化管理，按照物理对象和逻辑对象实际的生产操作或功能建立对应的执行逻辑。

第二节　车间作业计划与生产管控

考核知识点及能力要求：

• 理解车间作业计划的基本问题模型及特点；

• 熟悉车间作业计划的编制方法及特点；

• 能够进行车间作业计划模型的建立，能够进行作业计划的编制。

一、车间作业计划概述

（一）车间作业计划中的基本术语

（1）加工单。加工单有时候也称车间订单。它是一种面向加工作业说明物料需求计划的文件，可以跨车间甚至厂际协作使用。加工单的格式同工艺路线报表相似，加工单要反映出：需要经过哪些加工工序（工艺路线）、需要什么工具、材料，能力和提前期如何。加工单的形成，首先必须确定工具、材料、能力和提前期的可用性，其次要解决工具、材料、能力和提前期可能出现的短缺问题。加工单形成后要下达，同时发放工具、材料和任务的有关文件给车间。

（2）派工单。派工单有时也称调度单，是一种面向工作中心说明加工优先级的文件。它说明工作在一周或一个时期内要完成的生产任务。说明哪些工作已经完成或正在排队，应当什么时间开始加工，什么时间完成，加工单的需用日期是哪天，计划加工时数是多少，完成后又应传给哪道工序。又要说明哪些作业即将到达，什么时间到，从哪里来。有了派工单，车间调度员、工作中心操作员可以对目前和即将到达的任务一目了然。

（3）工作中心。工作中心是生产车间中的一个单元，在这个单元中，组织生产资源来完成工作。工作中心可以是一台机器、一组机器或完成某一类型工作的一个区域，这些工作中心可以按工艺专业化的一般作业车间组织，或者按产品流程、装配、成组技术单元结构进行组织。在工艺专业化情况下，作业须按规定路线、在按功能组织的各个工作中心之间移动。作业排序涉及如何决定作业加工顺序，以及分配相应的机器来加工这些作业。一个作业排序系统区别于另一个作业排序系统的特征是：在进行作业排序时是如何考虑生产能力的。

（4）有限负荷方法和无限负荷方法。无限负荷方法指的是当将工作分配给一个工作中心时，只考虑它需要多少时间，而不直接考虑完成这项工作所需的资源是否有足够的能力，也不考虑在该工作中，每个资源完成这项工作时的实际顺序。通常仅检查一下关键资源，大体上看看其是否超负荷。它可以根据各种作业顺序下的调整和加工时间标准所计算出的一段时间内所需的工作量来判定。

有限负荷方法是用每一订单所需的调整时间和运行时间对每一种资源详细地制订计划。提前期是将期望作业时间（调整和运行时间）加上运输材料和等待订单执行而引起的期望排队延期时间，进行估算而得到的。从理论上讲，当运用有限负荷时，所有的计划都是可行的。

（5）前向排序和后向排序。区分作业排序的另一个特征是，基于前向排序还是后向排序。在前向排序和后向排序中，最常用的是前向排序。前向排序指的是系统接受一个订单后，对订单所需作业按从前向后的顺序进行排序，前向排序系统能力告诉我们订单能完成的最早日期。后向排序是从未来的某个日期（可能是一个约定的交货日期）开始，按从后向前的顺序对所需作业进行排序。后向排序告诉我们，为了按规定日期完成一个作业所必须开工的最晚时间。

（二）车间作业计划的任务

随着顾客对产品需求的日益多样化和个性化，企业需要把先进制造技术与现代管理技术紧密结合，高效率组织生产活动，制造出成本可控、满足用户的产品，以适应市场竞争环境。生产调度作为生产组织过程中最为传统的问题之一，伴随着大生产的进程而产生。现如今，无论哪一种制造模式都是以优化的生产调度为基础，优化技术与调度方法的有效结合是提高企业生产效率的重要措施，也是提高我国工业生产水平的重要影响因素。

调度问题可以定义为"把有限的资源在时间上分配给若干个任务，以满足或优化一个或多个目标"。需要根据得到的排序确定各个任务的开始时间和结束时间以及合理分配生产系统中的有限资源，包括零部件、工装、设备资源等，因此，生产系统调度是指针对一项可分解的工作，在满足约束条件的前提下，通过下达生产指令，安排其组成部分的加工先后顺序和所需使用的资源等，以获取成本或制造时间等目标的最优化。

当物料需求计划已执行，并且经能力需求计划核准后确认生产能力满足负荷的要求时，就应根据物料的属性，生成生产作业计划或采购计划，其中生产作业计划以订单的形式下达到生产车间。在整个生产计划和控制系统中，生产作业控制是将物料需求计划的结果转变成可执行的作业活动，包括订单的核准、订单的排序、订单的调度、等候线的管理和车间的控制等。在执行订单的过程中，还必须对执行订单中的状态进行跟踪，包括订单的各种例外报告，以保证订单按期按量完成。车间作业控制活动是物料需求计划的执行层次，其结果要反馈至物料需求计划及细能力计划层次，以保证物料需求计划和细能力计划的可行。

根据排程后的生产任务，以物资需求计划为基础，在对工艺、工装、刀具、物料等生产资料进行齐套验证检查后，将生产准备计划发送至相应相关部门及人员，便于提早开展准备工作。对未准备就绪的工作，系统会向相关系统、部门发送指令，敦促其按生产任务进行及时准备，从而实现生产过程的协同。在产品生产过程中，尤其是装配类产品的生产，齐套分析非常重要，其意义在于以计划驱动物料库存，实现准时化生产。

车间作业计划是安排零部件（作业、活动）的出产数量、设备，以及人工使用、投入时间及产出时间。生产控制是以生产计划和作业计划为依据，检查、落实计划执行的情况，发现偏差即采取纠正措施，保证实现各项计划目标。通过制订车间作业计划和进行车间作业控制，可以使企业实现如下目标：①满足交货期要求；②使在制品库存最小；③使平均流程时间最短；④提供准确的作业状态信息；⑤提高机器/人工的利用率；⑥减少调整准备时间；⑦使生产和人工成本最低。

车间接收来自企业生产部门下达的年度计划、月度计划，计划人员对月计划进行快速分解，生成详细的车间工序级计划。车间生产计划下达后，进行相关技术准备和物料准备工作。班组长根据作业计划和生产准备进度，进行任务下发及派工。由车间技术部门编制加工工艺，如果是机加车间还要编制数控加工程序。工具管理人员根据任务清单进行工装、刀具、夹具、量具的准备工作，材料员提前进行物料准备。工人在现场终端接收生产任务，如果是数控加工机床，需在机床端发出程序请求命令，将正确的程序下发至正确的设备上，开始生产并对加工情况进行及时反馈。根据工人反馈，质量管理人员进行及时检验。整个生产过程中，系统自动生成各类统计分析报表，以不同视角和方式对车间生产进行全面分析和管理。

二、车间作业计划编制与执行

（一）车间作业计划的内容

车间作业计划和控制主要来自车间计划文件和控制文件。计划文件主要包括：①项目主文件，用来记录全部有关零件的信息；②工艺路线文件，用来记录生产零件的加工顺序；③工作中心文件，用来记录工作中心的数据。控制文件主要有：①车间任务主文件，为每个生产中的任务提供一条记录；②车间任务详细文件——记载完成每个车间任务所需的工序；③从工作人员处得到的信息。

为保证在规定的交货期内提交满足顾客要求的产品，在生产订单下达到车间时，必须将订单、设备和人员分配到各工作中心或其他规定的地方。典型的生产作业排序和控制的功能包括：①决定订单顺序，即建立订单优先级，通常称为排序；②对已排序的作业安排生产，通常称为调度，调度的结果是将形成的调度单分别下发给各个工作中心；③输入/输出的车间作业控制。车间的控制功能主要包括：①在作业进行过程中，检查其状态和控制作业的进度；②加速迟缓的和关键的作业。

车间作业计划与控制是由车间作业计划员来完成的。作业计划员的决策取决于以下因素：每个作业的方式和规定的工艺顺序要求，每个工作中心上现有作业的状态，每个工作中心前面作业的排队情况，作业优先级，物料的可得性，后续的作业订单以及工作中心的能力。

生产计划制订后，将生产订单以加工单形式下达到车间，加工单最后发到工作中心。对于物料或零组件来讲，有的经过单个工作中心，有的经过两个工作中心，有的甚至可能经过 3 个或 3 个以上的工作中心，经过的工作中心复杂程度不一，直接决定了作业计划和控制的难易程度的不同。这种影响因素还有很多，在作业计划和控制过程中，通常要综合考虑下列因素的影响：①作业到达的方式；②车间内机器的数量；③车间拥有的人力资源；④作业移动方式；⑤作业的工艺路线；⑥作业在各个工作中心上的加工时间和准备时间；⑦作业的交货期；⑧批量的大小；⑨不同的调度准则及评价目标。

（二）车间作业计划模型

生产系统调度问题一般可以描述为：n 个工件在 m 台机器上进行加工。一个工件由 k 道工序加工而成，每道工序按可行的工艺次序进行加工，并且可以在若干台机器上加工；每台机器可以加工工件的多道工序，并且在不同的机器上加工的工序集可以不同。在一定约束下，通过调度使问题的目标得到优化。

（1）流水车间调度。流水车间调度问题（FSSP，Flow Shop Scheduling Problem）作为很多实际流水线生产的简化模型，与实际工业联系最为紧密，具有非常广阔的应用范围。FSSP 一般可以描述为 n 个工件 $J = \{1, 2, \cdots, i, \cdots, n\}$ 依次通过 m 台机器 $M = \{1, 2, \cdots, j, \cdots, m\}$ 完成加工任务，并且每一个工件都包含 m 道工序且加工顺序相同，一台机器在同一时刻只能加工一个工件。工件 $\pi(i)(i = 1, 2, \cdots, n)$ 在机器 $j(j = 1, 2, \cdots, m)$ 上的加工时间为 $P_{\pi(i)j}$，其中，$P_{\pi(i)j}$ 包含加工准备时间和运输时间。在 FSSP 中，如果每一台机器上的工件加工顺序也相同，则此问题变为置换流水车间调度问题。FSSP 包含很多类型的子问题，下面将对本文涉及的几种不同类型的FSSP 问题进行简要描述。

传统的 FSSP 假设每两台相邻设备间的缓冲区是无限的，可以存储不确定数量的工件。而在现实生产中，缓冲区的容量是有限的，如果下一台设备被使用，并且缓冲区无法继续存储，则在前一台设备上完成加工的工件只能滞留，阻碍下游的生产，直到有足够大的存储空间为止。当缓冲区容量为零，工件在前一台设备上完成加工并准备到下一台设备时，如果下一台设备被使用，则此工件只能停留在前一台设备上，此设备无法继续后续的生产，直至下一台设备空闲为止。上述两类问题都属于带有限缓冲区的 FSSP。此外，当 FSSP 中至少一个阶段存在数台并行机时，此类问题属于混合流水车间调度问题。

（2）作业车间调度。作业车间调度问题（JSSP，Job Shop Scheduling Problem）是研究车间调度问题的基础，也是典型的 NP-hard[①] 问题。它的研究不仅具有重要的现实意义，而且具有深远的理论意义。JSSP 问题就是把不同工件的不同工序分配给不同机

---

① NP-hard，指所有 NP 问题都能在多项式时间复杂度内归遇到的问题。NP 是指非确定性多项式。

器来实现总的作业时间最少的问题。对事物和机器有如下约束：①工件之间不存在加工优先级约束；②一台设备在同一时刻只能处理一道工序，并且工序开始加工后无法被中断；③一个工件在同一时刻只能在一台机器上进行加工。

以往主要使用分支定界法（Branch and Bound）求解维数很小的 JSSP 问题。近年来，智能算法在求解作业车间问题上具有相关的应用，如蚁群算法，但是该算法本身容易陷入局部优化，并且在求解大规模 JSSP 时，算法的计算和收敛速度较慢。

（3）流程车间调度。流程车间调度问题常见于陶瓷、食品、石油、冶金、橡胶、电力、制药等流程工业中。与离散工业相比，流程工业具有如下特点：①产品及工艺流程较为固定，属于大批量生产；②主要通过使用适当的控制方法调整流程中的控制点和工艺参数，实现企业高效和低耗生产；③生产数据庞大，因此数据处理的工作量庞大，同时生产过程受多状态、多参量的复合影响，导致参量的不确定性和不可重复性，系统状态不断变化；④具有一定的连续性，因此强调生产过程的整体性，一般把生产过程和不同装置连接成一个有机的整体；⑤需要协调从原材料到成品发货的各工序环节，保证生产过程顺利进行，以此实现高效生产。

流程车间的生产调度特点如下：

1）实时性。调度结果需要随着流程变化及时做出调度决策，滞后时间允许在一定的阀值范围内。

2）调度中的全局调度与局部控制紧密相关。在宏观上，调度系统需要把握生产的全过程；在微观上，需要对每一个车间以及装置的具体生产实施控制，确保产品高效生产。流程车间调度的目标包括性能指标以及经济指标。性能指标主要指最大延迟时间最短、平均滞留时间最短等；经济指标通常指生产利润最大化、生产切换费用最小化等。

（4）混合车间调度。根据生产特点的不同，工业生产过程习惯上可以分为 3 类：混合型、离散型以及流程型（连续型）的生产。在流程型生产企业中，底层物料的变化无论是在数量上还是在形态上都是大范围连续的，通过对其动态过程进行分析，最终皆可用差分/微分方程来建立数学模型。对于离散类企业而言，物料的变化以整数为特征，其底层动态特性需要用离散事件来表示。然而，很多企业生产并不是单一遵循连续或离散生产方式，而是介于离散型生产和连续型生产之间，其典型特征是生产需按阶段进行，在不同的生产阶段服从不同的生产方式。此类车间调度问题属于混合车间调度问题。

混合型生产方式存在以下明显特征：①离散型和连续型生产方式并存，不同的生产阶段服从不同的生产方式，每一个阶段之间需要同时考虑多种相关约束；②选择批以及组批，以批为单位进行混合型加工，如何根据设备能力、订货合同（交货日期、订货量、订货种类）等进行批量组织，并决定各批次进入加工的大概时间及先后顺序是该类企业组织加工时的特征之一；③调整加工计划，在该类型加工中，由于生产环境多变需实时动态调整加工计划，因此调度计划要具有比较高的柔性要求；④子过程之间的协调，在混合型加工中不但要解决单一子过程的优化排产问题，而且要解决好相邻子过程之间的衔接和协调；⑤现实生产调度的复杂性，在混合型加工中，面对不同工艺路线的产品订单，需要动态调节设备的逻辑拓扑结构，以形成分段的连续自动化生产线。

基于上述生产特点，混合车间调度主要包括安排离散生产部门和连续生产部门的生产。从实际情况可知，连续生产过程需按时生产离散生产阶段所需的半成品原料，否则将造成离散生产阶段受阻。并且半成品原料的消耗又是连续生产能继续生产的条件。但由于离散和流程车间调度问题存在较高的求解复杂度，因此混合车间调度问题的求解会更加复杂。

（三）车间作业调度算法

生产系统的传统调度方法包括了数学规划法、分支定界法等运筹学方法，以及启发式规则等局部优化方法，在过去几十年得到了快速发展。但是实际的生产调度问题规模很庞大且十分复杂，这些传统的调度方法无法被用于求解实际生产调度问题。实际调度与理论调度之间存在很大的差距，因此该问题一直困扰着广大研究者。

自20世纪80年代起，人工智能的思想开始被引入生产调度问题中来，大量有效的智能优化算法被孕育出来。与传统的运筹学方法相比，智能优化算法不需要对具体问题进行深入分析，对问题的依赖程度不高，仅需通过计算机不断迭代运算就可以完成整个搜索优化过程。但是智能优化算法最终求得的解可能是局部最优解，因此它只能保证在较短的时间内获得一个较为满意的解。目前存在很多智能优化算法，成功应用于生产调度问题上的也有不少，下面介绍几种最为常见的智能优化算法。

（1）遗传算法（GA，Genetic Algorithm）。遗传算法是在孟德尔遗传学说以及达尔文进化论基础上建立的，模拟了自然生物界进化理论和遗传机制的优化方法。遗传算法的主要处理步骤是：①对问题的解进行编码处理；②构造和应用适应度函数；③染色体交叉；④染色体变异。

GA 算法遵循了适者生存、优胜劣汰的原则，在进化每一代中，算法对每一个个体进行个体的选择、交叉和变异操作，从而产生新的个体，不断进化的过程中会产生一些比原来个体更优的新个体。GA 算法具有全局搜索能力、通用性强和隐含的并行性等特点。自从它被提出后，已经被广泛地应用到计算科学、工程学、数学、经济学和化学等几乎所有领域中，并取得了很大的成功。

（2）模拟退火算法（SA，Simulated Annealing）。模拟退火算法模拟了物质退火的物理过程，最早是由 Metropolis 等人于 1953 年提出的。模拟退火算法的思想源于对固体退火降温过程的模拟，将目标函数值作为内能，将控制参数作为温度，从初始解开始，在其邻域中随机产生一个新解，并根据接受准则使得目标函数在一定范围内能接受使目标函数恶化的解，算法持续进行"产生新解→判断→接受或舍弃"的迭代过程，使得固体趋于热平衡。经过解的不断变化后，可以获得在给定控制参数值的情况下优化问题的相对最优解；然后减小控制参数的值，不断重复上述迭代过程。当控制参数逐渐减小并趋于零时，系统也逐渐趋于平衡状态，从而求得问题的最优解。

通过用冷却进度表（Cooling Schedule）来控制算法的进程，包括衰减因子在每个温度值时的迭代次数（称为一个 Mapkob 链的长度）L、终止条件 S 以及控制参数的初始值，使算法在控制参数 T 徐徐降温，从而控制固体退火温度，并且在趋于零时求得组合优化问题的相对全局最优解。其中优化问题的目标函数 $f(i)$ 对应固体的能量 E，一个解 i 对应一个微观状态 i。对于 T 的每一个取值，算法采用 Metropolis 接受准则，随着迭代的不断进行，达到该温度下的平衡点。

（3）禁忌搜索算法（TS，Tabu Search）。禁忌搜索算法又称 tabu 搜索算法，它通过模拟人类记忆的原理，对一些局部最优解进行禁忌，期望跳出局部最优。禁忌策略通过标记、对应已搜索到的局部最优解的一些对象，在后面的迭代搜索中尽量避免再次搜索这些对象。

禁忌搜索通过把搜索过程存储在算法的记忆结构里，并通过限制搜索过程的路径，防止陷入局部最优解。整个过程开始于一个可行的初始解，然后把这个解作为当前最优解和当前种子解存储在记忆结构中。进一步，通过一种邻域结构得到当前种子解的邻域解，并通过目标函数对每一个邻域解进行评价，选择出新的最优解作为新的种子解，并被记录到禁忌列表中，但是该解不能是被禁忌的解，以此不断重复，当满足迭代终止条件时，算法输出最优解。

禁忌搜索算法利用禁忌表来记录搜索过的历史结果，使搜索过程能够避免对已经搜索过的区域进行重复搜索，并且在一定程度上避开局部极值点，有利于开辟新的搜索区域。

（4）蚁群算法（ACO，Ant Colony Optimization）。蚁群算法模拟了蚂蚁在觅食过程中发现路径的行为，是一种基于种群寻优的智能优化算法。研究表明，蚁群中的蚂蚁个体通过信息素进行信息传递，从而实现相互合作。由于路径上的信息素越浓，蚂蚁走上该路径的概率就越大，因此，某一路径上走过的蚂蚁越多，则该路径上的信息素就越浓，后来者选择该路径的概率就越大。通过这种间接的通信机制达到协同搜索食物最短路径的目的。

蚁群算法中人工蚁的绝大部分特征都来源于真实蚂蚁，它们的共同特征主要表现为：①个体间相互协作；②任务皆为寻找起点和终点的最短路径；③通过信息素进行间接通信；④预测未来状态转移概率的状态转移策略；⑤信息素的挥发机制；⑥存在正反馈机制。

蚁群算法存在正反馈和多样性两个特点，正反馈机制使种群中优良的信息能被保留下来；而多样性使算法能不断进行探索，获得新解。算法把正反馈的学习强化能力和多样性的创造能力相结合，提高算法的求解效果。此算法最早是用来求解旅行商问题（Travelling Salesman Problem），随后逐步应用到其他领域，如车辆路径问题、分配问题、生产调度问题、背包问题等。

（5）粒子群算法（PSO，Particle Swarm Optimization）。粒子群算法又称微粒群算法。粒子群算法是通过模拟鸟群搜捕食物行为而发展起来的一种群智能优化算法。鸟类在觅食的过程中以群体为单位，群体中成员之间可以相互分享信息，把这种协作的思想抽象出来并运用在各类寻优问题上，可获得较优的优化结果。

粒子群算法中把每一只个体鸟抽象为一个粒子，粒子的位置作为所要解决的问题的一个候选解，粒子之间通过信息共享不断调整自己的位置，也就是调整候选解，每一个候选解通过适应度函数评价解的质量，通过有限次迭代获得优质的候选解。

与遗传算法相比，粒子群算法种群中的粒子存在记忆功能，通过把当前粒子的历史最优位置和所有粒子的最优位置信息相互共享，使粒子不断向最优解靠拢，是一种高效且简洁的优化算法，已经在很多领域得到了较为广泛的应用。

三、作业计划执行与生产管控

（一）车间作业计划的执行与调整

制造任务的实时分配问题就是生产调度问题。生产调度问题是在满足工艺约束和任务配置要求前提下的一种资源分配问题，其实质就是将工件及其工序按照最优的顺序安排在合适的机器上加工。因此，一个先进的生产调度方案有利于企业降低能耗、提高生产效率并实现按期交货，同时对提高企业整体的竞争能力也具有非常重要的意义。

现场信息管理主要用于现场操作工人进行加工计划接收、技术文档调阅、工序报检、完工确认以及齐套性分析（包含工装、刀夹量具、原材料、装配件等）。工人可以用 PC、手持移动终端、手机 App、平板计算机等多种方式进行登录，进行上岗开工、任务签收、查询信息等操作。班组长通过派工单、零件图号等查询条件查看班组的生产进度、计划完工时间、预计完工时间、质量情况等信息。一般 MES 支持条码扫描方式完成物料交接、派工任务接收、检验报工等。可以选择按工序开工或者按产品号开工等模式，工人接收工作任务开始加工。任务完成后，可通过完工汇报将计划实际执行情况反馈到系统中，实现订单跟踪等闭环管理。

调度问题通常分为两种：静态调度和动态调度。动态调度也被称为制造任务实时重分配，在真实的生产制造系统中会遇到许多动态突发情况，例如，交货期提前、货单的突然取消、工件加工顺序变动等扰动事件，大量实例可知车间调度问题中动态调度占了一多半。如果忽略这些扰动事件，则会造成作业计划与生产制造执行现场之间断开连接，从而失去作业计划的指导意义，因此，必须对扰动事件做出响应，并实现作业计划的更新。

动态调度的需求是由扰动事件的发生驱动的，根据扰动事件的类别，可将扰动分为4个层次，分别为计划任务层、生产工艺层、物料资源层以及生产执行层，如图3-6所示。

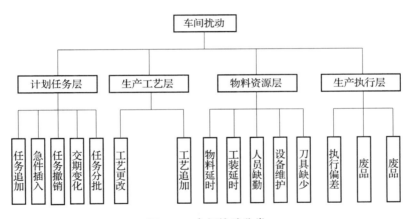

图3-6 车间扰动分类

1. 计划任务层的扰动

在复杂生产环境下的生产任务有着动态和多变的特点。需要生产任务根据生产订单的快速变化做相应的非预测性的动态调整，其中包括新生产任务加入、旧生产任务的撤销与变更。

（1）新生产任务的加入。在激烈的市场竞争环境中，企业接收到新生产订单的密度越来越大，对企业接收到的新订单，如何去调整原有计划，以便将新订单融入原有的生产计划中，并保证优化目标最优，是动态调度中需要解决的一个问题。新生产任务的加入也被称为订单追加或者紧急插单。

（2）旧生产任务的撤销。旧生产任务撤销的意思是已经下达到车间并生成作业计划的订单不要求执行，需要从已经生成的作业计划中删除该订单的加工任务，所以，系统要对原生产计划进行适当的调整。

（3）旧生产任务的变更。旧生产任务的变更主要包括订单分批、加工数量更改以及交货时间调整。订单分批意思是在生产计划下达后，要求一个订单下部分数量的零件相较于该订单下其他零件提前交货。而加工数量的更改是指由于计划层某个生产任务的变更，需要更改已经下达到生产车间的生产任务中某一个或者多个订单加工数量。交货时间调整指的是当生产任务下发至生产车间之后，根据生产订单的需求变化调整生产任务中这部分订单的交货时间。

2. 生产工艺层的扰动

生产工艺层的扰动主要指对工艺路线的动态修改。在企业制造执行过程中会有一定数量的处于试制阶段的零件，这些零件的制造工艺不是很准确，因此随时要根据加工或功能的需要对工艺路线进行调整。零件的工艺路线调整后会引发作业方案中工艺路线不正确的问题，因此也需要对生产作业计划做出相应的修改。当发生工艺路线调整时，需要在保证多数订单能够按时交货的前提下对工艺路线发生变更的零件的未加工工序进行重调度。

3. 物料资源层的扰动

生产的过程也是物料等资源按照生产计划进行合理分配和物料位置控制的过程，物料等资源的状态会直接影响到生产计划的执行。物料资源层的扰动包括以下 3 个方面：

（1）生产准备不足。在生产任务生成作业计划之后，如果出现其中部分工件装夹、刀具、图纸没有准备好，数控加工代码未编制完成，物料未准备完成等生产准备不完全的情况，是不能开始加工的，需要对作业计划进行调整。接下来，将生产准备不足的工序及其零件内后续工序的调度状态变为不可调度，将设备上原用于加工这些工序的加工时间恢复为空白，并调整相应的作业计划。

（2）设备故障/维修。在生成作业计划之后，设备的故障/维修会造成设备上的可用加工时间发生变化。因此必须在保证作业计划变化尽可能小的前提下，对作业计划进行调整，以保证工序的工时与在设备上的可用加工时间保持一致。

（3）工作日历或日制变化。在作业方案生成之后，由于零件超期或企业运行机制调整等情况，会需要对设备的工作日历或者日制进行调整，也就是相当于调整了两个时间点之间的设备可用工作时间，与此同时，也要对作业方案中的工序开工和完工时间节点按照新的工作模式进行相应调整。

4. 生产执行层的扰动

生产执行的过程充满了各种不确定性的因素，这些不确定的因素对作业计划的执行往往具有决定性的影响，因此，在执行过程中要根据实时的生产情况不断进行生产任务的重调度，以满足生产的需要。生产执行层的扰动主要包括3个方面：

（1）制造执行时间偏差。生产执行过程中存在着很多不可预测的情况，导致生产中实际开工/完工时间与作业方案中的计划开工/完工时间不一致，因此需要在保证作业计划中的工序的加工设备和加工顺序不变的前提下，按照实际开工/完工时间调整作业计划。

（2）制造执行数量偏差。生产执行过程中难免会出现废品，导致作业计划中的计划生产数量与实际生产数量不一致，因此需要调整作业计划；使得在保证作业计划中工序的加工设备和加工顺序不变的前提下，按照合格数量重新计算工序的计划开工/完工时间。

（3）超差品返工。超差品返工的意思是检测过程中虽然发现了一些完成加工的不符合要求的零件，但是经过工艺判断，确定其返工后可以使用。返工零件的加工也需要占用设备的可用加工时间，因此必须调整作业方案。除此之外，返工零件应尽早完成加工，从而及时地与已经检测合格的零件一起流转到下一个工序。

综上所述，复杂的车间生产环境，要求制造执行系统具有对突发事件的实时响应能力，能够对各种扰动做出依据现有资源，基于实时生产状态，进行作业计划的重调度，以适应车间生产和客户服务的需求。

动态车间调度是实现车间调度方案与执行相统一的重要手段，它将车间的生产活动看作一个动态的过程。与静态调度相比，动态车间调度更符合实际生产情形，具有非常重要的现实意义。车间作业动态调度的基本处理流程如图3-7所示。为了应对各种动态事件的影响，动态车间调度主要解决两个问题：何时重调度和如何重调度。

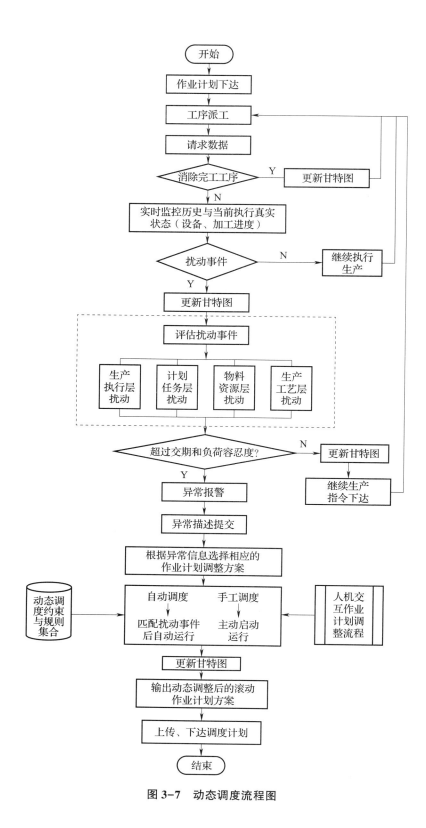

图 3-7　动态调度流程图

1. 何时重调度

在解决何时进行重调度的问题上，通常有 3 种解决方案，即周期性重调度、事件驱动重调度和混合重调度。

（1）周期性重调度。周期性重调度是以滚动时域为基础，周期性地根据车间当前的信息对预调度方案进行修改，使得到的重调度方案能够适用于变化了的车间生产情况。周期性重调度实质上是将动态调度问题分解成若干个静态调度问题，从而对于每个静态调度问题可以采用经典的静态车间调度方法（包括遗传算法、模拟退火算法、粒子群算法等）来进行解决。采用周期性重调度可实现较高的调度稳定性和较低的调度紧迫性，但是，当动态事件发生后仍采用预调度方案而不进行动态重调度，这不可避免地会损坏系统的性能。

（2）事件驱动重调度。事件驱动重调度能够及时响应车间发生的各种动态事件，更好地适应动态的生产环境。但是，事件驱动重调度只是事后对预调度方进行简单调整，缺乏预见性。而且一旦动态时间频发，重调度方案不断执行，将导致生产计划变动大，稳定性下降。

（3）混合重调度。混合重调度是指将周期性重调度和事件驱动重调度两种方法结合，该方案综合了周期性重调度和事件驱动重调度的优点。当动态事件的影响达到预先设定的限度时，马上进行重调度，否则将采用周期性重调度。

2. 如何重调度

对于如何进行重调度，需要注意两个方面的处理：一是对已经执行完工的工序，不将其考虑在重调度计划方案中；二是获取当前正在执行的工序的状态。重调度一般可分为两类策略，也就是部分重调度以及完全重调度。

（1）完全重调度。完全重调度是指在重调度时刻对所有未完成加工的工件和新到工件进行重调度。从理论上来说，完全重调度能够求得最优解，但是，完全重调度在现实中不仅实现难度较大，还会消耗大量的计算时间。并且，完全重调度会导致车间生产活动的不稳定，破坏车间计划的连续性，从而产生物料转移成本等额外成本。在现实中的重调度大多都是修复性调度，其应用往往受到限制。

（2）部分重调度。为了弥补完全重调度的不足，一些学者提出了部分重调度，即

213

仅对直接或者间接受到影响的部分工件进行重调度，这种方法要求尽可能地保留预调度方案的内容。这即降低了计算的复杂性以及调度对原生产计划的扰动，又保证了车间生产活动的稳定性。

制造任务的重分配往往出现在离散型制造企业。对于离散制造企业，产品的加工周期较长，工艺较复杂，不同的产品具有不同的加工路线，各个零部件可在不同的生产单元进行独立的加工。这些特点使得离散制造车间的生产活动更容易受到动态事件的影响，且影响程度更大。针对离散型制造企业的动态车间调度问题的特点，通常有以下四种专门的解决策略，分别为完全反应调度、预反应调度、鲁棒预反应调度和鲁棒主动调度。

（3）完全反应调度。完全反应调度是根据车间当前的实际情形做出的实时调度，在这种调度方式下，车间并没有预先设置的调度方案，因此，完全反应调度也被称为实时调度或者在线调度。完全反应调度对各种动态事件的处理取决于车间当时所处的情形，与实时信息的获取息息相关。完全反应调度要求在特定的时间点针对车间的运行状况做出局部调度决策，而不是得到从全局出发的精确调度方案，因此，这种调度决策存在忽略全局调度目标的缺陷。但是，已有相关研究证明，完全反应调度在车间生产环境变化较大的环境中具有较好的适用性。

（4）预反应调度。预反应调度是目前离散制造系统中最常用的一种动态调度方法，一般可分为两步：首先，车间在没有考虑各种干扰的情况下制定一个预调度方案；其次，在动态事件发生后，对预调度方案进行修改得到新的调度方案。预反应调度原理简单，操作可行，已有相关研究表明，在车间生产环境比较稳定的环境中具有良好的适用性。但是，大部分的预反应调度方案都只是在考虑车间生产效率前提下得到的调整方案，而忽视了新的调度方案偏离原计划方案的程度，容易导致物料转移等成本增加，增加车间生产活动的不稳定性。

（5）鲁棒预反应调度。鲁棒预反应调度为了克服预反应调度的缺陷，强调车间在进行重调度时同时考虑车间的生产效率和稳定性，并强调生成具有鲁棒性的调度方案。其中，车间的稳定性一般是指新的调度方案偏离预调度方案的程度。相比于预反应调度，鲁棒预反应调度不仅考虑车间生产效率，还综合考虑重调度方案对车间生产活动的影响，然而如何生成具有鲁棒性的调度方案是研究的难点。

（6）鲁棒主动调度。鲁棒主动调度是指在进行调度的时候充分考虑车间生产过程中可能发生的各种动态事件，根据现有信息预先生成一个调度方案，并保证该方案能在各种动态事件发生时不至于过分降低性能。鲁棒主动调度强调在动态事件发生之前采取一定的预防措施，因此，鲁棒主动调度方案一般具有较高的鲁棒性，可容纳一定的动态事件影响。

动态调度是通过优化调度算法来实现的，通常分为两大类，即传统算法和智能算法。传统算法包括最优化算法、仿真算法和启发式算法等；智能算法包括人工神经网络、智能搜索算法和 Multi-agent 算法等。算法的智能化水平和稳健性将直接影响调度结果的优劣程度。为此，很多研究者从事着调度算法方面的研究并取得了一些代表性的成果。

（二）生产管控

生产管控是在保证人员、设备和设施安全的基础上，按照预定的品质、价格和数量的要求，在预定的日期最经济地将输入资源转换为期望产出，并围绕产品做好服务，也就是所谓的质量、成本、交货期和服务。近些年来，随着人们对可持续发展的认识，绿色制造也成为生产制造追求的目标。早期工厂运营技术 OT 主要就是指生产管控。随着信息技术在生产管控中的应用与发展，IT 与 OT 的融合成为智能生产的关键因素之一。

生产管控主要的工作内容就是从生产技术准备、原材料投入、工艺加工直至产品完工过程中的计划、组织、协调、控制等具体活动过程的控制及管理。传统管理采用PDCA 方法，将工作分为计划（Plan）、执行（Do）、检查（Check）和处理（Act）4 个阶段，按任务要求进行计划制订、实施计划、检查效果，然后对不满意的地方进行改进，不断循环地解决问题，其工作方法具有普遍的适用性。生产系统进入数字化、智能化阶段后，PDCA 仍然是管理理念的基础，只不过由于采用了数字化手段，生产信息更加精准，管理过程的实时性、优化工作的全局性和自动化水平进一步提高。

对制造型企业来讲，就是通过对生产过程中的人、机、料、法、环、测的管控，实现稳定可靠的生产。其中，人指生产相关的人员，机指生产所用的设备，料指生产中所使用的物料等，法指生产所使用的工艺方法和规定，环指产品制造过程中所处的环境，测指测量检测的标准及方法。由于这6个因素的英文名称的第一个字母是5个M和1个E，所以常简称为5M1E分析方法。在生产过程中通过对这6个因素的分析和控制，实现生产系统所要达到的目标。

生产管控技术已从经验管理走向科学管理、工业工程、精益生产以及智能化管理技术。智能生产管控系统就是通过智能化赋能于生产系统，采用新一代信息与人工智能技术面向由智能化装备、智能化信息系统组成的生产系统，实现高弹性、高性价比的智能生产制造，实现在正确的时间将正确的信息以正确的方式传递给正确的人（或机器）以做出正确的决策或操作。

实训

根据某一生产企业的生产计划和资源现状编制作业计划，并进行生产过程管控。

（一）实验目标

1. 理解 MES 系统基本功能，能够进行作业计划的编制

2. 能够对现场生产状况进行分析

（二）实验环境

1. 计算机系统：PC 机、服务器及网络环境

2. 软件：MES 软件一套

3. 已构建好了某个生产车间的 MES 系统

（三）实验内容及主要步骤

1. 进行基础数据输入

2. 根据生产计划生成作业计划，并下达作业计划

3. 进行派工，对物料进行齐套检查

4. 进行报工，对生产过程进行日常管理

5. 对现场生产状况进行分析输出报表

第三节 人因工程

考核知识点及能力要求：

- 了解人因工程的定义、目标与意义；

- 理解人因工程的研究内容及研究方法；

- 了解人机协作的定义，理解人机协作的等级划分；

- 了解人机协作的安全种类及安全条例；

- 能够利用软件进行人因工程和人机协作仿真。

一、人因工程的内容

（一）人因工程的定义

著名的美国人因工程学专家 W. E·伍德森（W. E. Woodson）将人因工程定义为，设备的设计适合人各方面的因素，以便在操作上付出最小代价而求得最高效率。苏联学者将人因工程定义为：研究人在生产过程中的可能性、劳动生活方式、劳动的组织安排，从而提高人的工作效率，同时创造舒适和安全的劳动环境，保障劳动人民的健康，使人从生理上和心理上得到全面发展的一门学科。

国际人因工程学会将其定义为，人因工程学是研究人在某种环境中的解剖学、生理学和心理学等方面的因素，研究任何机器的相互作用，研究在工作、生活和休假时怎样统一考虑工作效率、健康、安全和舒适等问题。《中国企业管理百科全书》对人因工程下的定义为，人因工程是研究人和机器、环境的相互作用及其合理结合，使设计的机器和环境系统适合人的生理、心理特点，达到再生产中提高效率、健康、安全和舒适等问题的学科。从上面的综述可以看出，人因工程是研究人、机器、环境三者之间的关系，以便使人工作、学习和生活得更有效、更安全、更舒适的一门学科。

人因工程又名工效学或人机工程，主要将与人有关的信息应用到机器、环境、产品以及流程设计中去，并进行系统分析和评价。其研究内容具有多样性和广泛性，主要研究以下 3 个因素：

（1）人的特性研究。人的特性研究包括的人的作业能力研究，人的作业负荷（体力负荷、脑力负荷和心理负荷）研究，人的可靠性及人因失误研究，人的决策与控制模型研究，人体测量技术研究，人的基本素质的测试和评价，以及人员的选拔和训练研究。

（2）机的特性研究。机的特性研究包括机器的显示与控制布局设计、人机界面设计与评价以及机械的人性化设计等。

（3）环境的特性研究。环境的特性研究包括作业场所的照明、气候、噪声、振动、颜色等环境的设计与改善，以及作业区域的规划和设计等。

（二）人因工程的研究方法

人因工程的研究方法是将人的能力、疲劳、特征、行为和动机相关的信息应用到人–机–环境系统中去，应用内容比较广泛，采用的研究方法也很多，主要有以下几种：

（1）调查法。调查法应用比较普遍，其主要形式有查阅文献资料、访谈、问卷和实地考察等，人们最常用的是问卷调查法，其主要优点是省钱省力，包括 4 种方式：是否式、选答式、等级排列式、等距量表式。问卷调查法的缺点是具有主观性，为了保证所测得的数据的可靠性，要求样本的选择具有一定的代表性、科学性，对调查数据的可靠性要进行分析和检验。

（2）测量法。测量法是利用标准的工具或仪器来测量与人的特性相关的数据。其获得的数据具有可靠性，由于人的差异性、地域的差异性和时间差异性等因素需要测量的样本容量大、测量条件标准。

（3）实验法。实验法是通过实验观察事物的变化，获得事实材料的一种方法。其具有主动性、抗干扰、重复性、准确性等特点。比较常用的实验方法是对比实验法，即设定不同的因变量，通过实验条件的改变，观察因变量的变化。

作为一门实验性学科，人因工程随着其应用领域的广泛扩展，研究工具不断发展，各种现代工程数学算法应用到人因工程中，实现了从定性分析到定量分析的转变，有利于对系统进行有效的分析和评价。目前，应用较普遍的现代工程数学算法主要有：遗传算法、BP 神经网络算法、灰色综合评价法、模糊综合评价法、数据包罗分析法、统计学分析法等。表 3-1 是各种算法优缺点的比较。

表 3-1　　　　　　　　　　各种算法的优缺点比较

算法	优点	缺点
遗传算法	自行组织搜索，自适应强，可以并行搜索，提高效率，使用概率搜索技术	计算时间长，缺乏拓扑结构的相关理论，全局能力受限，不适用实变量的优化
BP 神经网络算法	自学习功能强，具有联想存储功能，能够高效地寻求优化解	收敛速度慢，易陷入局部极小值，神经网络的结构不易确定，泛化能力不强
灰色综合评价法	思路清楚，不需要很多数据，计算方法简单，充分利用已白化的信息，评价结果客观	受样本数据有时间序列性的限制，不能得到广泛使用
模糊综合评判法	能够对非线性的评价领域进行评价，运算简便	具有主观性，只考虑了主要因素，忽略了其他次要因素，易出现评判失效
数据包罗分析法	能够处理多输入和多输出的问题，可以利用线性规划判断决策的有效性	只能体现相对发展指标，不能体现实际发展的水平
统计学分析方法	应用范围广，种类多	各个统计学分析方法有其自身的缺陷，需要结合实际情况，选取具体的方法

二、人因工程的研究与分析

（一）人体工作能力研究

能力是指一个人顺利完成一定活动所表现出的稳定的心理生理特征，它直接影响活动的效率。能力总是与活动联系在一起并在活动中表现出来，完成活动通常需要多种能力的结合。能力可分为一般能力和特殊能力：①一般能力主要是指认识活动能力，也称智力，它包括观察力、记忆力、注意力、思维力、想象力等，是人们从事各种活动都需要的能力。②特殊能力是从事某种专业活动所需要的能力，如写作能力、管理能力、作业能力等。一般能力是特殊能力的基础，而特殊能力的发展又会促进一般能力的发展。通常人在进行某种活动时，一般能力与特殊能力是相互结合、相互渗透、相互促进的。

人的能力是以先天素质为前提和基础的，但又是在后天环境和教育影响下发展的。在此过程中，人的实践活动具有特殊意义。纵有良好的天赋而无实践活动，能力也是不可能得到长足的发展的。人的能力是有个体差异的，这种差异可以表现在能力发展水平上，也可以表现在能力类型或者年龄差异上。

作业能力是指作业者完成某种作业所具备的生理、心理特征，综合体现个体所蕴藏的内部潜力。这些心理、生理特征，可以从作业者单位作业时间内生产的产品产量和质量间接地体现出来。但在实际生产过程中。生产的成果（产量和质量）除受作业能力的影响外，还受作业动机等因素的影响，所以

$$生产成果 = f（作业能力 \times 作业动机）$$

当作业动机一定时，生产成果的波动主要反映了作业能力的变化。一般情况下，作业者一天内的作业动机相对不变。因此作业者单位作业时间所生产的产品产量的变动，反映了其作业能力动态变化。典型的动态变化规律一般呈现 3 个阶段，以白班轻或中等强度的作业为例，工作日开始时，工作效率一般较低，这是由于神经调节系统在作业中"一时性协调功能"尚未完全恢复和建立，造成呼吸循环器官及四肢的调节迟缓所致。其后，作业者动作逐渐加快并趋于准确，效率增加，表明一时性协调功能加强，所做工作的动作定型得到巩固。这一阶段称为入门期（Induction Period），一般可持续 1~2 h。在入门期，劳动生产率逐渐提高，不良品率降低。当作业能力达到最高水平时，即进入稳定期（Steady Period），一般可维持 1 h 左右。此阶段劳动生产率以及其他指标变动不大。稳定期之后，作业者开始感到劳累，作业速度和准确性开始降低，不良品开始增加，即转入疲劳期（Fatigue Period）。午休后，又重复午前的 3 个

阶段，但第一、第二阶段的持续时间比午前短，疲劳期提前出现。有时在工作日快结束时，也可能出现工作效率提高的现象，这与赶任务和争取完成或超额完成任务的情绪激发有关。这种现象叫终末激发（Terminal Motivation），终末激发所能维持的时间很短。

以脑力劳动和神经紧张型为主的作业，其作业能力动态特性的差异极大，作业能力动态变化情况，取决于神经紧张的类型和紧张程度。这种作业的作业能力，在开始阶段提高很快，但持续时间很短，作业能力就开始下降。为了提高作业能力，对以脑力劳动和神经紧张型为主的作业，应在每一周期之间安排一段短暂的休息时间。

（二）影响工作能力的因素

影响工作能力的因素多而复杂，除了作业者个体差异之外，还受环境条件、劳动强度等因素的影响，其大致可归纳为生理因素、环境因素、工作条件和性质、锻炼与熟练效应等4种。

（1）生理因素。体力劳动的作业能力，随作业者的身材、年龄、性别、健康和营养状况的不同而异。对体力劳动者，在25~30岁以后，心血管功能和肺活量下降，氧上限逐渐降低，作业能力也相应减弱。但在同一年龄段内，身材与作业能力的关系远比实际年龄更为重要。对脑力劳动者，智力发育似乎要到20岁左右才能达到完善程度，而20~30（或40）岁可能是脑力劳动效率最高的阶段，其后则逐渐减退，且与身材无关。

性别对体力劳动作业能力也有影响。由于生理差异较大，一般男性的心脏每搏最大输出量、肺的最大通气量都较女性大，故男性的作业能力也较同年龄段的女性强；但对脑力劳动，智力的高低和效率却与性别关系不大。

（2）环境因素。环境因素通常是指工作场所范围内的空气状况、噪声、照明、色彩和微气候等。它们对体力劳动和脑力劳动的作业能力均有较大影响，这种影响或是直接的，或是间接的，影响的程度视环境因素呈现的状况，以及该状况维持时间的长短而异。如空气的长期污染，可导致呼吸系统障碍或病变。由此，肺通气量下降会直接影响体力劳动的作业能力，而使机体健康水平下降，间接影响作业能力。

（3）工作条件和性质。生产设备与工具的好坏对作业能力的影响较大，这主要看它在提高工效的同时，是否能减轻劳动强度、减少静态作业成分、减少作业的紧张程度等。

劳动强度大的作业不能持久。许多研究结果指出，对 8 h 工作制的体力劳动，能量消耗量的最高水平以不超过作业员大能量消耗量的 1/3 为宜，在此水平以下即使连续工作 8 h 也不致引起过度疲劳。对轻和中等劳动强度的作业，作业时间过短，不能发挥作业者作业能力的最高水平；而作业时间过长，又会导致疲劳，不仅作业能力下降，还会影响作业者的健康水平。因此，必须针对不同性质的作业，制定出既能发挥作业者最高作业能力又不致损害其健康的合理作业时间。

现代工业企业生产过程具有专业化水平高、加工过程连续性强、各生产环节均衡协调和一定的适应性等特点。因此，劳动组织与劳动制度的科学与合理性，对作业能力的发挥有很大的影响。例如，作业轮班不仅会对作业者的正常的生物节律、身体健康、社会和家庭生活等产生较大的影响，而且也会对作业者的作业能力产生明显影响。

（4）锻炼与熟练效应。锻炼能使机体形成巩固的动力定型，可使参加运动的肌肉数量减少，动作更加协调、敏捷且准确，大脑皮层的负担减轻，故不易发生疲劳。体力锻炼还能使肌体的肌纤维变粗，糖原含量增多，生化代谢也发生适应性改变。此外，经常参加锻炼者，心脏每搏输出量增大，心跳次数却增加不多；呼吸加深，肺活量增大，呼吸次数也增加不多。这就使得机体在参与作业活动时有很好的适应性和持久性。

锻炼对脑力劳动所起的作用更大、更重要，这是因为人类的智力发展并不像体力那样受生理条件的高度限制。

熟练效应是指经常反复执行某一作业而产生的全身适应性变化，使机体器官各个系统之间更为协调，不易产生疲劳，使作业能力得到提高的现象。

三、生产中的人因工程

（一）作业空间设计

人进行作业的作业空间，并非只限于一定作业姿势下作业域及周围的有限场地所组成的物理空间，而是应考虑更广一些，以适应作业者心理及行动等方面的要求。这些要求虽与作业动作无直接关系，但与顺利进行作业有着极其密切的关系。所以设计作业空间除考虑操作活动空间外，还应满足心理空间、行动空间的要求。

1. 行动空间

行动空间是人在作业过程中，为保证信息交流通畅、便捷而需要的运动空间。为此，作业空间设计应满足如下要求。

（1）保证通行顺利。作业空间设计，首先应考虑人能够顺利通行，这是保证作业空间适合于操作者的最基本的原则。例如，设计人通行的走廊、通道、过道，其宽度至少应等于人的肩宽，如果考虑人的着衣类型和尺寸，则过道的高度至少应为 1 950 mm，宽度至少应为 630 mm。对于同时有多人通行的过道，每增加一人，应增加 500 mm 的宽度。对于机器之间的过道，在使用上述数据时，在宽度上还应适当增加，因为机器有些凸出来的部件如控制手柄，若被走动的人无意碰撞，则可能使操作者受伤或造成机器的意外触发。

（2）操作联系方便。操作者在联系方面的要求，包括操作者与机器之间的联系和操作者相互之间的联系两个方面。联系可以通过操作者的视觉、听觉、触觉等方式实现。操作者与机器之间，应使操作者能通过其视觉、听觉、触觉与之发生联系。操作者相互之间的联系，应使其能听到其他操作者的声音并能相互交谈。

（3）机器布置合理。人和机器安装位置的关系，应遵循便于人迅速而准确地使用机器的原则。经常使用的机器，应安装在操作者最容易到达的位置。机器或作业区域应按其功能分组。如有可能，操作者在机器间的运动应遵循某种使用顺序。

（4）信息交流畅通。作业空间设计应使操作者在操作过程中能够看到自己所操纵的机器和必须与自己联系的其他操作者。为此，可画出操作者的视线图，即通过操作者的眼睛处和机器处连线，如果连出的线为直线，则表明操作者的视线不为其他设备所遮挡。也可用类似的方法设计车间吊车驾驶室。在驾驶室中相应于操作者眼睛位置处安装一个灯泡，如果在某一方向出现阴影，则表示该方向上有影响视线的障碍物。用这种方法，即可得到有关操作者视线方向的资料，并据此测出视角，作为设计驾驶室结构的基础。

但也有例外，例如，为了保密的需要，可以人为地设置视线障碍。又如为了保护操作者的视力，需要对像熔炉这样的眩目光源加屏蔽。操作者与机器之间的信息联系通道主要是视觉，而操作者相互之间的联系通道则主要是听觉，因此应对环境噪声水平作出估计并设法降低。

2. 心理空间

人在某一场所作业时，对该场所的作业空间是用心理空间来感受的。心理空间设计的要求可以从人身空间、领域以及周围墙壁色彩、照明、通风换气等环境条件考虑。实验证明，对人的人身空间和领域的侵扰，可使人产生不安感、不舒适感和紧张感，难以保持良好的心理状态，进而影响工作效率。

（1）人身空间。人身空间是指环绕一个人的随人移动的具有不可见的边界线的封闭区域，其他人无故闯入该区域，则会引起人在行动上的反应，例如，转过身去或靠向一侧，企图躲避入侵者，有时甚至还会发生口角和争斗。

人身空间的大小，可以人与人交往时彼此保持的物理距离来衡量。通常分为 4 种距离，即亲密距离、个人距离、社会距离和公共距离。不同的距离（区域），允许进入的人的类别不同。

人身空间以身体为中心，但在不同的方向要求的距离是不同的。通过实验发现，人们站立时，接近物体的距离总小于接近人的距离；不同性别的人，身体前、后、侧部的接近距离不同，构成了人体周围的八角形的"缓冲带"。同时还发现，被试女性走过站立男性时距离比被试男性走过女性时的距离远。

人身空间区域的距离受性别、个性、年龄、民族、文化习俗、社会地位和熟悉程度等多种因素的影响。例如，研究表明，女性对身体间的接触比较有忍耐性；外向型的人比内向型的人对人身空间的要求小，社会地位高的人对人身空间要求较高等。

（2）领域性。与人身空间相类似，领域性也是一种涉及人对空间要求的行为规则。它与人身空间的区别，在于领域的位置是固定的，而不是随身携带的。其边界通常是可见的，具有可被识别的标记。

领域可分为私有领域和公有领域。私有领域（如房产）可由一个人占领，占有者有权决定准许或不准许他人进入。公有领域（如大街、商店、剧院、地铁等）不能由一个人占有，任何人都可以进入。对设计人员来说，是如何解决在公有领域中建立私有领域的问题，例如，如何通过设计划分公共场所的座位边界等。

一般地说，满足人的社会空间要求，可通过增加个人的可用空间，降低人的密度加以解决。但是，在很多情况下，上述办法行不通。此时，可通过设置固定标志来满足人的领域要求，例如，用活动式屏板将工作场所隔开；用扶手或用小的椅边小桌（大耳椅）将座位隔开。也可利用内景设计手段、如颜色、阴影、横的水平条纹等增加表观空间，使人感到自己的人身空间或领域未被侵扰。

3. 活动空间

人从事各种作业都需要有足够的操作活动空间。操作活动空间受工作过程、工作设备、作业姿势以及在各种作业姿势下工作持续时间等因素的影响。作业中常采用的作业姿势有立姿、坐姿、坐-立姿、单腿跪姿以及仰卧姿等。

（二）人因工程相关软件的功能

软件主要模块功能如下：

（1）人体模型的建立与人体属性的更改。该功能模块允许根据一定的属性建立人体模型，人体模型一旦建立之后，就可以使用该模型进行操作仿真。同时该模块包含一个具有 6 个常用人体模型的模型库，可以直接调用库中模型到工作单元。库中 6 个人体模型都是按照国家标准的人体模型尺寸建立的，分别代表了身高百分位数为 5、50、95 3 个等级的标准男性和女性的人体模型。

（2）人体模型的定位与行走。人体模型的定位包括鼠标点击选择与三维坐标设置，能够按照操作的需要进行人体操作起始位置与操作终止位置的确定，并且可以连续确定。

人体模型的行走是工厂操作中最基本也是必不可少的动作，因此单独列出。在该模块中可以定义行走的方式，如朝前走、后退走、侧行等；行走步幅的大小；行走路径的选择等。例如，工人搬运工件这个操作，可以根据工厂设备的布局不同，采取直线行走路径或是折线行走路径。

（3）人体模型的动作设置，包括接触物体、抓取物体、放置物体等操作。该模块以操作为线索，实现人对物体的一系列操作。其具体包括以下几种：

1）跟随：人手跟着物体移动。

2）抓取：让物体跟随人手移动，其中人手的抓取姿势有8种，分别适用于各种不同形状、不同要求的抓取状况。

3）放置：抓取物体之后，指点放置的地点，人手会在该地点放下物体，但此时手与物体并未分开。

4）释放：该操作实现人手与物体的分离。

至此，搬运物体的操作才算真正完成。

在实现抓取操作的过程中，同时应该考虑人体的操作范围问题，当出现人手无法触及的情况时，系统能够自动提示。

（4）人体的姿势设置。该模块能够实现人体操作姿势的设置，其原理是对人体各个关节加以设置，然后保存。人体的主要关节包括颈部关节、肘关节、腕关节、膝关节、踝关节，对这些关节加以设置，就可以得到我们需要的各种操作姿势。系统姿势库中有8种常用的姿势可供调用，我们可以设计自己需要的姿势并在姿势库中存储，以便随时调用。

人体的姿势是人体操作范围、视力范围、各种关于姿势的工效分析的基础，操作姿势应该参考工效分析的结果进行改进。

（5）人体活动的限制设置。该功能模块允许我们按照需要对人体某个部位的活动进行限制，包括对关节的活动进行限制，仿真时对手脚的活动进行固定，对左右手的活动进行限制等。该功能模块主要根据人体运动学的知识来实现。

（6）人体工作效率的分析。人体工作效率的分析包括OWAS分析、NIOSH分析以及手臂用力分析。该模块对人体工作效率进行分析，根据分析结果改进我们的设备布局、操作姿势与操作流程。现在制造行业内比较流行的工效分析主要有：OWAS分析，该分析主要针对人体操作姿势进行人体部位疲劳度的分析；NIOSH分析，该分析针对抓取操作分析人体的最大负荷量；手臂用力分析，主要分析抓取时人体手臂的受力情况，分析结果可以以多种形式输出，如图3-8所示。

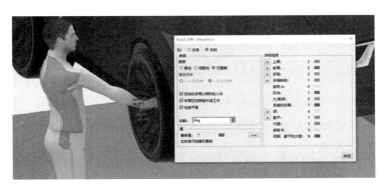

图 3-8　人体疲劳度分析

（7）人体操作范围设置。该功能模块主要实现具体人体模型状态下，操作时的最大操作范围、最佳操作范围、视力范围的分析，该分析应该贯穿于人体工作仿真的全过程中，在人对物体的操作过程中、人体与设备的干涉检查中都应进行分析。

同时，系统应具有计时功能，能够根据时间要求完成各部分的操作。对于操作时间的问题，在每个操作创建时都设定了默认的操作时间，同时也给出了专门的分析方法，也就是时间测量方法（MTM，Methods Time Measurement），MTM 根据选定的操作的难度和距离确定该操作所需的平均时间值，可以编辑该时间值，通过对每个操作时间的估计，可以得到完成任务所需的总的时间值。使用 MTM 可以估计并分配各个操作的时间。

目前，在数字化工厂领域，国际各大知名软件系统都纷纷将人机工程分析作为重要部分，包含进其软件系统。例如，在西门子公司的软件系列的 eM-Engineer 软件中专门设计有 Human 子模块，而达索（Dassaul）公司的 Delmia 软件系列的 Version PE 软件中专门设计有 ERGOCheck 子模块，同样用于创建人机工程方面的三维仿真分析。

（三）人因工程的改善原则

随着社会的发展，人们越来越重视"以人为本"的原则，尤其在制造性企业中显得更为突出。人因工程作为一门研究人的因素的学科，被广泛应用在制造企业的现场改善和组织管理中。其改善方法的核心是降低人体工作疲劳度和提高工作效率，根据制造系统的特点，利用人因工程理论进行改善，必须遵从其改善原则。其主要包括以下内容：

（1）经济性原则。经济性原则包括流程经济性和动作经济性原则，动作经济性原则是对动作研究的改善方法进行分类，并系统地对此进行分析总结所得出的基本原则。它以人的生理、心理特点为基础，以减轻疲劳、提高效率为目的建立，适用于整个生产流程。流程经济性原则是指产品从原料加工成部件又由部件组装成成品的过程满足路线最短、浪费最少、用人最少、等待最少的条件。它以生产中的人、物料、机器、信息为基础，以减少整个流程中的成本，提高效率为目的建立。

（2）客观性原则。人因工程作为一门试验性课程，在研究过程中，必须正确地制定研究路线，采取科学的研究方法，并对研究对象做出客观系统的评价。客观就是指研究中坚持求真务实，根据客观事物的本来面目来研究其规律和本质。客观当然并不是绝对的，因为任何事物的研究都是在主观认识水平和客观物质条件的基础上开展的。在改善过程中，应该做到以企业实际需求为客观依据，并考虑所具备的主客观因素，确立研究对象；对研究过程中的信息、数据、材料都应该做到客观公正；在进行系统分析和评价时，应该以事实为依据。

（3）动态性原则。世界上没有绝对的静止，静止是相对的，所以要以动态的观点设计研究方案，具体问题具体分析。研究方案的设计要自始至终考虑人、空间、物等的动态变化，才能达到改善的目的。

（4）整体性原则。事物是普遍联系的，牵一发而动全身。人因工程主要研究的是人-机-环境整个系统。在这个系统中，人、机、环境3个要素相互联系，相互制约，在改善方案的设计中，不但要研究单个的因素，还要从整体性的角度考虑其余因素的相互关系及影响，只有寻求各要素之间的最合理的配合，系统的整体效能才能达到最优。

实训

根据人因工程学原理进行某一工位的工作分析。

（一）实验目标

1. 理解人因工程学的原则，了解 MTM 分析方法

2. 能够应用软件进行人因工程学分析

（二）实验环境

1. 计算机系统：PC 机、服务器及网络环境

2. 软件：人因工程学软件一套

（三）实验内容及主要步骤

1. 根据题目进行基础模型构建

2. 进行人体动作分解，在符合劳动标准的条件下给出 MTM

3. 分析人因工程指标

四、人机协作

（一）人机协作的概念

基于国际标准化组织（ISO）的 ISO/TS 15066 定义，人机协作（HRC，Human-Robot-Collaboration）是指在没有物理保护栅隔离下，人和机器人在同一工作空间交互灵活的共同完成一项任务。而根据德国机器人 DIN EN ISO 8373 协议，人机协作被定义为：在没有物理保护栅下，为了共同完成一项任务，人和机器人之间进行信息和操作的交互。图 3-9 展示了人机协作的场景。

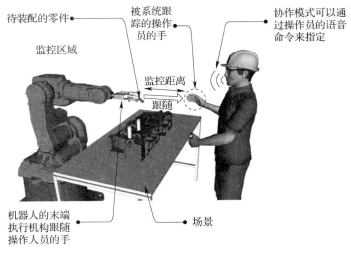

图 3-9　装配中的人机协作

从两种定义中可以看到，人机协作的重点是人机交互，两者之间既互有信息交流，又有操作互动，以此在同一个工作空间来共同完成一项任务。而在人机协作生产方式中，人和机器人进行操作交互时是直接进行物理接触的，人和机器人之间并没有物理保护栅将两者隔离开，因而在交互协作时，人和机器人之间存在相互碰撞的风险。由于对这一安全隐患还没有一种完美、通用的解决方案，故即使人机协作概念已经诞生好多年，这一生产方式还没有被大规模引进工业生产中。

人机协作具有柔性、灵活等特点，很适合在个性化定制生产方式中应用。人机协作与传统的通过保护栅栏隔离开人与机器人的工作方式不同，人机协作的目的是使人与机器人在没有保护栅的情况下，相互合作，共同完成一项任务。根据协作成熟度，德国弗劳恩霍夫协会 IFF 研究所将人与机器人之间的协作划分为 5 种等级，如图 3-10 所示。

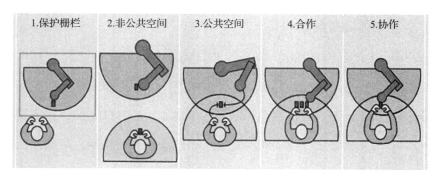

图 3-10　人机协作的等级划分

（1）保护栅栏。这是一种传统的通过保护栅栏将人与机器人隔离开来的生产方式，人与机器人各自独立工作。

（2）非公共空间。这是最常见的一种方式。机器人与人不是通过保护栅栏隔离开，而是通过不同的工作空间分离开。

（3）公共空间。人与机器人有公共的工作空间，但是两者在公共工作空间不能同时工作，如当人进入公共空间进行操作时，机器人是不被允许进入公共空间工作的。

（4）合作。机器人与人作为合作伙伴可以同时在公共工作空间操作，但是两者不能同时对一个工件操作。如公共空间里有 A、B、C 3 个工件，当工人对 A 工件操作时，机器人不能对 A 工件操作，机器人只能对工件 B 或工件 C 操作。

（5）协作。这是人机协作的最终目标，即人与机器人可以在同一时间对同一工作空间的同一工件进行生产操作。

（二）人机协作的安全性

安全是所有设计、生产等的首要考虑因素，因为它关系到人的生命，而只有当工人的人身安全得到保障，工人方可安心地工作，生产制造才能成功进行，生产效率也才有可能提高，尤其是在人机协作领域，工人和协作机器人在一个共享工作空间中工作，而彼此之间并没有物理保护栅栏将两者隔离开，它们之间存在有意或无意的身体接触，甚至存在碰撞风险。为使人机协作生产成功进行，应特别注意确保安全操作和人身安全。

1. 安全种类

在人机协作的安全性概念中有两个不同的种类：

（1）心理学上的安全：这是一种人类对于周围工作环境主观上的安全感受，即协作机器人不应导致工人心理压力大，例如协作机器人将物件以很快的速度传递给工人时，即使机器人不会撞击到工人，也应该提前减速，以使工人在心理上感觉自身是安全的；又或者协作机器人在本体设计上采取人机工程学，使协作机器人更加人性化、友好化，例如，人脸化的交互系统，让工人感觉不是在跟一个机器人协作，而是与一个人类伙伴共同完成工作，这些措施都可以帮助工人大大减轻在与机器人工作时的心理压力。

（2）物理学上的安全：这是对于人类肉身上的安全，物理学上的安全是人机协作生产中必须首要被保证的。在人机协作中，机器人和人之间是没有通过保护栅隔离的，人和机器人之间存在有意或者无意的接触。有意的接触如人牵引机械臂，引导机器人移动以搬起重物，可以通过限定接触力、接触速度等，以此防止人身伤害。无意的人机接触即为碰撞，必须得避免碰撞的发生，这可以通过相关的传感器来监测协作空间，分析协作空间的工作状态，并预测是否将会发生人机碰撞，若存在碰撞可能，系统则应给出相应的防碰撞路径或者直接使机器人停机。

2. 安全条例

对于工业生产中的人身安全，国际上已经发布了一系列相关的安全协议，这些协议为协作机器人行业的各个方面（包括制造商、集成商和使用者）的设计、生产和集成等提供了统一的安全要求。这些统一的安全条例有助于进一步研究和开发人机协作系统和协作机器人。这些协议可以分为 3 种类型的安全标准，如图 3-11 所示。

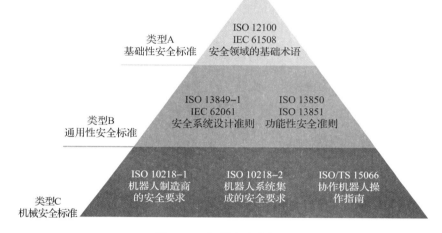

图 3-11 机器人安全标准

类型 A：该类型安全标准收集了适用于机械的一般要求的基础性安全标准，也定义了安全领域的基础术语，如风险评估和风险降低等。

类型 B：该类型安全标准涉及的是通用性安全标准，如 ISO 13849-1 和 IEC 62061 是关于低复杂性安全系统的设计，而 ISO 13850 和 ISO 13851 则是关于功能领域的，如急停按钮的设计。

类型 C：该类型安全标准收集了单独的安全标准，这些标准规定了对于特定机械的安全准则。例如，ISO 10218-1 是对机器人制造商的安全要求，规定了机器人控制器的设计准则；ISO 10218-2 则是对系统集成商的安全要求，是对工业机器人及相关辅助设备组成的工业机器人系统的安全要求；ISO/TS 15066 则为协作机器人的操作提供额外的信息和操作指南。

第四节　人力资源管理与人机协作

考核知识点及能力要求：

- 了解人力资源管理的主要内容；

- 熟悉生产系统中进行人员管理和配置的方法；

- 能够进行车间作业计划中人力资源的管理。

一、人力资源管理概述

人力资源管理是指根据企业发展战略的要求，有计划地对人力资源进行合理配置，通过对企业中员工的招聘、培训、使用、考核、激励、调整等一系列过程，调动员工的积极性，发挥员工的潜能，为企业创造价值。

一般来说，企业中的人力资源管理工作可以划分为6大模块，即：人力资源规划管理、招聘配置管理、培训开发管理、薪酬管理、绩效管理和员工关系管理。具体的工作任务细分如下：

（1）人力资源规划管理模块。此模块主要工作包括：人力资源战略规划，组织机构的设置与调整，工作分析、工作评价与岗位设置；职位级别、类别的划分，职位体系管理；人员编制核定，人员供给市场分析，人力资源制度的制定与修订等工作。

（2）招聘配置管理模块。此模块主要工作包括：招聘需求分析，招聘程序和策略制定；招聘渠道分析与选择；招聘过程实施；离职处理。

（3）培训开发管理模块。此模块主要工作包括：企业内部培训需求调查与分析；培训计划的制订与调整；外部培训资源的考察与选择；培训内容的开发与设计；培训的具体组织与实施；培训效果的评估；培训建议的收集与工作改进。

（4）薪酬管理模块。此模块主要工作包括：薪酬策略的制定；岗位评价与薪酬等级的设置；内外部薪酬调查；薪酬总额预算制定与调整；薪酬结构设计；薪酬发放与成本统计分析；福利计划的制订与福利项目设计；福利的执行。

（5）绩效管理模块。此模块主要工作包括：激励策略的制定；绩效管理方案的设计与调整；绩效考评的具体实施；绩效管理的面谈；绩效改进方法的跟进与落实；绩效结果的应用。

（6）员工关系管理模块。此模块主要工作包括：及时掌握国家和地区最新的劳动法规与政策；劳动合同管理；员工入职、离职、调动、转正、调岗等的日常管理；特殊员工关系的处理；员工信息的保管与更新；员工心理辅导；员工关怀。

人力资源配置就是指对人力资源的具体安排、调整和使用，根本目的是更好地运用"人力"，合理而充分地利用好包括体力、智力、创造力和技能等方面的能力，通过一定的途径，创造良好的环境，使其与物质资源有效结合，使人尽其才，创造最大社会效益和经济效益。

配置工作包括组织结构的设计、劳动分工协作形式的选择、工作地的组织和劳动环境优化，工时工作制度制定以及工作轮班的组织管理等活动。配置工作要做到：岗位数量要与员工数量匹配；工作要求要与员工的素质匹配；员工报酬要与员工贡献匹配；并协调好员工与员工之间的关系。

二、车间人力资源管理

（一）车间绩效管理

生产管理是对企业生产系统的设置和运行的各项管理工作，人力资源管理则是对组织中的人做出的管理活动。根据企业发展战略的要求，有计划地对人力资源进行合理配置，通过对企业中员工的招聘、培训、使用、考核、激励、调整等一系列过程，调动员工的积极性，发挥员工的潜能，为企业创造价值，确保企业战略目标的实现。

人力资源在制造企业甚至可能是"最重要的资源"，人力资源管理重要的管理工作之一就是绩效考核。绩效是指组织、团队或个人，在一定的资源、条件和环境下，完成任务的出色程度，是对目标实现程度及达成效率的衡量与反馈。生产管理的绩效主要从生产成本、质量、交货期、安全以及效率方面考核。

绩效管理是指各级管理者和员工为了达到组织目标共同参与的绩效计划制订、绩效辅导沟通、绩效考核评价、绩效结果应用、绩效目标提升的持续循环过程，绩效管理的目的是持续提升个人、部门和组织的绩效。绩效管理是所有人力资源管理和企业管理中最难做到的，它在实际操作过程中很复杂。绩效管理的对象是人，人和机器最大的区别是，人有思想、有情绪，会产生业绩的波动。

绩效考核是指组织根据制定出的员工个人工作绩效目标，收集与员工的个人绩效相关的有效信息，通过一系列举措对员工的绩效完成情况进行定期考核，从而实现员工的绩效目标以及组织绩效目标的管理工作。绩效考核一般包含两大部分，分别是业绩考核与行为考核，在企业的绩效考核过程中既要注重业绩也要注重员工的行为，进而避免业绩好的员工不遵守公司规章制度的行为。

KPI（Key Performance Indicator）指标法也被命名为关键业绩指标法，是将企业整体的总战略分化为各个层级部门的小目标，从而使这些小目标可以借由数据指标进行量化分析，最后对具体实施效果进行评价的一种管理方法。企业利用 KPI 指标法来明确业绩考核的重点，制订企业绩效考核计划。由于企业价值创造的过程中存在一个"28 法则"，即 80% 的价值由 20% 的有效客户创造，本着这一原则，KPI 成为企业在管理活动中最重要的指标，因而建立清晰的绩效评价指标体系是一个企业做好绩效管理的关键所在。

如何提高生产管理绩效？首先要建立一套完备的管理制度，使生产部的管理逐步走向制度规范化，改变员工的思想观念，并使员工从内心认可、理解企业的文化和发展战略。丰富员工的知识、提高员工的技能、提高员工的执行力，使个人的发展目标和生产部门、企业的发展目标相结合和统一。提高员工的职业道德及自主管理的能力，最终使生产管理绩效不断提高。

（二）MES 与人力资源管理

人员管理是 MES 的一个重要的功能模块，该功能可以对员工的基本情况进行采集，帮助企业了解每个人的状态，并且通过对每位员工的出勤报告、工作时长、工作任务进行的及时率、完成率等内容的记录，生成每个员工的绩效表，并根据这些表格对员工进行奖励。还可以通过系统查看员工的培训和考核情况，对员工进行资格认证和评定等级，帮助企业进行检查和验证人员及其加工机械的使用权限，确保只有必要的人员能够访问特定的资源，从而使控制措施能够在系统级别上正确执行，这种访问控制可以提高工厂运行的安全性，有助于保持合规标准。

可以通过 MES 进行轮班管理，系统始终处于在线状态，始终与流程相连，从而使其能够保持信息的实时流动，帮助实现轮班计划和班次传递的自动化，并提供捕获和分析生产数据的能力。MES 系统可创建班次日志，传达重要的观察结果、创建工作状态报告以及危险情况有关的警报等信息。班次日志功能有助于使整体运营更具前瞻性，实时将关键任务信息传递给管理层，从而形成动态维护日历。

生产中的人力资源能力必须根据工作量和工作资质进行灵活的计划和配置，只有通过 MES 系统才能实时了解生产现状，MES 系统是连接车间和组织其他部门的纽带，是进行人力资源配置和绩效考核的数据来源。在许多公司里，已经实现了日常的灵活工作时间和绩效工资计算，无论雇主还是雇员都可以从中获得益处。为了有效地实施灵活的计划，具有人才资源配置计划、人员时间采集、人员时间管理和绩效工资确定功能的高效系统是必不可少的。员工在考勤终端上进行打卡，这些终端被安装在企业里合适的位置，此外还可能通过浏览器和互联网进行时间登录。

采用签到制度可以使班次计划员不仅能获知哪个员工应该在工作，而且他们也可以知道实际上是谁在工作。作为从班次模型里产生的计划数据可视化的工具，人员配置计划提供给班次计划员诸如年度概览、阶段性概览和员工时间计划等功能。在员工时间表中罗列着每天所选时间内的所有选择的员工及其信息，从中可以清楚地显示员工被规划在哪一班次，或者缺勤时间是否被记入。

人员有效工时利用率是指员工生产工时占总出勤工时的比率，在劳动密集型作业模式中，可直观反映出员工的工作情况。利用 MES 模块中的标准作业时间核算出员工的生产工时，用以比较员工出勤工时得到员工有效工时利用率，具体逻辑如下：

$$工时利用率 = (生产工时/出勤工时) \times 100\%$$

（生产工时：操作时间×生产数量；出勤工时：考勤管理模块记录的出勤时间；操作时间：生产管理模块中的标准时间）

通过人员有效工时利用率管理模块，可实现具体到生产车间、班组、员工个人的有效工时利用率统计，帮助管理人员实时了解生产现状，及时发现问题，提升生产部门的绩效。

思考题

1. MES 系统分了哪几个功能模块？MOM 与 MES 的异同点？

2. 什么是作业计划？作业计划根据哪些输入条件编制？

3. 离散型企业和流程型企业的 MES 有何不同？MES 选型应该注意哪些方面？

4. 加工单与派工单的区别？简述齐套的工作内容。

5. 如何进行重调度？重调度有哪些方法？

6. 人因工程主要研究的内容是什么？从人机隔离到人机共融有哪些类型？

第四章
生产系统的管理及智能化技术

在人类从事小农经济和手工业生产的时代里，人们是凭着自己的经验去管理生产的。到 20 世纪初，工业开始进入"科学管理时代"，美国工程师泰勒（F. W. Taylor）发表的《科学管理的原理》一书是这一时代的代表之作。现今，借助新一代信息技术的发展，智能制造已成为全球努力发展的制造模式。

- **职业功能：** 智能生产管控。
- **工作内容：** 配置集成智能生产管控系统和智能检测系统的单元模块。
- **专业能力要求：** 能根据智能生产管控系统总体集成方案进行单元模块的配置；能进行智能管控系统单元模块与控制系统、智能检测系统单元模块及其他工业系统的集成。
- **相关知识要求：** 系统理论与工程基础，精益生产与管理方法，质量体系，智能生产运营管控技术基础。

第一节 工业工程与精益生产

考核知识点及能力要求:

• 了解工业工程发展历程和主要内容;

• 了解系统工程的概念,应用领域;了解系统工程方法论;

• 了解精益生产的发展历程,精益生产的理念;

• 熟悉精益生产的主要方法、工具和管理体系;

• 能够灵活使用精益生产工具进行生产管控。

一、工业工程理论

(一) 工业工程含义及内容

工业工程(IE,Industrial Engineering)起源于 20 世纪初的美国,它以现代工业化生产为背景,在发达国家得到了广泛应用。现代工业工程是以大规模工业生产及社会经济系统为研究对象,在制造工程学、管理科学和系统工程学等学科基础上逐步形成和发展起来的一门交叉的工程学科。它是将人、设备、物料、信息和环境等生产系统要素进行优化配置,对工业等生产过程进行系统规划与设计、评价与创新,从而提高工业生产率和社会经济效益专门化的综合技术,且内容日益广泛。

按照美国工业工程师学会(AIIE,American Institute of Industrial Engineering)的定义,工业工程是对人员、物料、设备、能源和信息所组成的集成系统进行设计、改善和设置的一门学科。它综合运用数学、物理学和社会学方面的专门知识和技术以及工程分析和设计的原理和方法，对该系统所取得的成果进行确定、预测和评价。

AIIE 的定义是目前国际上公认的工业工程定义，强调了工业工程在如下 4 个方面的基本特征：

（1）工业工程是一门管理与技术的集成学科，是用工程和技术方法解决管理问题的一种管理技术。

（2）工业工程的研究对象是由人员、物料、设备、能源、信息等所构成的各种生产、经营管理的整体系统，并且不局限于工业生产领域。

（3）工业工程学科的基础具有多样性与交叉性。工业工程所采用的理论与方法来自于数学、自然科学和社会科学中的专门知识和工程学中的分析、规划、设计等理论与技术，特别是系统工程的理论与方法。

（4）工业工程的基本职能是对企业等整体系统进行设计、改善、控制、评价。

日本 IE 协会（JIIE）成立于 1959 年，他对 IE 的定义是在美国 AIIE 于 1955 年的定义的基础上略加修改而制定的。其定义如下，IE 是对人、材料、设备所集成的系统进行设计、改善和实施。为了对系统的成果进行确定、预测和评价，在利用数学、自然科学、社会科学中的专门知识和技术的同时，还采用工程上的分析和设计的原理和方法。此后，根据 AIIE 的修改和补充，又在"人、材料、设备"上加上了信息和能源。

JIIE 根据 IE 长期（特别是"二战"后）在日本应用所取得的成果和广泛的应用，认为 IE 不论在理论上和方法上都取得了很大的发展。JIIE 深感过去的定义已不适用于现代的要求，故对 IE 重新定义。其定义如下，IE 是这样一种活动，它以科学的方法，有效地利用人、财、物、信息、时间等经营资源，优质、廉价并及时地提供市场所需要的商品和服务，同时探求各种方法给从事这些工作的人们带来满足和幸福。

这个定义简明、通俗、易懂，不仅清楚地说明了 IE 的性质、目的和方法，而且还特别将对人的关怀也写入定义中，体现了"以人为本"的思想。这也正是 IE 与其他工程学科的不同之处。

工业工程的目标是使生产系统投入要素得到有效利用，如图 4-1 所示，同时降低成本、保证质量和安全、提高生产率、获得最佳效益〔TCQSEP，T 是指时（Time）或效率，C 是指成本（Cost），Q 是指质量（Quality），S 是指服务（Service）和安全（Safety），E 是指环境（Environment），P 是指产品（Product）或生产力（Productivity）〕。

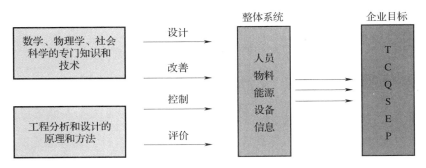

图4-1　工业工程的目标

工业工程本质上是用工程的方法解决管理问题的一门学科。作为管理活动和目标实现的基本技术，工业工程的基本功能显然应该与管理的基本职能存在一致性。针对一个企业系统，工业工程的具体功能表现为规划、设计、计划、控制、分析/评价、改进/创新 6 个方面，其基本内容如图 4-2 所示。

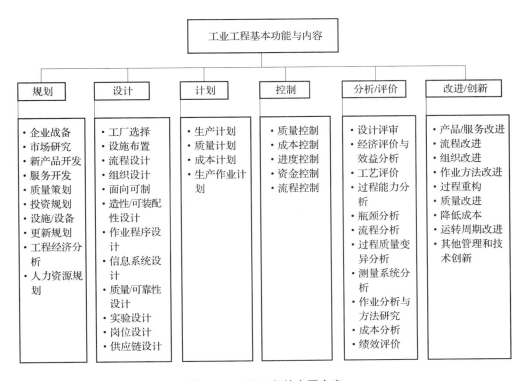

图4-2　工业工程的主要内容

（二）工业工程的发展历史

1911 年，科学管理之父 F. W. 泰勒发表《科学管理原理》一书，标志着科学管理作为一门独立的学科正式诞生。书中提出了科学管理四项原则：①对工人工作的每一个要素开发出一种科学的方法，用以代替经验方法；②科学地挑选工人，并对他们进行培训、教育和使之成长；③与工人合作，以保证所有工作按已提出的科学原则去做；④管理者和工人在工作和职责上进行分工，管理者做那些能比工人做更胜任的工作，从而改变过去那种几乎将所有工作和大部分职责都推到工人身上的管理方法。

后来由于政治等非科学因素的影响，泰勒等将其更名为工业工程。自此以后，工业工程作为经济发展的重要助推器，吸引了无数的科学家、企业家、工程技术人员参与其中，从而实现了工业工程从理论到技术的不断发展和完善。总体上，在不断吸收各种先进理论与技术之后，工业工程先后经历了萌芽期、科学管理时期、工厂管理时期、运筹学时期和系统管理时期几个阶段，发展到如今以信息技术应用为基本标志的现代管理时期。工业工程随着工业化进程逐渐完善自身的理论体系，大体上可以分为 3 个发展阶段：

第一阶段为奠基期，从 19 世纪末至第二次世界大战结束的 20 世纪 40 年代中期。在此期间，福特生产线的产生促使企业生产系统由小规模的作坊式发展转变为较大规模的工厂制。但是又因为两次世界大战的发生，使得工厂效率迫切需要得到提高，致使工业工程得以诞生和发展。泰勒从 1985 年起系统地论述了科学管理思想，并提出主要以时间研究和动作研究为主的工作研究理论。

第二阶段为发展期，从 20 世纪 40 年代中期到 70 年代末，这个时期形成了 3 种典型的生产系统：大量流水生产、成批生产、单件小批生产。在此期间，统计学和运筹学在工业工程的管理与生产系统的规划、设计、改造、创新中得到了广泛的运用，工业工程逐步向企业整体的设计和改善发展。从这个时期起到现在，形成了现代工业工程学科体系。

第三阶段为创新期，从 20 世纪 70 年代末到今天，这个时期是社会生产力最为活跃的时候。国际市场竞争聚焦于价格、质量、品种、交货期、售后服务等，这使得企业的生存极度地依赖于管理。企业不再是往大型化方向发展，而是倾向于多元化、人性化管理方向。

（三） 工业工程方法论

工业工程的意识与精神实质是工业工程理念的出发点。了解工业工程意识和精神对于有效开展工业工程应用具有重要指导意义。工业工程的意识可概括为四点，而工业工程的精神可以概括为八点，可称之为"四大意识，八点精神"。其中四大意识包括：问题意识、效率意识、成本意识、质量意识。

（1）问题意识。工业工程工作者遇到任何情况，首先要问"为什么"，只有发现问题才能解决问题；所以问题意识是改革创新的基础。

（2）效率意识。工业工程的作用是从提高劳动生产率开始的。对于任何产业，提高工作效率毫无疑问都是非常重要的。从泰勒的科学管理到日本的精益生产，都是在创造了前所未有的效率以后才闻名的。

（3）成本意识。降低成本是工业工程工作的重要内容。在市场过剩竞争中成本控制能力成为制胜之关键。丰田生产方式的核心在于有效地和永无休止地降低成本。

（4）质量意识。提高产品质量是工业工程师的职责。产品质量和服务质量是满足顾客要求和竞争获胜的关键。

八点精神包括：挖潜精神、改善精神、系统精神、协作精神、创新精神、节约精神、标准化精神、人本精神。

（1）挖潜精神。即靠挖掘潜力提高生产效率。

（2）改善精神。即永无止境的改革和进取，所以任何工作总会找到改进的余地和最佳的方法。

（3）系统精神。局部效益要服从整体效益。

（4）协作精神。企业开展工业工程要注重多部门协作，要同标准化、生产管理、劳动管理、新产品开发、技术改造、合理化、增产节约等活动相结合，才能收到更好效果。

（5）创新精神。凡事都要问为什么。企业里有许多事（如车间布置、运行路线、工艺方法等）原本不合理，但习以为常之后，反而会不觉得是问题了。创新精神是工业工程师必须具备的一项基本功。不能以"过去一直是这么干的"为理由拒绝改革。

（6）节约精神。人人动脑筋，时时寻找更好的、更容易的方法，处处想着节约材料和时间，不能容忍任何形式的浪费，不放过一点一滴的节约。这是工业工程成功的基础。

（7）标准化精神。工业工程活动的成果一定要制成标准，并无条件地按所规定的标准干工作。

（8）人本精神。工业工程工作是全员的工作，要取得员工的理解和支持是成功的保证。在工业工程的分析、设计、改善和评价工作中要充分考虑人的因素。

如图 4-3 所示，工业工程方法论可以归结为以下 3 个维度。

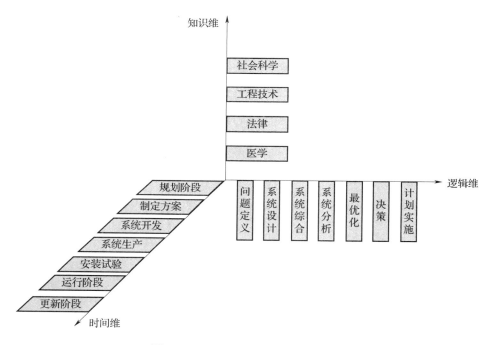

图 4-3　工业工程方法论三维结构图

（1）知识维。提供了开展工业工程研究的基本知识准备，主要包括管理学、经济学、社会与人文科学系统科学、数学、物理学、工程学（尤其是计算机科和制造工程技术）以及工业工程的专门技术。

（2）逻辑维。提供了进行工业工程研究与实践的步骤，任何一个工业工程活动的展开通常都是按照问题说明目标探索、方案综合分析权衡以及评价选择五个步骤。

（3）时间维。提供了工业工程具体解决问题的基本时间进程，包括系统分析与诊断、系统规则与设计、系统实施与运行、系统评价与改善。

二、精益生产与智能制造

（一）精益生产理念

精益生产（Lean Production）是指发挥全员的力量，不断消除生产经营中的各项浪费，使之能够快速适应客户需求的变化，为客户带来最大的价值的生产方式。相对于传统的通过大规模、批量化生产来降低成本的方法，精益生产具有多品种、小批量的特点。本系列丛书共性部分已对此进行了详细的介绍。

企业导入精益生产方式实质上就是一个追求持续改善的过程，而且这势必是一个长期坚持的过程，一个没有最优只有更优的过程。经过60多年大批企业管理者和学者的实践探索和理论研究，精益生产方式不断完善成为一个包含了各种管理计划和制造技术的综合性技术体系，实际上可以看作是工业工程在企业中具体应用的一套体系。图4-4表示的即为精益生产技术体系的构造，从该图可了解到精益生产体系下企业的目标及实现这个目标的各种管理方法和技术手段及他们之间的相互关系。

精益生产的基本目的是要在一个企业里，同时获得极高的生产率、极佳的产品质量和很大的生产柔性。为实现这一基本目的，精益生产必须能很好地实现3个子目标：零库存、高柔性（多品种）、零缺陷。

精益生产方式的最终目标与企业的经营目标一致——利润最大化。实现这个最终目标的方式就是不断消除那些不给企业增加价值的工作或作业，或称之为"降低成本"，并能快速应对市场的需求。这具体表现在以下7个方面：

（1）"零"转产工时浪费（多品种混流生产）。将加工工序的品种切换与装配线的转产时间浪费降为"零"或接近为"零"。

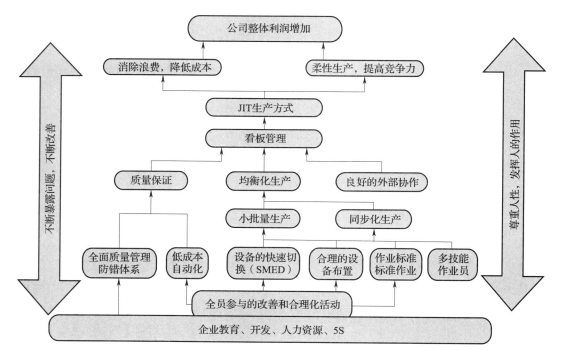

图 4-4　精益生产的技术体系

（2）"零"库存（消减库存）。将加工与装配线连接流水化，消除中间库存，变市场预估生产为接单同步生产，将产品库存降为零。

（3）"零"浪费（全面成本控制）。消除多余制造、搬运、等待的浪费，实现零浪费。

（4）"零"不良（高品质）。不良不是在检查位检出，而应该在生产的源头消除，追求零不良。

（5）"零"故障（提高运转率）。消除机械设备的故障停机，实现零故障。

（6）"零"停滞（快速反应、短交期）。最大限度地压缩前置时间（Lead Time），为此要消除中间停滞，实现零停滞。

（7）"零"灾害（安全第一）。人、工厂、产品全面安全预防检查，实行巡查制度。

实现 7 个"零"终极目标需要八大支柱，如图 4-5 所示。

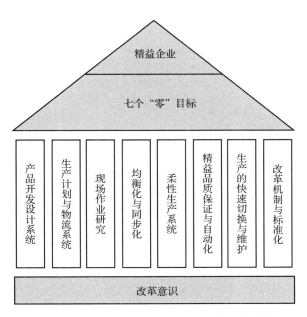

图 4-5 实现 7 个 "零" 目标需要的八大支柱

（二）精益生产的基本手段及现场管理

精益生产可以概括为五大原则：

（1）以客户的立场判断生产经营活动的 "价值"。

（2）建立最有效的 "价值流"（从原材料到成品赋予价值的全部活动）。

（3）保持价值的 "流动"。停滞和等待就意味着价值流中存在着浪费，必须无情地予以消灭。

（4）以客户的需要 "拉动" 生产，而不是按计划推动生产。

（5）用 "尽善尽美" 的价值创造过程（包括设计、制造和对产品或服务整个生命周期的支持）为用户提供尽善尽美的价值。

精益生产所使用的基本工具大致包含以下几个方面：

1. "5S" 现场管理法

"5S" 管理源于日本企业广泛采用的现场管理方法，它通过开展以整理、整顿、清扫、清洁和素养为内容的活动（见表 4-1），对生产现场中的生产要素进行有效管理。"5S" 是上述 5 个日文汉字短语发音的第一个字母，故称为 "5S"。目前也有将

"5S"发展到"8S"，增加了安全（SAFETY）、节约（SAVE）、学习（STUDY）。

表4-1   "5S"的内容

日文汉字	日文发音	含义	举例
整理	SEIRI	区分必要与不必要的物品，清除不必要的物品	倒掉垃圾，长期不用的东西放仓库
整顿	SEITON	有序安置必要的物品，易于寻找、取用和归还	30 s 内就可找到要找的东西
清扫	SEISO	清扫工作场所，擦拭设备，保持现场清洁、明亮	谁使用谁负责清洁（管理）
清洁	SEIKETSU	制定各项标准化的规章制度，以维持以上3个步骤	环境随时保持整洁
素养	SHITSUKE	遵守规范，养成良好的习惯，提升自我管理能力	严守标准、团队精神

2. 价值流图（VSM，Value Stream Mapping）

丰田公司常采用形象化的方式展现整个价值流中的材料流动和信息流动，用以辨识和减少生产过程中的浪费。VSM贯穿于生产制造的所有流程、步骤，直到终端产品离开仓储。对生产制造过程中的周期时间、在制品库存、原材料流动、信息流动等情况进行描摹和记录，有助于形象化当前流程的活动状态，并有利于对生产流程进行指导，朝向理想化方向发展。

3. 全员生产维护（TPM，Total Productive Maintenance）

全员生产维护也称全员生产保全，是指全面生产性维护，是一种全新的工作方式，全公司所有部门共同参与，消除所有损失，达到零事故、零不良、零故障。在生产过程中执行，以全体生产设备为对象，使生产故障降到最低，设备始终处于正常状态，及时清洁、润滑、维修。

4. 可视化管理

可视化管理就是将需要监控的对象用一目了然的方式呈现出来，通常是各种符号、图形、表格等。可视化管理也称为目视管理或者看得见的管理。"可视化"的应用，来源于我们的生理特点，具体讲就是针对信息的接收比例，视觉占有的比例最大，也就是我们通过视觉获得信息是最快捷的手段。因此"可视化"是信息传递的最有效手段，是丰田精益生产的重要组成部分。可视化管理的主要内容有以下7点：

（1）规章制度与工作标准的公开化。将与生产现场相关的规章制度、工作标准等公布于众，与岗位相关的，应分别展示在岗位上。

（2）生产任务与完成情况的图表化。计划指标要层层分解，落实到车间、班组和个人，列表公布，同时定期以图表的方式公布完成情况，使员工了解生产进程、存在的问题和发展趋势。

（3）结合定置管理实现显示信息标准化。按定置管理的要求，采用清晰的、标准化的信息显示符号，将各种区域、通道、物品摆放位置鲜明地标示出来，各种设备、辅助器具采用标准颜色等。

（4）生产控制手段的形象直观与方便化。直观地设置生产控制信号，如在生产设备上安装事故显示灯，在质量管理点上设置质量管理图，在车间设立废品展示台，在组织生产上应用看板管理等。

（5）物品放置标准化。物品放置和运送标准化，可过目知数，以便实行定额装车、装箱等。

（6）统一着装与实行挂牌制度。统一而有区别的着装和挂牌制度，显示企业内部不同部门、岗位的区别，使人产生归属感、责任心和荣誉感，也给人压力和动力，以达到催人进取、提高效率的目的。

（7）现场色彩标准化。现场色彩标准化管理，通常考虑技术、生理与心理、社会等因素。

目视管理的主要形式有：①红牌；②现场管理公告板；③信号灯；④标准作业流程图；⑤警示信号；⑥提示板；⑦地标线；⑧警示线；⑨生产信息进度公告板。特别是数字化手段的应用，结合移动设备、VR/AR 系统使可视化随时随地。

5. 快速换模（SMED，Single Minutes Exchange of Die）

快速换模是通过工业工程的方法，在切换产品时，将换模时间、生产启动时间或调整时间等尽可能减少的一种过程改进方法。快速换模是一种以团队工作为基础的工作改进方式，可显著地缩短模具/治具安装、设定所需的时间；从而使得企业能够灵活生产，缩短交货时间，减少调整过程中可能的错误，提高生产效率。

6. 定置管理

生产现场为主要对象，研究分析人、物、场所的状况，以及它们之间的关系，并通过整理、整顿、改善生产现场条件，促进人、机器、原材料、制度、环境有机结合的一种方法。根据安全、质量、效率和物品自身的特殊要求，而科学地规定物品摆放的特定位置。企业定置管理内容如图 4-6 所示。

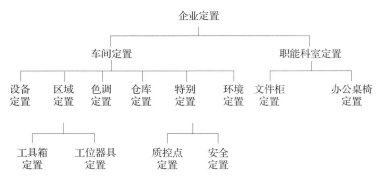

图 4-6 定置管理内容及类型

生产活动中，主要是人与物的结合。但是人与物是否有效地结合取决于物的特有状态，即 A、B、C 3 种状态。A 状态是物与人处于有效结合状态，物与人结合立即能进行生产活动；B 状态是物与人处于间接结合状态，也称物与人处于寻找状态或物存在一定缺陷，经过某种媒介或某种活动后才能进行有效生产活动的状态；C 状态是物与现场生产活动无关，也可说是多余物。

定置管理就是把"物"放置在固定的、适当的位置。但对"物"的定置，不是把物拿来定一下位就行了，而是从安全、质量和物的自身特征进行综合分析，以确定物的存放场所、存放姿态等定置三要素的实施过程，因此要对生产现场、仓库料场、办公现场定置的全过程进行诊断、设计、实施、调整、消除，尽可能减少和不断清除 C 状态，改进 B 状态，保持 A 状态，同时还要逐步提高和完善 A 状态，使定置管理达到科学化、规范化、标准化。车间定置布置如图 4-7 所示。

如一般可将车间现场区域划分为以下区域：①成品、半成品待检区；②返修品区；③待处理品区；④废品区；⑤成品、半成品合格区；⑥表示成品、半成品优等品区，并用不同的色彩来区分。

图 4-7　车间定置管理案例

7. 标准作业

标准作业是以人和机器的动作为中心，以没有浪费的操作顺序有效地进行生产的作业方法。标准作业包括以下 3 个因素：①节拍时间；②工作次序（作业顺序）；③标准在制品库存。标准在制品库存是指能够让标准作业顺利进行的最少的中间在制品数量，也就是按照作业顺序进行操作时，为了能够反复以相同的顺序操作生产而在工序内持有的最少限度的待加工品。

（1）节拍时间（TT，Takt Time/Tack Time）。节拍指的是有效时间与顾客需求数量的比值，即每生产一个产品所需要的时间。

$$TT = \frac{有效时间}{顾客需求数量} = \frac{工作时间 \times (1-宽放率)}{顾客需求数量}$$

（2）在制品库存（WIP）时间：

$$WIP\ Time = \frac{在制品库存数量}{单位时间客户需求数量}$$

标准作业和作业标准完全不同。作业标准是为了进行标准化作业而规定的各种技术标准，例如，加工时的温度、时间、压力等，如刀具的类型、形状、材料、尺寸等，这是技术标准。没有标准化就没有改善，在精益生产中，工作就是追求持续不断地改善，而没有标准化，生产就不稳定，今天和昨天的效率、品质、疲劳情况就不同，改善的基础根本找不到，改善就无从谈起，所以标准化是改善的基础。

8. 方针管理

方针管理是一个具有高度统一性的方法和流程，这要求组织制定出 3~5 年内组织

253

要达到的愿景，同时根据愿景制定核心的目标。根据愿景，各个相关的运营部门制定出一年内的目标，同时定期跟踪目标实施的状况。方针管理的步骤为：①建立组织的愿景；②战略计划：设定 3~5 年内的核心目标；③设定年度总体目标；④细化年度目标；⑤按照具体行动方案实施；⑥月度结果跟踪；⑦年度跟踪。

（三）精益生产与智能制造

精益生产在过去的几十年中在全世界无数的制造企业中实施，其本质是消除生产过程中非增值的活动，从而为客户带来最大的价值。它以客户的订单为生产的需求，采用拉动式生产方式（如图 4-8 所示），因而与智能制造目标相契合。而智能制造是使增值活动更加柔性化、智能化。所以精益生产是智能制造的基石，是推行智能制造必须经历的变革过程。不要在落后工艺基础上搞自动化，不要在落后的管理基础上搞信息化，不要在不具备数字化、网络化的基础上搞智能化，这已成为智能化是否能够成功的基础条件。

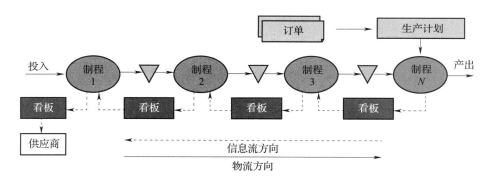

图 4-8 精益生产需求拉动式理念

关于精益生产与智能制造的关系，基于以下的 3 种假设分别进行探讨：①精益生产是实现智能制造的先决条件；②智能制造支持精益的理念；③智能制造增加了精益生产成功实施的难度。

1. 精益生产是实现智能制造的先决条件

精益生产不仅要消除一切不增值的作业，对流程进行合理化，如工厂通过拉动式生产降低生产库存，而不会直接导入立体库，也就是通过精益生产可以减少不必要的自动化投资；还是一种管理思维革新，进行革新"管理思想"，从管理层到执行层转变原有的思想观念，始终牢记"价值、价值流、流动、拉动、尽善尽美"五大原则，按计划进行培训、分阶段实施，进行持续改善，打好基础。

在智能制造的市场环境中，产品的定制将不断增加，通过适当地标准化来控制复杂性的增加是精益管理的任务。智能制造越来越多地使用新技术，这就要求更加规范化、结构化和可预测的价值流，使工厂的制造系统高效、经济的同时能够受益于新的技术。

2. 智能制造支持精益的理念

智能制造可以为精益生产提供充分的保障，把以前在生产过程中认为不可能的事情变成可能，把以前困难的事情变得简单，把以前没有的事情变得可以实现。例如，一条饮料生产线，要监测瓶装饮料的液位，现状是采用取样的方式进行的。导入智能后，可以在线实时监测每瓶饮料的液位，自动制作液位 SPC 控制图，提供管理决策。智能制造还可以给精益生产带来推动作用。在导入自动化之前，我们需要梳理哪些流程需要自动化，评估哪些操作和动作是增值的，是需要自动化的；在导入信息化之前，我们需要梳理流程，评估流程中无效的、迂回的信息，将其简化，避免将投资花在这些不增值的流程、操作、动作上。

3. 智能制造增加了精益生产成功实施的难度

智能制造环境增加了可变性、过程错误、缺乏透明度和对员工的更高要求。分散的、自行组装的生产系统增加了过程的可变性，并可能影响客户的需求。自组织的生产系统运行有风险，并产生更多的变异性。缓冲区的大小和分配不能完全确定，应用基于优先级的生产排序变得更加困难。

由于智能工厂能够实现生产系统的自我优化，员工对持续改进活动的参与可能会减少。基于标准化和规范化的持续改进过程的应用是精益管理的重要组成部分，是实现复杂生产系统的先决条件，智能工厂的自我优化阻碍了员工基于经验的学习。

从精益化、自动化到智能制造，未来 10 年，中国制造业将以智能制造为主攻方向，着力推进两化深度融合。在这个过程中，各种资源必须全方位均衡发展，实施"工业 2.0 整治、工业 3.0 普及、工业 4.0 示范"并行推进战略。不管是转型升级、两化深度融合，还是智能制造，精益管理都是不可忽视的重要环节。

实训

根据某一生产企业生产现状进行精益生产理念的改造。

（一）实验目标

1. 理解精益生产的基本理念

2. 能够使用精益生产的方法和工具进行精益生产的改造提升

（二）实验环境

1. 计算机系统：PC机、网络环境及显示和辅助看板设备

2. 模拟工厂环境

（三）实验内容及主要步骤

1. 了解工厂的实际状况

2. 制订精益管理的改造计划

3. 进行作业标准、5S、定置管理及可视化实施

第二节 生产系统质量管控

考核知识点及能力要求：

• 了解产品质量检验方法，掌握产品质量分析和管控方法；

• 能够进行产品的质量分析；

• 了解质量管控与质量保证的内涵；

- 了解质量目标、质量保证、质量管控体系，生产过程质量管控的主要内容；

- 熟悉 ISO 9000 系列标准中的核心标准；

- 能够描述和应用 ISO 9000、IATF 16949 和 QIF 的相关理论知识。

一、质量及质量管理

（一）质量的定义

人们对质量的理解在不同历史时期有所不同，有如下解释：

（1）ISO 在其国际标准 ISO 8402：1994 中（我国等同采用的国家标准是 GB/T 6583—1994）给质量下的定义：质量是指"反映实体满足明确和隐含需要的能力的特性总和"。实体可以是产品，也可以是活动或过程，还可以是组织、体系或人，以及以上各项的任何组合。

（2）日本著名质量管理学家田口玄一给质量下的定义：质量就是产品上市后给社会造成的损失，但是由于产品功能本身产生的损失除外。任何产品在使用过程中都会给社会造成一定的损失，造成损失越小的产品，其质量水平就越高。例如，在汽车产品的使用过程中，会消耗大量的能源，同时还会由于排放废气而造成环境污染，而节油和污染小的汽车就是高质量的产品。但是，由于汽车喇叭而带来的噪声污染和由于汽车流量大而造成的交通堵塞和交通事故则不应被视为汽车的质量问题。

（3）美国质量管理专家朱兰于 20 世纪 60 年代给质量下了如下定义："质量就是适用性。"这一定义强调了产品或服务必须以满足用户的需求为目的。

一般讲质量主要是指产品质量，广义上对于制造型企业来讲质量既为产品质量，还包括服务质量、过程质量和工作质量。

（1）产品质量。产品质量是指产品能够满足人们（社会和个人）的需要而应具备的特性。就机械工业的产品而言，大致可以归纳为以下 6 个方面的特性：

1）性能。它是产品为满足使用目的而需要具备的技术特性。例如，机床的转速、功率和加工精度，电视机的清晰度、用电量、使用的方便性和外观造型等。

2）可信性。它反映了产品可用的程度及其影响因素，包括可靠性、可维修性和维修保障性。产品的可靠性是指产品在规定的使用时间内和规定的使用条件下，完成规定任务的能力。如电视机的平均无故障工作时间，机床精度的稳定期限，材料与零件的持久性和耐用性等。可维修性是指产品在规定的条件下和规定的时间内，按规定的程序和方法进行维修时，保持或恢复到规定状态的能力。可靠性和可维修性决定了产品的可用性。维修保障性是指维修保障资源能满足产品维修过程需求的能力。

3）安全性。它反映了产品在储存、流通和使用过程中不会产生由于质量不佳而导致的人员伤亡、财产损失和环境污染的能力。如机器的噪声程度、冲压机的防护能力、电器的漏电保护性等。

4）适应性。它反映了产品适应外界环境变化的能力。环境包括自然环境和社会环境，前者如振动与噪声、灰尘与油污、高温与高湿、电磁干扰等自然条件；后者如产品适应不同国家、不同地区、不同顾客的需求的能力。

5）经济性。它反映了产品合理的寿命周期费用，具体表现在设计费用、制造费用、使用费用、报废后的回收处理费用上。

6）时间性。它反映了产品供货商满足顾客对产品交货期和交货数量的能力，以及满足顾客需要随时间变化的能力。产品的寿命也属于时间性的范畴。

对软件类别的产品，质量特性可归纳为：性能、安全性、可靠性、保密性、专用性和经济性等方面。

（2）服务质量。大致可以归结为以下 5 个方面的特性：①有形性。有形性是指服务产品的有形部分，如各种设备仪器及客服人员的外表等。②可靠性。可靠性是指企业准确无误地完成所承诺的服务。③响应性。响应性是指企业随时准备为客户提供快捷、有效的服务。④真实性。真实性是指客服人员友好的态度、胜任的能力，它能够增强客户对企业服务质量的信心和安全感。⑤移情性。移情性是指企业要真诚地关心客户，了解他们的实际需要，使整个服务过程富有"人情味"。

（3）过程质量。过程是"将输入转化为输出的一组彼此相关的资源和活动"。其中，资源可包括人员、资金、设备、设施、技术和方法，产品是过程或活动的结果。过程质量可分为开发设计过程质量、制造过程质量、使用过程质量与服务过程质量四个子过程的质量。本文主要关注制造过程质量，它是指通过制造所形成的产品实体符合设计质量要求的程度。生产过程中人、机、料、法、环、测等 6 大因素在生产过程中同时影响产品质量，过程质量的好坏决定着产品质量的好坏。

（4）工作质量。工作质量是指企业生产经营中各项工作对产品和服务质量的保证程度。工作质量涉及企业的各个部门和各级、各类人员，决定了产品质量和服务质量。工作质量主要取决于人的素质，包括质量意识、责任心、业务水平等。其中，最高管理者的工作质量起主导作用，一般管理层和执行层的工作质量起保证和落实作用。工作质量能反映企业的组织、管理和技术等项工作的水平。工作质量的显著特点之一是它不像产品和服务质量那样直观地表现在人们面前，而是体现在生产、技术和经营活动中，并通过工作效率和成果，最终体现在产品质量和经济效益上。工作质量一般却无法直接地定量表示，它可以通过产品和服务质量、工作效率、报废率等指标间接地反映出来。对于服务类和管理类工作岗位，其工作质量可以通过综合评分的方式来量化度量。

（二）质量工程与管理

质量工程是为保证满足顾客和社会对产品和服务质量的需求，组织与社会所采取的一切相关活动的总和。它在科学的质量管理理论和方法的基础上，广泛吸收和融合了现代科学和工程技术成果，是一门新兴的工程学科。质量工程是个系统工程，它不仅包括质量管理活动，也应包括技术方面的质量活动，它同时还应包括为保证质量而需要的社会和政策环境。因此，质量工程的含义比质量管理要宽得多。自从 20 世纪20 年代初出现质量管理的概念以来，质量工程理论伴随着企业管理的实践而不断地发展和完善，概括起来，质量工程的发展大致经历了 3 个阶段（如图 4-9 所示）：质量检验、统计质量管控、全面质量管控阶段。

（1）质量检验（QI，Quality Inspection）阶段：自 20 世纪 20—40 年代。早在 20世纪初，以 F. W. 泰勒为代表的科学管理理论产生，质量检验从加工生产中分离了出来，质量管控工作由操作者转移给工长，由工长来完成产品的质量管控，也俗称工长的质量管控时期。随着工业发展，企业生产规模不断扩大且更加复杂，所以很多企业根据企业发展设置了专门的质检部门完成质量管控工作。这一时期的质量管控都属于事后检验方式。

	20世纪20—40年代	20世纪40—60年代	20世纪60年代至今
	质量检验阶段	统计质量管控阶段	全面质量管控阶段
质量标准	保证检定产品符合既定标准	按既定标准控制	以用户需求为真正标准
特点	事后把关	过程控制	全面控制、以防为主
工作重点	重在生产制造过程	扩大设计过程	设计、生产辅助、使用全过程
检测手段	技术检验	加上数理统计方法	经营管理、专业技术、数理统计相结合
管理范围	产品质量	产品质量和工序质量	产品质量、工序质量和工作质量
标准化程度	未订标准化要求	部分标准化	严格实行标准化管理
管理者	监工	专业技术人员	全员

图 4-9　质量管控 3 阶段的特点对照

在这个阶段，其主要特点是将质量检验作为一种专职职能，从生产工序中分离出来，通过成立专门的质量检验机构，检验生产过程中的产品质量。主要职能是剔除废品，其局限性是属于"事后把关"，但不能"预防"。

（2）统计质量管控（SQC，Statistical Quality Control）阶段：自 20 世纪 40—60 年代。由于第二次世界大战对军需品的特殊需要，单纯的质量检验不能适应战争的需要；因此美国就组织了数理统计专家在国防工业中去解决实际问题，这些数理统计专家就在军工生产中广泛应用数理统计方法，进行生产过程的工序控制，产生了非常显著的效果，保证和改善了军工产品的质量。后来又把它推广到民用产品之中，这给各个公司带来了巨额利润。

这一阶段的主要特点是通过结合数理统计方法，运用技术手段检验，实现对工业产品包括设计、制造和检验的生产过程的质量管控，加强了生产过程的控制。通过统计方法来监控产品的生产，例如 SPC 控制图、排列图、柏拉图等，及时采取措施来消除产生波动的异常因素，从事后检验发展到防检结合、以防为主。

（3）全面质量管控（TQM，Total Quality Management）阶段：自 20 世纪 60 年代至今。最先起源于美国，后来一些工业发达国家开始推行。20 世纪 60 年代后期，日本又有了新的发展。

全面质量管控是在统计质量控制的基础上发展起来的，已从产品质量管控变为产品质量、工程质量和工作质量的全面管控；从专职质量检查员、技术人员和管控人员的管控到所有员工的管控；从生产过程的管控侧重于基本环节到整个生产过程的管控。全面质量管控的特点可以概括为"三全一多"：全过程的质量管控、全企业的质量管控、全员参与的质量管控以及质量管控的方法多样化。

在质量管理的发展史上，比较著名的朱兰"质量螺旋"，认为产品质量的提升是按照螺旋上升的规律逐步完成，每完成一个质量循环就应使产品质量有一定程度的提高，如图 4-10 所示。还有比较著名的 6σ（西格玛），6 西格玛质量水平对应的出错率不能超过百万分之 3.4。最先提出以 6σ 的质量水平为目标的企业是美国的摩托罗拉公司（Motorola）。这种策略主要强调制定极高的目标、收集数据以及分析结果，通过这些来减少产品和服务的缺陷。

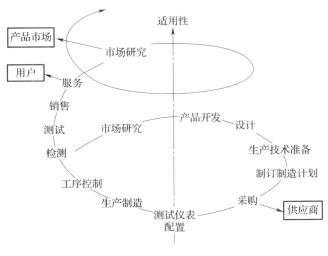

图 4-10　朱兰质量螺旋

二、质量检测与分析

（一）产品质量检验概述

质量检验就是对产品的一项或多项质量特性进行观察、测量、试验，并将结果与规定的质量要求进行比较，以判断每项质量特性合格与否的一种活动。质量检验主要分为 3 个部分：进货检验、过程检验和最终检验。本书主要针对生产过程中的质量检测展开详细描述。

过程检测的目的是防止出现大批不合格品，避免不合格品流入下道工序去继续进行加工。因此，过程检测不仅要检测产品，还要检测影响产品质量的主要工序要素（如5M1E）。实际上，在正常生产成熟产品的过程中，任何质量问题都可以归结为5M1E中的一个或多个要素出现变异导致，因此，过程检测可起到两种作用：

（1）根据检测结果对产品做出判定，即产品质量是否符合规格和标准的要求。

（2）根据检测结果对工序做出判定，即过程各个要素是否处于正常的稳定状态，从而决定工序是否应该继续进行生产。为了达到这一目的，过程检验中常常与使用控制图相结合。

过程检验通常有3种形式：

（1）首件检验。首件检验也称为"首检制"，长期实践经验证明，首检制是一项尽早发现问题、防止产品成批报废的有效措施。通过首件检验，可以发现诸如工夹具严重磨损或安装定位错误、测量仪器精度变差、看错图纸、投料或配方错误等系统性原因存在，从而采取纠正或改进措施，以防止批次性不合格品发生。

通常在下列情况下应该进行首件检验：①一批产品开始投产时；②设备重新调整或工艺有重大变化时；③轮班或操作工人变化时；④毛坯种类或材料发生变化时。

首件质量检验一般采用"三检制"的办法，即操作工人实行自检，班组长或质量员进行复检，检验员进行专检。首件检验后是否合格，最后应得到专职检验人员的认可，检验员对检验合格的首件产品，应打上规定的标记，并保持到本班或一批产品加工完了为止。

对大批大量生产的产品而言，"首件"并不限于一件，而是要检验一定数量的样品。特别是以工装为主导影响因素（如冲压）的工序，首件检验更为重要，模具的定位精度必须反复校正。为了使工装定位准确，一般采用定位精度公差预控法，即反复调整工装，使定位尺寸控制在1/2公差范围的预控线内。这种预控符合正态分布的原理，美国开展无缺陷运动也是采用了这种方法。因此，首件检查，能够避免物料、工艺等方面的许多质量问题，做到预防与控制结合。

（2）巡回检验。巡回检验就是检验工人按一定的时间间隔和路线，依次到工作地或生产现场，用抽查的形式，检查刚加工出来的产品是否符合图纸、工艺或检验指导书中所规定的要求。在大批大量生产时，巡回检验一般与使用工序控制图相结合，是对生产过程发生异常状态实行报警，防止成批出现废品的重要措施。当巡回检验发现工序有问题时，应进行两项工作：①寻找工序不正常的原因，并采取有效的纠正措施，以恢复其正常状态；②对上次巡检后到本次巡检前所生产的产品，全部进行重检和筛选，以防不合格品流入下道工序（或用户）。

巡回质量检验是按生产过程的时间顺序进行的，因此有利于判断工序生产状态随时间过程而发生的变化，这有力地保证整批加工产品的质量。为此，工序加工出来的产品应按加工的时间顺序存放，这一点很重要，但常被忽视。

（3）末件检验。靠模具或装置来保证质量的自动化生产的加工工序，建立"末件检验制度"是很重要的。即一批产品加工完毕后，全面检查最后一个加工产品，如果发现有缺陷，可在下批投产前把模具或装置修理好，以免下批投产后被发现质量问题，因需修理模具而影响生产。

过程检验是保证产品质量的重要环节，但如前所述，过程检验的作用不是单纯的把关，而是要同工序控制密切地结合起来，判定生产过程是否正常。把检验结果变成改进质量的信息，从而采取质量改进的行动。通常要把首检、巡检同控制图的使用有效地配合起来。必须指出，在任何情况下，过程检验都不是单纯的剔出不合格品，而是要同工序控制和质量改进紧密结合起来。最后还要指出，过程质量检验中要充分注意两个问题：一个是要熟悉"工序质量表"中所列出的影响加工质量的主导性因素；其次是要熟悉工序质量管理对过程检验的要求。工序质量表是工序管理的核心，也是编制"检验指导书"的重要依据之一。工序质量表一般并不直接发到生产现场去指导生产，但应根据"工序质量表"来制定指导生产现场的各种管理图表，其中包括检验计划。

质量检验的依据要根据国家质量法律和法规的相关规定，根据行业协会的相关技术标准执行。在规定或标准不能满足客户对质量的要求时，在合同或协议中给出的质量承诺、产品图样、工艺文件等技术要求作为检验的依据。

对于确定为工序管理点的工序，应作为过程检验的重点，检验人员除了应检查监督操作工人严格执行工艺操作规程及工序管理点的规定外，还应通过巡回检查，检定质量管理点的质量特性的变化及其影响的主导性因素，核对操作工人的检查和记录是否正确，协助操作工人进行分析和采取改正的措施。

（二）产品质量检验分类及流程

质量检验的类型有多种，主要有如下分类方法：

1. 按检验对象所占比例不同划分

（1）全数检验方法。全数检验是指根据质量标准对送交检验的全部产品逐件进行检验，从而判断每一件产品是否合格的一种检验方法。全数检验即百分之百的检验又称全面检验、普遍检验，要求对每个个体都进行检验并做出判断。全数检验的特点见表4-2。

表4-2　　　　　　　　　　　　　　　　全数检验

优点	缺点	适用对象
（1）可以掌握每个产品的质量状况，最大化地避免不良产品流出 （2）能了解全面的品质信息，为质量改进和产品决策提供依据	（1）需要花费大量的人力和物力 （2）当工作复杂且出现大量重复性工作时，易出现错检和漏检现象	重要的、关键的和贵重的产品 批量小，不必抽样检测的产品 个体差异大、不能互换的装配件 质量状况分布严重不均匀的工序和产品 对以后工序加工有决定性影响的项目

（2）抽样检验方法。抽样检验是指从一批交检产品（总体）中随机抽取适量产品（样本）进行质量检验，然后把检验结果与判定标准进行比较，从而确定该产品是否合格或是否再进行抽检的一种检验方法。抽样检验的特点见表4-3。

表4-3　　　　　　　　　　　　　　　　抽样检验

优点	缺点	适用对象
（1）可以减少因大规模搬运而导致的损毁 （2）因检验工作量减少，故而检验准确度更高 （3）所需检验人员和时间少，检验成本较低	（1）容易增添一些计划性的作业 （2）有允许坏批或拒收好批的风险 （3）样本所能提供的品质信息比全数检验少	当检验为破坏性检验时 全数检验成本超出不合格品外流所造成的损失太多时 当全数检验过于耗时，可能影响生产进程时 当有许多类似产品待检，且抽样调查可以反映整体产品的质量时 当供应商的品质记录良好，不必进行全检

抽样检验方法又可按以下 3 个方面进行分类：

1）按产品质量指标特性分：计数抽检、计量抽检；

2）按抽样形式分：标准型、挑选型、调整型；

3）按抽取样本的次数分：一次抽样、二次抽样、多次抽样、序贯抽样。

抽样检验主要有 7 种取样方式，分别为分段抽样、曲折抽样、系统抽样、单纯随机抽样、分层抽样、区域抽样与反复抽样。

在实践过程中买卖双方、车间与仓库、工序之间等在进行产品交换时，经常利用抽样检验来判定产品质量，以便确认是否接受产品。抽样检验的样本是取自总体 N（或批）中的一个或多个个体，样本中所包含的抽样单位数目称为样本容量 n。判断一批产品是否符合要求，是以该批产品不符合要求的产品数量 C（或不合格率）的多少为依据。如果不符合要求的产品数量 d（不合格率）少（小）于规定的数量 C，则该批产品符合要求（合格）；反之，则该批产品不符合要求（不合格）。

由于抽样检验实质是统计检验，所以可能发生两类错误，即把不合格的判断为合格的而接受，或把合格的判断为不合格的而拒收。虽然抽样检验可能发生两类错误，但是根据统计检验的原理，可以把这两种可能控制在一定的概率内。

抽样检验一般是依据由 ML-SD-105E 标准编制的企业标准进行检验，抽样检验的步骤如下：

第一步，明确检验的项目及规格。对于来料检验，依据产品设计的零部件图样、材料、要求等事项编制检验规格书；对于成品检验，依据成品的图样及设计规格等，编制成品检验规格书。

第二步，进行质量缺陷等级划分。明确质量缺陷的各种等级的具体划分及判定方法。

第三步，决定品质允收水准（AQL，Acceptable Quality Level）是指生产方和接收方共同认为可以接受的不合格品率（或每百单位的缺陷数）上限。AQL 值在 10.0 及以下的，可表示不合格品率或每百单位的缺陷数；超过 10.0 的只表示每百单位的缺陷数。AQL 有很多种，应根据企业自身特点以及企业客户的要求来确定。

第四步，确定检验水平。通常设有 3 个一般检查水平（Ⅰ、Ⅱ、Ⅲ）和 4 个特殊检查水平（S-1、S-2、S-3、S-4）。从 I 到 III 抽样地数量逐渐增加，如果以 II 作为中间值，I 的抽样数为 II 的 40%，它适用于品质较为稳定或产品出现不一致可能性极小的状况。III 的抽样数是 II 的 160%，由于检验的样本数量大，从而使接受不合格产品的可能性降到最低，对客户来说是一种比较安全的抽样水平。如无特殊要求，采用一般检查水平 II，也是经常采用的水平；但检查费用较高或允许降低抽样的鉴别能力时，可采用一般检查水平 I；当检查费用较低或需要提高抽样鉴别能力时，可采用一般检查水平 III。特殊检查水平一般用于破坏性检查，或产品及检查费高的情况。特殊检查水平的样本量较少，所以又称小样检查。

第五步，选定抽样方式。抽样方式有一次抽样和多次抽样。一次抽样检验取决于样本量、接收数和拒收数；多次抽样检验至多 3 次，在第三次抽取样本后必须做出接收或拒收的决定。

第六步，抽取及检验样本。抽取样品后，按第一步编制的检验规格书进行检验。

2. 按工作过程次序不同划分

（1）进货检验（预先检验）。即对外购件、外协件的检验（如原材料、标准件、半成品等的检验）。其目的是防止不合格品入厂；同时可以了解供货商、协作者的情况，以便采取相应措施。

（2）工序检验（中间检验）。即在现场进行的对各工序结果的检验。其目的是防止不合格品流入下一道工序。判断工序质量是否正常、稳定，是否满足要求。

（3）成品检验（最后检验）。即对完工的成品在入库前的检验。其目的是防止不合格品出厂，对社会、用户产生危害，甚至损害企业利益。成品检验在某种意义上说是最后的质量检验，所以要求较全面。其主要包括：外观检查、精度检验、性能检查、安全环保检验和包装检验。

3. 按检验的目的划分

按检验的目的可分为生产检验、验收检验和复检检验。

4. 按检验的后果性质划分

按检验的后果性质可划分为非破坏性检验和破坏性检验。

产品质量检验流程如图 4-11 所示。

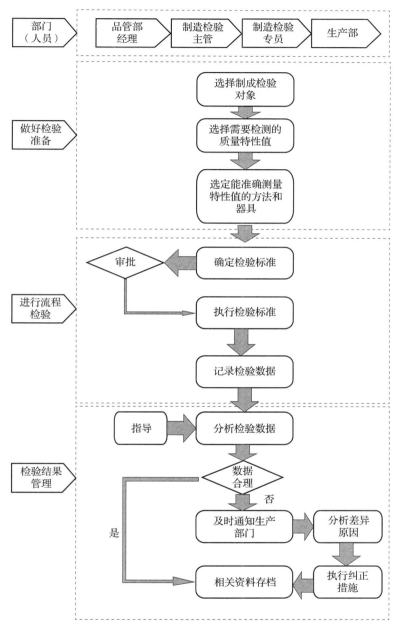

图 4-11 产品质量检验流程图

（三）产品质量检验技术

"测量"就是将被测的量与作为单位或标准的量在量值上进行比较，从而确定二者比值的实验过程。若被测量为 L，标准量为 E，那么测量就是确定 L 是 E 的多少倍。

即确定比值 $q = L/E$，最后获得被测量 L 的量值，即 $L = qE$。

1. 几何量检测

几何量检测主要对零件的尺寸误差、形状位置误差和表面粗糙度等进行检测。是机械加工中主要的测量对象，一个完整的几何量测量过程应包含：测量对象、计量单位、测量方法（含测量器具）和测量精确度（或准确度）四要素。

计量器具是可以单独或与辅助设备一起，用来确定被测对象量值的器具或装置，按测量原理与结构特点，计量器具可分为量具、测量仪器和测量装置 3 大类（见表 4-4）。

表 4-4　　　　　　　　　　　　　　　　　计量器具分类

量具	测量仪器	测量装置
量具是一种具有固定形态、用以复现或提供一个或多个已知量值的器具。按用途的不同，量具可分为： （1）专用量具：专门用来检验某种特定参数的量具。常见的有检验光滑圆柱孔或轴的光滑极限量规，判断内螺纹或外螺纹合格性的螺纹量规，判断复杂形状的表面轮廓合格性的检验样板，用模拟装配通过性来检验装配精度的功能量规等 （2）通用量具：能测量一定范围量值的测量仪器称为通用量具。如游标卡尺、外径千分尺、百分表等	能将被测量转换成可直接观察的示值或等效信息的测量器具。如立式光学比较仪、卧式测长仪、万能工具显微镜等	为确定被测量值所必需的一台或若干台测量仪器（或量具），连同有关的辅助设备所构成的系统。如国家长度基准复现装置、产品自动分拣装置等

测量方法是根据一定的测量原理，在实施测量过程中对测量原理的运用及其实际操作。广义地说，测量方法可以理解为测量原理、测量器具和测量条件的总和。在实施测量过程中，应该根据被测对象的特定和被测参数的定义来拟定测量方案、选择测量器具和规定测量条件，合理地获得可靠的测量结果。表 4-5 展示了几何量测量方法的分类。

表 4-5　　　　　　　　　　　　　　　　　　测量方法

按所测得的量是否为欲测之量分类	直接测量：从测量器具的读数装置上得到欲测之量的数值或对标准值的偏差。例如，用游标卡尺外径千分尺测量外圆直径，用比较仪测量长度尺寸等
	间接测量：先测出与欲测之量有一定函数关系的相关量，然后按相应的函数关系式，求得欲测之量的测量结果
按测量结果的读数值不同分类	绝对测量：从测量器具上直接得到被测参数的整个量值的测量。例如，用游标卡尺测量零件轴径值
	相对测量：将被测量和与其量值只有微小差别的同一种已知量（一般为测量标准量）相比较，得到被测量与已知量的相对偏差。例如比较仪用量块调零后，测量轴的直径，比较仪的示值就是量块与轴径的量值之差

按被测件表面与测量器具测头是否有机械接触分类	接触测量：测量器具的测头与零件被测表面接触后有机械作用力的测量。如用外径千分尺、游标卡尺测量零件等。为了保证接触的可靠性，测量力是必要的，但它可能使测量器具及被测件发生变形而产生测量误差，还可能造成对零件被测表面质量的损坏 非接触测量：测量器具的感应元件与被测零件表面不直接接触，因而不存在机械作用的测量力。属于非接触测量的仪器主要是利用光、气、电、磁等作为感应元件与被测件表面联系。如干涉显微镜、磁力测厚仪、气动量仪等
按被测工件在测量时所处状态分类	静态测量：测量时被测件表面与测量器具测头处于静止状态。例如，用外径千分尺测量轴径、用齿距仪测量齿轮齿距等 动态测量：测量时被测零件表面与测量器具测头处于相对运动状态，或测量过程是模拟零件在工作或加工时的运动状态，它能反映生产过程中被测参数的变化过程。例如，用激光比长仪测量精密线纹尺，用电动轮廓仪测量表面粗糙度等

尺寸误差测量是常用的几何量测量形位误差测量主要有：

（1）直线度误差测量。用刀口尺测量直线度：用刀口尺检测短小工件时，将刀口尺与工件紧贴，（这样便符合最小条件），此时刀口与实际线之间的最大间隙，就是被测实际线的直线度误差。当间隙较大时，可用塞尺直接测出最大间隙值。当间隙较小时，可按标准光隙估计其间隙大小。

（2）平面度误差测量。测微表法：将被测工件支撑在标准平板上，以标准平板为测量基面。由支架调整被测平面上对角线对应点 1 与 2、3 与 4 和标准平板等高或被测表面最远三点等高，用测微表沿被测表面上各点或按一定的布点测量被测平面，通常用测微表最大最小读数之差近似作为平面度误差值。

（3）圆度误差测量。用圆度仪可直接测出工件半径误差值，精度可达 0.025 μm 以上。测量时，将工件放在工作台上使工件轴线与仪器转油同轴。记录工件在回转周中测量截面上各点的半径差，通过计算得到该截面的圆度误差。如此测量若干截面，取其中最大的误差值作为该工件的圆度误差。如果测量时沿着工件轴线移动得到的差值则为圆柱度误差。

（4）平行度误差测量。平行度是指被测要素对基准在平行方向上的变动量，如图 4-12 所示，平行度通常都用基准平板打表测量，也可用水平仪替代指

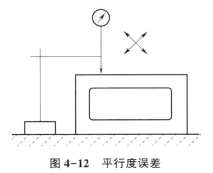

图 4-12　平行度误差

示表来测量。

（5）垂直度误差测量。用平板模拟底面基准，将表架指示器靠上直角尺对准，以此调整指示器零位（如图4-13a所示）。然后将表架移至箱体侧面，与侧面良好接触，并前后平稳移动表架，注意表架左端面要始终与箱体侧面接触（如图4-13b所示），读取指示器最大与最小读数。将指示器调整至另一高度重复上述步骤。在整个箱体侧面上取若干处高度测量最后取最大读数中的最大值与最小读数中的最小值之差作为箱体侧面对底面的垂直度误差。

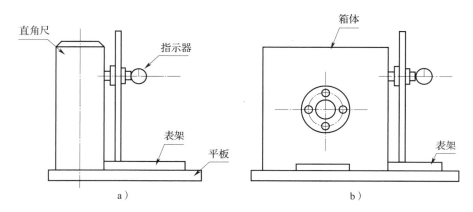

图 4-13　垂直度误差

表面粗糙度检测也属于几何量的测量范围，一般采用如下测量方法：①比较法。比较法是将被检工件表面与标有一定评定参数值的粗糙度标准样块，借助视觉、触觉、放大镜或显微镜进行比较而获得被检表面粗糙度的一种方法。②光切法。光切法是一种应用光切原理测量表面粗糙度的方法。③针描法。针描法是应用最广的表面粗糙度测量方法，它是通过金刚石触针在被测表面上慢慢滑移，触针随表面轮廓的峰谷起伏而上下振动，经传感器转换为电信号的一种测量方法。表面粗糙度仪即是按针描法原理工作的量仪。

随着计算机的发展，数字化测试仪器不断推出，采用光学非接触特别是采用激光作为测量手段的测试仪器，大大提高了测量精度和使用的方便性。如一台三坐标测量仪可以对工件的尺寸、形状和形位误差进行精密检测，完成以前多台设备才能完成的测量工作。

2. 理化性能检测

为了鉴定产品优劣，保证其质量，除了必须进行尺寸精度、形位误差等几何量检测外，对于具有特殊使用性能要求的零件还必须对其理化性能进行检验。理化性能检测主要对零件的表面缺陷和内部缺陷进行检测。无损检验可探测内部和外部缺陷：例如气孔、裂纹、夹渣、疏松、化学成分的变化、晶粒大小不均、偏析、加工缺陷、凹痕、撕裂、焊接缺陷等。

（1）致密性检验。①水压检验：适用于铸、焊类容器、管道等。常用的检验方法有：锤击法、加压法、冲水法。②气压检验：亦适用于铸、焊类容器和管道等。

（2）放射性检验。放射性检验是利用 X 射线或 γ 射线能穿透普通光不能穿透的物质，且在物质中具有衰减作用和一定的衰减规律。放射性检验主要用来检验气孔、夹渣，未焊透等工件内部缺陷。目前主要有射线照相法、荧光屏观察法、X 射线电视法。

（3）超声波检验。超声波检验是利用超声波在穿透金属时对缺陷产生反射的特性，从而检验出被检对象的优劣，超声波能穿透大多数材料，可以检验材料内部和表面缺陷，并可测量板的厚度，评价材料物理和力学性能。超声波检验的优点是灵敏度高、设备简单、对人体无伤害、检验费用低廉且便于实现信息处理和计算机自动控制；因此应用及其广泛。

（4）磁粉探伤。磁粉检验用于探测磁性材料表面或近表面上的裂纹以及其他缺陷。磁粉检验对表面缺陷灵敏度最大，属于表面探伤，与超声波检验或放射性检验相比，它灵敏度高、操作简便、检验结果可靠。

（5）渗透检验。渗透检验是检查工件或材料表面缺陷的一种方法。它不受材料磁性的限制，应用于各种金属、非金属、磁性、非磁性材料及零件的表面缺陷检查，比磁粉检验的应用范围更加广泛。另外，此法原理简明、费用低廉、设备简单且显示缺陷直观，可以同时显示各个不同方向的各类缺陷。渗透检验对大型工件和不规则零件的检查以及现场机件的检修检查，更显示出其特有的优点。但渗透检验对埋藏于表层以下的缺陷是无能为力的，它只能检查开口暴露于表面的缺陷。

奥迪特（AUDIT）是一种新型质量检验方法，它站在消费者的立场上，按用户的眼光和要求对经过检验合格的产品质量进行检查和评价，将检查出的质量缺陷落实责任，分析缺陷产生的原因，并采取整改措施消除缺陷，逐步提高产品质量。该方法是德国大众汽车公司于 20 世纪 70 年代根据汽车市场由卖方转为买方，为更好地生产出用户满意的汽车而提出的一套质量监督检查办法。AUDIT 与质量检验同样都是对产品质量进行检查，但两者有着明显的不同。

（1）立场不同。AUDIT 是站在用户的立场上检查和评审产品质量，质量检验主要是站在生产者的立场上给质量把关。

（2）时间不同。质量检验在前，AUDIT 在后。只有经过质量检验合格，并出具合格证的产品，才能进行 AUDIT 检查。

（3）标准不同。质量检验依据的是各种技术标准，AUDIT 依据的是用户的各种要求，它的目的是使用户更满意。

（4）数量不同。质量检验可以有全检和抽检，AUDIT 只进行抽检，且抽检的准则与常规抽检不同。

（5）结论不同。质量检验判定被检产品是否合格，对合格的产品出具合格证，对不合格的产品出具不合格证。AUDIT 检查则不出具合格证，它只给出用户的满意度。

（6）作用不同。质量检验主要是把关，AUDIT 主要是不断找出产品的缺陷，使产品质量不断得到提高。

实施 AUDIT 的步骤：①设置专职的 AUDIT 工作组，由厂长直接领导，人数一般以 3~5 人为宜。②制定检查表。应站在用户的立场上，从用户的角度去看产品，以用户满意为准则去制定检查表。③编制作业指导书。④确定审查周期。⑤确定抽样原则。

例如汽车厂对 AUDIT 质量缺陷严重性分级，按质量缺陷对产品适用性的影响程度，把质量缺陷分为 5 个等级，同时赋予其不同的分值。

A 级：致命缺陷，分值为 100 分。判定原则：影响产品的寿命、可靠性和主要功能，并使之明显降低，缺陷直接形成安全隐患或外观质量不能被用户接受。

B 级：严重缺陷，分值为 70~90 分。判定原则：会影响产品的寿命、可靠性和一般功能发挥的障碍，可能造成安全隐患或外观质量很难被用户接受。

C 级：一般缺陷，分值为 50~60 分。判定原则：轻微地影响产品的功能、寿命和可靠性，缺陷不可能导致事故或外观质量会引起用户的不满意。

D 级：轻缺陷，分值为 30~40 分。判定原则：轻微地影响产品的功能和寿命，但不会明显地表现出来，外观缺陷会被用户发现。

E 级：微缺陷，分值为 10~20 分。判定原则：用户不会介意的外观质量缺陷。

A、B 类缺陷在汽车厂生产的商品汽车中是绝不允许出现的，这类缺陷的商品汽车对用户而言是极其危险的，对汽车生产厂家而言是极具威胁的，例如，在整车的评审中，发动机存在严重的异响，该缺陷就属这类缺陷。

（四）产品质量检验误差

基本术语定义：

误差：是指测量值 L 与真值 μ 之差，$\delta = L - \mu$。

绝对误差：是指被测几何量的量值与其真值之差。

相对误差：是指绝对误差（取绝对值）与真值之比。

相对误差能比绝对误差更准确地反映测量精确度的高低。相对误差越大，测量精度越低。

1. 标准误差

标准误差又称为均方误差，是各个测量值误差的平方和的平均值的平方根。计算公式：设 n 个测量值的误差为 ε_1，ε_2，ε_3，$\cdots$，ε_n，则该组测量值标准误差 σ 的计算公式如下所示。

$$\sigma = \sqrt{\frac{\varepsilon_1^2 + \varepsilon_2^2 + \varepsilon_3^2 + \cdots + \varepsilon_n^2}{n}} = \sqrt{\frac{\sum \varepsilon_i^2}{n}}$$

由于被测量对象的真值未知，且各测量值的误差也未知，因此上式并不实用。实际中，常用残差 v 表示有限次（n 次）观测中的某一次测量结果的标准误差 σ，其具体的计算公式如下所示。

$$\sigma = \sqrt{\frac{(N_1 - N)^2 + (N_2 - N)^2 + \cdots + (N_n - N)^2}{n - 1}} = \sqrt{\frac{\sum v_i^2}{n - 1}}$$

其中，N 表示真值，用算数平均值替代；N_n 表示第 n 个测量值；

v 表示残差，是测量值与算数平均值之差。

应用标准误差分析产品质量检验问题有 4 点说明：

（1）标准误差是在采用等精度测量的前提下表示误差的一种方法。等精度测量是指在相同测量条件下进行的测量。

（2）标准误差不是测量值的实际误差，也不是误差范围，而是对一组测量数据可靠性的估计。

（3）标准误差小，测量可靠性就大；反之，标准误差大，测量可靠性就小。

（4）根据偶然误差的高斯理论，当一组测量值的标准误差为 σ 时，其中的任何一个测量值误差 ε，有 68.3% 的可能性是在区间 $(-\sigma, +\sigma)$ 内。

2. 测量误差

测量误差主要来源于 5 个方面：

（1）方法误差。由于测量方法不合理而造成的误差。

（2）仪器误差。由测量仪器本身及其附件原因引起的误差。

（3）环境误差。温度、湿度、振动等环境因素以及仪表要求条件不一致引起的误差。

（4）测量对象变化误差。测量过程中由于测量对象的变化使得测量值不准确而引起的误差。

（5）质检人员检验误差。质检人员检验误差主要是错检和漏检，其包括技术性误差、粗心大意误差、程序性误差和明知故犯误差。

1）技术性误差。技术性误差是检验人员因缺乏判断产品合格与否的能力、技能和技术知识而导致的误差。其具体预防措施为：①加强员工技术培训；②将不宜做质检工作的人员转岗；③检验人员竞争上岗；④及时总结推广有效经验。

2）粗心大意误差。粗心大意误差是由于质检人员粗心大意而造成的检验误差，其具体预防措施为：①定时调班或轮休；②采用先进自动化检测仪器；③建立标准样品；④简化检验操作；⑤优化产品设计。

这些预防措施的原则在于能使质检人员保持注意力，同时减少质量检验对人注意力的依赖程度。

3）程序性误差。程序性误差是由于程序或企业管理制度不健全而导致的误差。其具体预防措施为：①质检人员对检验过的产品必须按规定做好标记并分区堆放；②各工序的搬运人员应能准确识别标记，按照规定路线搬运，不搬运无标记的产品；③生产部在更换生产产品品种或规格时，应做好场地清理工作，并由质检人员检查、验收。

4）明知故犯误差。明知故犯误差是由于质检人员在各种压力下放弃原则而导致的误差。其具体预防措施为：①公司领导应以身作则；②从制度上明确质检人员的责任；③定期进行质量检验审核，并严肃处理问题人员；④选用作风正派、能坚持原则的人员从事质检工作；⑤加强质量教育和职业道德教育，增强质检人员的质量意识。

（五）产品质量分析的概述

产品质量分析就是对产品的质量水平从影响的各方面进行评价与判断，找出影响产品质量的主要因素，提出改进建议和措施并指导有效实施的工作过程。

（1）产品质量分析是对企业质量管理活动最终成果的判定，客观地显示企业质量管理工作的综合水平。

（2）产品质量分析是质量管理咨询的切入点，可从对最终结果的分析发现各环节的质量问题，以便及时采取调整措施，使质量管理咨询工作做到有的放矢。

（3）产品质量分析能真正掌握企业的产品质量水平和动态，通过对质量缺陷的调查研究，同国内外同类产品进行比较，瞄准竞争产品，提出质量改进建议帮助客户提高国际、国内市场的占有率和客户满意度。

SPC 控制图为常用的质量分析工具（在后面章节进行讲述），其他常用的质量分析工具如下：

1. 排列图

排列图又称主次因素分析图或帕累托图，是用来寻找影响质量主要因素的一种有效工具。排列图中横坐标表示影响产品质量的因素或项目，一般以直方的高度来表示各因素出现的频数（不合格品件数），并从左至右按频数由小到大的顺序排列；坐标设置两个，左边的表示因素出现的频数（件数、金额等），右边的表示出现的频率（百分数），曲线纵坐标值表示因素累计百分数的大小。通常把累计百分数分为 3 类：0~80% 范围内为 A 类，是引起质量问题的主要因素，因此从 A 类因素着手解决质量的关键问题，可以取得最佳效果；80%~90% 范围内为 B 类，是引起质量问题的次要因素；90%～100%范围内为 C 类，是引起质量问题的一般因素。

排列图不仅可用于产品质量波动问题的分析，还可用于分析物资、能源消耗、资金、成本、安全事故等各种问题的原因，它是一种应用广泛、简便有效的分析方法。作排列图应当注意以下几点：

（1）表示项目的各矩形宽度相等，高度按该项目的大小决定。

（2）主要因素一般为 1~2 个，最多不超过 3 个，否则要对因素重新分类。

（3）纵坐标用件数、金额、时间等表示，原则是以更好地找到主要因素为准。

（4）不重要的项目很多时，可以归入"其他"栏列在最后。

案例以××医疗机械厂为例，为解决大批量报废心电图机的问题，提高心电图机生产质量，工厂组建了专门小组进行分析解决，该小组利用排列图法进行分析演示的过程如图 4-14 所示。

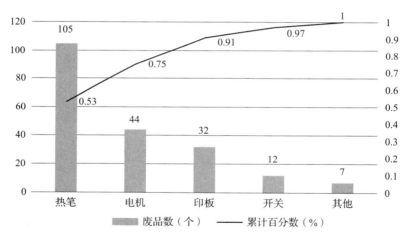

图 4-14　心电图机排列图

通过对一段时期报废的 200 台心电图机进行分析，编制"心电图机报废品分项统计表"，并进行简单分析，相关数据具体内容见表 4-6。

表 4-6　　　　　　　　　　　心电图机报废品分项统计表

项目	废品数（个）	累计废品数（个）	累计百分数（%）
热笔	105	105	53
电机	44	149	75

续表

项目	废品数（个）	累计废品数（个）	累计百分数（%）
印板	32	181	91
开关	12	193	97
其他	7	200	100
累计废品总数		200	
说明	$累计百分比 = \dfrac{该项目的累计废品数}{累计废品总数} \times 100\%$		

分析数据，由上图可知，"热笔"和"电机"属于 A 类因素，其余均属于 C 类因素，由此可知"热笔"和"电机"是导致心电图机质量差的主要原因。

2. 因果分析图法

因果图又称为鱼骨图或特性要因图，如图 4-15 所示，是将造成质量问题的原因，以系统的方式来分解，找出可能发生的所有原因，进而确定主要原因的一种质量工具。因果图法是咨询人员进行因果分析时经常采用的一种方法，其特点是简洁实用，比较直观。

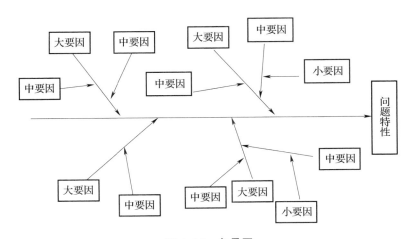

图 4-15　鱼骨图

作图方法：①将质量特性或问题描述填入主干箭头指向的方框内；②确定并填入大要因，可以使用 5M1E 的归纳方式，即人、机、料、法、环、测来确定大要因；③分别讨论各项要因，填入图中；④填完要因后，进行整体审核，避免出现重复、遗漏等情况；⑤找出并标识要因；⑥核查事实，验证所选要因是否为真正的要因，根据分析结果提出质量改进建议。

3. 亲和图法（KJ法）

（1）概念。

亲和图是一种用于组织思想和数据的业务工具，是七大管理和规划工具之一。"亲和图"一词是由川喜田二郎（Kawakita Jiro）在20世纪60年代设计的，因此也称为KJ法。该方法通常在项目管理中使用，其方式是首先运用头脑风暴法将大量想法进行分类和归纳，然后根据各个项目之间的关系进行分析，从而明确问题并解决问题。另外，亲和图还经常被运用到实地访谈笔记中，以及各种其他形式自由的活动中，如组织开放式调查等。KJ法的主要特点是在比较分类的基础上由综合求创新，如图4-16所示。

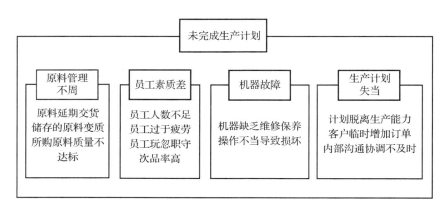

图4-16 未完成生产计划的亲和图分析

（2）绘制步骤。

1）确定研究主题。参与研究的成员一般在10人以内，组织者要用尽可能简练通俗的语言阐明所要研究的主题，力争使每一位成员从一开始就对所讨论的问题有清晰的认识。

2）收集想法并记录。通过头脑风暴法让每个参与者都提出自己的设想，并且写在卡片上，每张卡片只记录一个想法。

3）整理卡片。参与者把所有卡片集中起来，进行头脑风暴。即根据自己的理解，分析每张卡片内容的相关关系，将内容相近的卡片归为一类，定位成一个分组，并赋予该分组一个合适的标题，写在一张卡片上。按照这个方式，再继续合并内容相近的分组，并重新为其赋予新标题，重复两到三轮后，最终将所有内容总结为一个标题。

4）制作亲和图。根据上述步骤，可以把所有分组按相互从属关系，粘贴到一张大纸上，并用线条把彼此有联系的分组连接起来。如果发现相互之间没有任何联系，则要重新进行分组，直至找出相关性。

5）得出分析结论。根据绘制的亲和图，参与者讨论解决问题的最佳方案，会后再交给专家进行评定，在完成所有分析后即可得出结论，并撰写分析报告。

（3）主要用途。

1）汇集多方思想，合力解决问题。参与者全面收集与质量问题相关的数据和资料，可以集中集体的智慧。使用头脑风暴法对问题进行多轮次深入探讨，可以不断加深对问题的认识，从而有助于得出最优的解决办法。

2）打破常规，激发创意。在使用亲和图法的过程中，通过集体思考和交换意见在思想的相互碰撞过程中很容易产生新的创意火花，这有助于打破固有的思维定式，摆脱旧有的观念束缚，消除对问题的陈旧认识，产生更有创造力的解决办法。

3）统一认识。在参与者提出各自的想法后，都要进行几轮的讨论和意见交换，每轮讨论过程实质上都是集体思想相互碰撞、弥补、归纳和融合的过程。经过几轮讨论后，这个过程被不断重复，从而可以不断地对问题达到更深入的认识，并形成更高程度的共识，有利于统一思想。

4）贯彻方针。管理人员利用亲和图法，通过与下级人员的良好互动，可以更好地向下级传达上级的方针政策，加强下级人员的理解。

4. 关联图法

（1）概念。

关联图又叫关系图，是用一系列的箭线来描述问题各个因素之间的因果关系的连线图。该方法可以展示所有与复杂问题相关的因素，以及这些因素之间的因果关系，是一种根据逻辑关系厘清复杂问题的方法。使用该方法可以迅速抓住重点问题并寻求解决对策，如图4-17所示。

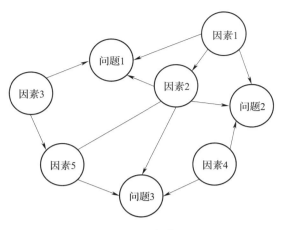

图 4-17　关联图

（2）绘制步骤。

1）确定问题及原因。首先，小组成员要准确分析产品存在哪些质量问题，并一一列出。然后，小组成员展开自由讨论，对所有问题逐一深入分析原因，要让每一个人都充分表达自己的观点，包括支持自身观点的论据等。在确定问题和原因后，将它们写在纸上，并圈出。

2）小组成员继续讨论问题与因素，以及因素之间的因果关系，在形成共识后，用箭头连接原因和结果，箭头方向只能由原因指向结果，或由一个原因指向另一个原因。

3）根据画出的关联图继续分析讨论，并检查是否有不够准确或遗漏之处，复核并确认各种因素之间的相互关系。将重要问题或重要因素用双线或粗线醒目地标示出来，分析确定解决问题的切入点。

（3）主要用途。

使用关联图有助于分析问题原因。由于问题的各个因素之间错综复杂，相互影响，同一个因素可能会影响两个及两个以上的问题，关联图法将因果关系清晰地描绘出来，便于人们在复杂问题中梳理原因。此外，关联图法有助于促进各部门间的质量合作，全面加强组织内部的质量管理意识，不断提高整体质量管理水平，预防制造过程中不良品的出现。

5. 树图法

（1）概念。

树图法是以图形形式表示结构的分层性质的一种方法，它将具有包含关系的数进行层次化分解，展示事物的内部构成或内在逻辑关系。使用树图法可以明确问题的重点，寻找解决问题的最佳手段，如图4-18所示。

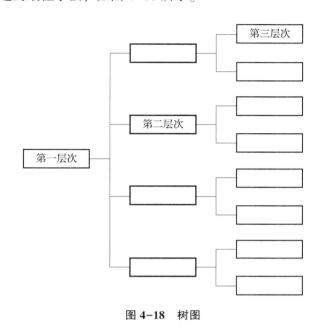

图 4-18　树图

（2）绘制步骤。

1）确定具体的目标或主题。确定目标时应该注意：①目标的表达应尽量简洁。②对于限制事项需要提前予以说明。③要思考几个重要问题，弄清楚"为什么要实现这个目标""如何实现目标"等。

2）提出手段和措施。为了达到预定的目标，必须集合众人的智慧，集思广益，针对目标提出具体的操作手段和措施并记录下来。可供参考的方法包括：①从水平高的手段和措施开始，按顺序边想边提；②先提出被认为是最低水平的手段和措施，然后继续按顺序提出较高水平的手段和措施；③不考虑水平高低，以随机的方式提出手段和措施。

3）进行评审。要对提出的手段、措施进行评审，并调查它们在经济和技术上的可行性。有限制事项时，要对限制事项进行评审。评价结果可以用"○""△""×"表示，其中"○"表示可行，"△"表示需要更深入地调查才能确认此事项，"×"表示不可行。对于带有"△"的事项，一定要经过认真调查才能明确是"○"（可行）还是"×"（不可行）。

4）画出树图。先把经过评审后的手段和措施用通俗简练的语言写在卡片上，然后形成目标手段的系统展开图。在绘图过程中，会不断发现新的手段和措施，要及时补充到树图中。

（3）主要用途。

树图主要用于对各项活动、目标、方针政策等问题进行内容结构的展开。例如，在新产品的研制过程中，可以用树图对质量设计工作进行结构化展开；在制订质量计划时，可以对质量计划活动进行展开；在质量改进阶段，可以对质量改进工作的各个阶段进行展开等。此外，利用树图还可以对企业有关成本、生产管理、部门职能和管理职能等内容进行分析。

6. 矩阵图法

（1）概念。

矩阵图可以表示两个或多个要素之间的关系。当预期解决的问题比较复杂，且影响因素之间互相关联，无法将它们分开考察解决时，可以使用矩阵图法从多个角度分析问题，从而逐步明确问题的原因。在矩阵图中，首先从造成问题的因素中找出成对要素 L_1，L_2，…，L_n；R_1，R_2，…，R_n，列 R_n 和行 L_n 的每个交点都表示两个因素之间的关联程度，二者可能存在关系，也可能不存在。从这些关联程度中找出关联度最大的成对因素即为问题的关键点。

（2）绘制步骤。

1）列出质量因素。在矩阵图的上方第二行列出质量过程的全部输出因素或缺矩阵图的左侧第一列填入全部输入因素。

2）确定每一输出因素或缺陷的重要度，并规定各自权重（权重由 1~10 表示；1 代表的重要度最低，10 代表的重要度最高）。

3）评价每一输入变量或影响因素对各个输出变量或缺陷的相关关系，矩阵图中的单元格用于表明该行对应的输入变量的相关程度，一般将这种相关程度分为 4 类，由小到大分别赋予 0、1、3、9 的分值或 0、1、3、5 的分值。

4）评价过程输入变量或影响因素的重要程度，将每一单元的相关程度的分值乘以该列对应的输出变量的权重数，然后将每一行的乘积加起来，这个结果代表了该输入变量或影响因素的权重。其中，权重较高的项目是重点关注对象。

7. 优先矩阵法

（1）概念。

优先矩阵图用于对项目进行排序，并根据加权标准对项目进行描述。该方法可以看作是树图法和矩阵图法的结合，它对所要研究的项目进行一对一的评估，最终将研究范围缩小到最理想或最有效的项目上。

优先矩阵图法可以帮助决策者确定所要实施的活动或者目标的重要程度。例如，空军要购买一种战斗机，要在三种机型之间进行选择，其中第一种具有较高的隐身性和较强的机动性，第二种具有较强的空中格斗能力和飞行稳定性，第三种则具有较高的载弹量和较强的电子对抗能力，此时军方可以借助优先矩阵图进行购买决策。

（2）绘制步骤。

1）建立一个矩阵图，将所要评价的全部项目列在第一行和第一列，然后比较相互之间的重要性，并计算每一项目的权重得分（行的相对百分比）。

2）对所有评价项目给出权重后，对照每一个项目对所有可能的选择进行评分。

3）最终的矩阵是把所有选项写在矩阵左边第一列，把所有评价项目放在矩阵顶部第一行。将上述的权重得分填入并相乘，对每个选择的得分进行加总并求得其相对百分比，得分最高的被认为是最好的选择。

（3）用途。优先矩阵图法能够提高决策的客观性和准确性。当面临多种复杂选择和评价项目时，评估团队可以利用优先矩阵图法进行系统的讨论、识别，优选出对做出决策最具影响的评价项目，并评估所有可能，最终做出最优决策。

常用的有关质量分析方法还有：①过程决策程序图法，也称为 PDPC（Process Decision Program Chart）法，是为了制定应急方案而设计的一种方法。PDPC 法主要用来确定在完成任务的过程中，当出现各种不利条件时，活动计划会受到多大程度的影响。②网络图法又称为网络计划技术，它用于规划一组任务的完成顺序。具体地说，就是把推进计划所必需的各项工作，按时间顺序和从属关系进行计划、安排和优化。

三、质量管控与质量保证

（一）质量管控的概述

质量管控是管理科学的重要分支，随着现代管理科学的发展，现代质量管控已发展成为独立的管理科学质量管控工程。ISO 9000 对质量管控的解释是：确定质量方针、目标和职责，并通过质量计划、质量管控、质量保证和质量改进等手段来确定质量体系，从而执行所有活动的所有管理职能。中国目前对质量管控概念的一般定义是：在一定的技术和经济条件下，确保向社区或用户提供所需的产品质量和一系列有效的管理活动。

为了满足内、外部顾客的要求，生产过程质量管控是对生产汇总一系列过程要素执行的一套监控程序或经过策划而采取的对策及措施。如图 4-19 所示，质量管控的相关概念包括：

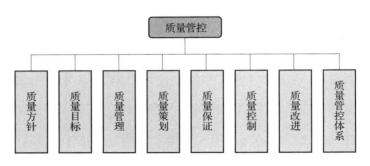

图 4-19　质量管控相关概念

（1）质量方针（Quality Policy）：质量方针是指组织的最高管理者正式发布的组织的总体质量目标和方向。通常质量方针与组织的总体政策保持一致，并为制定质量目标提供框架。

（2）质量目标（Quality Objective）：质量目标是在质量方面追求的目标。质量目标通常基于组织的质量政策，并细分为组织的相关职能和级别目标。

（3）质量管理（Quality Management）：质量管理是指在质量方面指挥和控制组织的协调的活动。

（4）质量策划（Quality Planning）：质量策划是质量管控的一部分，致力于设置质量目标并指定实现这些目标所需的操作过程和相关资源。

（5）质量保证（Quality Assurance）：质量保证是质量管控中的一部分，它致力于提供可以满足质量要求的信任。

（6）质量控制（Quality Control）：质量控制是质量管控的一部分，致力于满足质量要求。

（7）质量改进（Quality Improvement）：质量改进是组织范围内的一项举措，旨在提高活动和流程的有效性和效率，以便为组织及其客户提供增值收益。

（8）质量管控体系（Quality Management System）：质量管控体系是一种在质量方面指导和控制组织的管理系统。质量管控体系是在组织内部建立的系统质量管理模型，对于实现质量目标是必要的，并且是组织的战略决策。

质量管控只有在一系列科学的原理指导下才能取得成效。质量管控的八项原则是最基本规律，以管理方面的实践经验为基础，以高度通用的术语表述，可以指导组织通过关注客户及其他相关方的需求和期望来长期改善整体绩效的目标。质量管控的八项原则是 ISO 9000 族标准实施经验和理论研究的总结，这八项原则包括：①以顾客为关注焦点；②领导作用；③全员参与；④过程方法；⑤管理的系统方法；⑥持续改进；⑦基于事实的决策方法；⑧与供方互利的关系。

质量管控方法是一种通过统计分析质量数据，揭示质量偏差或原因，确保或提高质量水平的手段。常用的质量管控方法或工具包括分层图法、排列图法、因果图法、散布图法、直方图法、控制图法，以及关系图法、KJ 图法、系统图法、矩阵图法、矩阵数据分析法、PDPC 法、网络图法。

生产过程质量管控的主要内容可以划分为：

（1）材料管控。应相应规定生产过程中所需的材料和零件的类型、数量和要求，以确保过程材料的质量并保持过程中产品的适用性；在处理过程中应标记物料，以确保物料标记和验证状态的可追溯性。

（2）设备的管控与维护。相应地规定了影响产品质量特性的设备工具、测量仪器等，并应在使用前验证其准确性，在使用之间进行合理的存储和保护，并定期进行验证和重新校准；制订预防性设备维护计划以确保设备的准确性和生产率，以确保连续的处理能力。

（3）生产关键过程管控管理。难以测量的产品特性，所涉及设备的维护和操作所需要的特殊技能以及特殊过程都集中在管控上；及时改善和纠正工艺缺陷，在生产过程中以适当的频率监视、管控和验证工艺参数，以掌握所有设备和操作员等是否都能满足产品质量的需求。

（4）文件管控。确保实现了流程计划的要求，并且流程中使用的与流程相关的文档是有效版本。

（5）过程变更管控。确保过程变更及其实施的正确性，明确定义变更的责任和权限，对变更后的产品进行评估，并验证变更的预期效果。

（6）验证状态管控。采用适当的方法来标记过程的验证状态，通过标记来区分未验证、合格或不合格的产品，并通过标记来标识验证的责任。

（7）不合格品的管控。制定和执行不合格产品的管控程序，及时发现不合格产品，清楚地识别、隔离和存储不合格产品。决定不合格产品的处理方法并进行监督，防止客户收到不合格产品和不当使用的不合格产品，并避免不必要的费用来进一步处理不合格产品。

（二）工序能力指数

工序是指一个（或一组）工人在一个工作场地上（如一台机床或一个装配工位等）对一个（或若干个）工作对象连续完成的各项操作的总和。可以说，工序是产品在生产过程中形成质量的基本加工单元。在一个工序中对形成质量有较大影响的因素5M1E等，对工序质量进行控制，事实上就是对这六个要素进行控制。

机械加工的长期实践表明，一名工人在同一台机器设备上，用同一种原材料，采用同样的工艺方法加工同一批零件，并用同一种计量仪器进行测量，所得的结果却是不完全相同的。在质量控制中，这种现象被称为质量波动。质量波动在任何加工过程中都是客观存在的，是不以人的意志为转移的。考核工序质量的好坏，主要看其波动性的大小。波动小，工序质量就稳定；波动大，说明工序保证加工质量的能力差。对质量波动有影响的主要是前节所述的 5M1E 要素。如果进一步分析，工序质量波动可分为正常波动和异常波动两大类。

工序能力是指在正常条件和稳定状态下产品质量的实际保证能力，又称为加工精度。产品的制造质量主要取决于工序能力的高低，如果工序能力高，产品质量的波动就小，就容易满足质量要求。反之，产品质量的波动就大，意味着产品的质量差。在工序处于控制状态下，工序质量的波动是由一些偶然因素引起的。因此在不考虑异常波动的条件下，加工质量一般呈正态分布。

由概率理论可知，一个正态分布曲线可以用两个参数来表示，即平均值 μ 和标准差 σ。平均值 μ 反映了正态曲线所处的位置，其理想位置与质量的名义值相重合；标准偏差 μ 反映了正态曲线的"高矮"和"胖瘦"。曲线"高"和"瘦"就意味着绝大部分质量值接近名义值，波动的范围很小，工序能力强。正是由于标准偏差反映了加工质量的波动量，所以实践中人们常用 σ 作为基础来表征工序能力的大小，σ 越小，工序能力越强；σ 越大，工序能力越弱。实践中，为了便于控制加工质量，人们常用 $\pm 3\sigma$ 来描述工序能力。这是因为当生产过程处于受控状态时，在距平均值 $\pm 3\sigma$ 范围内的产品占整个产品的 99.73%。换言之，如果取工序能力为 6σ，则有 99.73% 的产品为合格品，废品率仅为 0.27%。

工序能力的高低一般通过计算工序能力指数的方法测定。工序能力指数用 C_p 表示，其计算公式为 $C_p = 技术要求 / 工序能力 = T/B$；

从上式中不难看出，工序能力指数同这道工序的技术要求 T（用公差表示）和加工精度 B（用 6σ）有关系，因此它是反映工序能力满足质量要求程度的一个综合性指标。工序能力指数越大，说明工序能力越能满足技术要求甚至有一定储备，质量指标越有保证或越有潜力。下面分不同情况来介绍工序能力指数的计算方法（在实际应用中由于 σ 在生产中还无法得到，通常用标准差 S 取代）：

（1）当加工产品的尺寸分布中心与质量标准中心（即公差中心）重合时，C_p 的计算公式为：

$$C_p = T/6\sigma$$

（2）当加工产品的尺寸分布中心与公差中心不重合时，首先进行调整，使两个中心重合；如果调整有困难或没必要调整时，计算 C_p 值时应进行修正，修正后的工序能力指数 C_{pk} 计算公式为：

$$C_{pk} = (1-K) \quad C_p = (T-\varepsilon)/6\sigma$$

式中，ε 为平均值的偏移量；K 为平均值的偏移度。

通过工序能力指数的计算可以了解工序能否保证质量及满足质量标准的公差要求的程度，它的判断评价标准见表 4-7。利用工序能力指数还可以为设备验收、工艺方法和质量标准的制定及修改提供科学的依据。

表 4-7 C_p 值的判断评价标准

C_p 值的大小	评价
$C_p > 1.67$	优，工序能力充分满足；考虑设备精度是否浪费
$1.67 \geqslant C_p > 1.33$	良好
$1.33 \geqslant C_p > 1$	符合要求，有超差的可能，加强质量管控
$1 \geqslant C_p > 0.67$	工序能力不足，应该采取措施，研究与调整工艺
$C_p < 0.67$	工序能力严重不足，立刻追查原因，采取措施

（三）工序质量控制

工序质量控制也称工序控制，就是根据产品的工艺要求，研究产品质量的波动规律，找出造成异常波动的工艺因素，并采取各种措施，使质量波动始终保持在产品的技术要求范围内。工序控制主要包括以下内容：

（1）对生产条件的控制。就是对人、机、料、法、环、测六大影响因素进行控制，也就是要求生产技术及业务部门为生产提供并保持合乎标准要求的条件，以工作质量去保证工序质量。同时，还要求每道工序的操作者对所规定的生产条件进行有效的控制，包括开工前的检查和加工过程中的监控，检验人员应给予有效的监督。

（2）对关键工序的控制。对影响质量的关键工序应采取特殊措施。对关键工序，除控制生产条件外，还要随时掌握工序质量变化趋势，采取各种措施使其始终处于良好的状态。

（3）不合格品控制。不合格品控制应由质量管理部门负责，而不能由检验部门负责。质量管理部门除负责对不合格品进行管理外，还应据此掌握质量信息，以便进行预防性控制，组织质量改进。不合格品的控制应有明确的制度和程序。

在产品制造过程中，运用重点控制和预防为主的思想，控制的对象往往是关键的质量特性（如尺寸、性能、硬度、粗糙度、形位公差等）、关键部位（如装配的关键环节、热处理的温度）和薄弱环节（如机加工中经常产生不合格品的工艺环节）。通常，应考虑在下列工序建立控制点：①形成产品主要质量特性的工序。②在工序上有特殊要求，需要特殊控制的工序。③对产品质量有重大影响的关键工序。④经常发生质量问题的工序。

统计工序控制 SPC 有时也译为统计过程控制。SPC 的概念最初是由休哈特于 1924 年提出来的，到今天已经在工业化国家得到普遍应用，且取得了巨大的经济效益。统计工序控制是利用数理统计的方法，对工艺过程的各个阶段进行控制，从而达到改进与保证产品质量的目的。SPC 强调全过程预防为主的思想。SPC 不仅可用于制造过程，而且还可以用于服务过程，以改进和保证服务质量。

产品质量的统计观点是现代质量工程的基本观点。它有两点含义：①产品质量总是具有变异的；②产品质量的变异具有统计规律。基于这两点，可以用统计理论来保证与改进产品质量。在生产过程中，只有随机因素而没有异常因素的状态称为稳定状态，也称为统计控制状态。在统计控制状态下，对产品质量的控制不仅可靠而且经济，所产生的不合格品最少。因此，稳态生产是工序控制所追求的目标。SPC 不是从孤立的一道工序出发，而是从上、下工序的相互联系中进行系统分析。

SPC 的核心是控制图理论（如图 4-20 所示），横坐标为取样时间或取样序号，纵坐标为测得的质量特性值。有 3~5 条与横坐标平行的线，中间一条实线段称为中线，

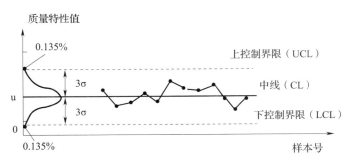

图 4-20　控制图

记为 CL（Central Line），上面一条虚线称为上控制界限，记为 UCL（Upper Central Line），下面一条虚线称为下控制界限，记为 LCL（Lower Central Line），一般采用中线上下 3σ 作为界限。通过抽样检验，测量质量特性数据，用点描在图上相应的位置，便得到一系列坐标点，将这些点连起来，就得到一条反映质量特性值波动状况的折线。通过分析折线的形状和变化趋势，以及折线与 3 条控制线的相互关系，可得到工艺过程的状况。若点全部落在上、下控制线之间，且点的排列没什么异常状况时，就说明生产过程处于稳定状态（受控状态）。否则，就可判定生产过程中出现异常情况，应立即查明原因，并设法消除，使工艺过程的质量状态得到控制。

控制图分为两大类，即计量值控制图和计数值控制图。常用的控制图有 8 种，它们的分类和应用范围见表 4-8。应该指出，控制图的种类虽有不同，但它们的基本原理却是相同的。

表 4-8 控制图类型及特点

控制图类型	控制图名称	代号	应用范围
计量值控制图	平均值–极差控制图	$\bar{x}-R$	计量值数据控制
	中位数–极差控制图	$\tilde{x}-R$	同上，但检出力较强
	单值控制图	x	同上，但检验时间应短于加工时间
	单值–移动极差控制图	$x-R_s$	同上，但用于一定时间里，只能获取一个数据的工控制
计数值控制图	不合格品率控制图	P	关键件全检场合
	不合格品数控制图	P_n	半成品或零部件在一定样本容量 n 的场合
	单位缺陷数控制图	U	全数检验单位缺陷数场合
	缺陷数控制图	C	要求每次检测样本容量为 n 的场合

其中：$\bar{x}$ 为子样平均数；$\tilde{x}$ 为子样中位数；R 为极差 $x_{max}-x_{min}$。

进行 SPC 分析时控制图的使用依据：

（1）明确应用控制图的目的。应用控制图的主要目的可以归纳为：发现工序异常点，追查原因并加以消除，使工序保持受控状态；对工序的质量特性数据进行时间序列分析，求组内波动与组间波动，以掌握工序状态。

（2）确定控制的质量特性。就是选出符合运用目的、可控、易于评价的质量特性或项目。如对产品的使用效果有重大影响的质量特性；对下道工序的加工质量关系重大的质量特性；本工序的质量指标；生产过程中波动大的质量特性；与经济性、安全性、可靠性有关的质量特性等。

（3）选择控制图。选用何种控制图，要根据质量特性和数据的收集方式来决定。

（4）绘制分析用控制图。随机收集 20～25 个以上的样本，绘成控制图，绘制质量波动曲线，分析判断工序是否处于受控状态。如果判定工序处于受控状态，则转入下一步骤；否则，则追查原因，采取措施，直到工序回到受控状态。

（5）绘制控制用控制图。当判定工序处于控制状态，且工序能力指数达到规定要求时，便应作为一种期望状态，并且今后也应维持这种状态。可延长控制线，作为控制用控制图。

（6）进行日常工序质量控制。在日常生产活动中，随机间隔取样，进行测量和计算，在图上描点、观察分析、判断工序状态。如无异常现象，则维持现状进行生产，如果出现可能的质量降低信息，应采取措施消除异常；如果出现质量提高的信息，应总结经验，进行标准化和制度化。

（7）修订控制界限线。为使控制图的控制界限反映实际工序质量状况，应定期修订控制界限线。除定期修订外，当遇到下列情况时，还应进行不定期修订：①通过积累的数据分析，表明工序质量发生了显著的变化；②工序条件如材料成分、工艺方法、工艺装备和环境条件发生了显著变化；③取样方法已改变。修订时，应重新收集数据，通过第（4）、（5）两步，得到新的控制界限线。

（四）质量管控体系

可以将质量管控体系视为一种管理和改进核心流程的机制，其目的是"以最低的组织总体成本最大化客户满意度"。它应用并集成了标准、方法和工具以实现与质量相关的目标。因此，质量管控体系代表了组织特有的质量概念、标准、方法和工具的特定实现。质量管控体系为记录过程以控制和改进操作从而实现以下目标提供了基础：①产品一致性更高，变化更少。②更少的缺陷、浪费、返工和人为错误。③提高生产力、效率和效力。④推动创新。

针对质量管理体系的要求，国际标准化组织的质量管理和质量保证技术委员会制定了 ISO 9000 族系列标准，以适用于不同类型、产品、规模与性质的组织，该类标准由若干相互关联或补充的单个标准组成，其中为大家所熟知的是 ISO 9001《质量管理体系要求》，它提出的要求是对产品要求的补充，经过数次的改版。ISO 9000 系列标准是早期提出的，而在 2020 年 8 月，质量信息框架（QIF，Quality Information Framework）3.0 计量标准已被 ISO 收集、批准和发布，作为新的 ISO 标准 ISO 23952：2020。

在 ISO 9000 标准基础上，不同的行业又制定了相应的技术规范，如 IATF 16949《汽车生产件及维修零件组织应用 ISO 9001：2015 的特别要求》，ISO 13485《医疗器械质量管理体系用于法规的要求》等。

1. ISO 9000 系列标准

ISO 9000 标准是国际标准化组织（ISO）在 1994 年提出的概念，是指由 ISO/Tc 176（国际标准化组织质量管控和质量保证技术委员会）制定的国际标准。为了适应世界范围内对质量管控和质量保证的需求，ISO 于 1979 年成立了质量保证技术委员会，并在 1987 年将其更名为质量管控和质量保证技术委员会（ISO/TC 176），负责制定质量管控和质量保证标准。

1986 年，ISO 发布了 ISO 8402《质量——术语》标准，1987 年发布了 ISO 9000《质量管控和质量保证标准——选择和使用指南》、ISO 9001《质量体系——设计开发、生产、安装和服务的质量保证模式》、ISO 9002《质量体系——生产和安装的质量保证模式》、ISO 9003《质量体系——最终检验和试验的质量保证模式》、ISO 9004《质量管控和质量体系要素——指南》，以上六项标准统称为 ISO 9000 系列标准或 ISO 9000 标准。

ISO 9000 系列标准的出台，统一了在 ISO 9000 族标准的基础上，各个国家的质量管控和质量保证活动。这一系列标准总结了工业化国家先进组织质量管控的实践经验，统一了质量管控和质量保证的术语和概念，并对促进组织的质量管控，实现组织的质量目标产生了积极的影响，有利于消除贸易壁垒，提高产品质量和客户满意度等，已受到世界各国的普遍关注和采用。ISO 组织最新颁布的 ISO 9000：2000 系列标准有三个核心标准：

（1）ISO 9000：2015 质量管理体系：基础和术语。

该标准为正确制定质量管控体系其他标准奠定了基础。该标准从八种质量管控原则的描述开始。八项质量管控原则是组织提高绩效，帮助组织实现可持续成功的框架，并且是 ISO 9000 系列标准的基础。按照术语的逻辑关系，该标准将与质量管控体系相关的术语分为人员、组织、活动、过程、系统、要求、结果、数据、信息和文档、客户、特征确定、措施、审核，在 13 个类别中，总共定义了 138 个术语。

（2）ISO 9001：2015 质量管理体系：要求。

ISO 9001：2015 是建立质量管控体系标准的国际标准。它是 ISO 9000 系列中唯一获得正式认证的标准。该标准基于几项质量管控原则，包括明确关注满足客户要求，强有力的公司治理和对质量目标的领导承诺，过程驱动的实现目标的方法以及持续改进。ISO 9001：2015 通过专注于提供给客户的产品和服务的一致性和质量来帮助组织提高客户满意度。

（3）ISO 9004：2015 质量管理体系：业绩改进指南。

ISO 9004 是一份为组织的持续成功而进行管理的指导性文件，为质量管控提供了比 ISO 9001 更广泛的视角。ISO 9004 为那些最高管理层希望超越 ISO 9001（或其他管理标准）要求的组织提供指导，通过系统和持续地改进组织的绩效，满足所有相关方的需求和期望，并使他们满意。尽管 ISO 9004 是对 ISO 9001 的补充，但它可以被任何组织独立使用，无论其规模或行业。

ISO 9004 提倡使用自我评估来确定不同相关要素的成熟度，以便清楚地了解组织不断变化的商业环境和当前的绩效。自我评估还有助于确定弱点和优势，并认识到改进和创新的机会。自我评估包括以下关键要素：①管理和领导；②战略和政策；③资源管控；④流程管控；⑤监测和测量；⑥改进、创新和学习。

2. 质量信息框架 QIF

质量信息框架 QIF 是一种 ISO 标准的 CAD 中性文件格式，它支持工程应用中的数字线程概念，从产品设计到制造再到质量检验。它可用于下游的互操作性和整个产品生命周期的可追溯性，特别是在计算机辅助流程和工程应用中。QIF 建立在 XML 框架上，便于与其他系统、网络/互联网应用和其他正式标准进行整合和互操作，是真正的统一和通用方法。图 4-21 是其标识。

QIF 3.0 已被指定为美国国家标准（ANSI）。2020 年 8 月，该 ANSI 标准被 ISO 收集、批准和发布，成为新的 ISO 标准。QIF 支持设计、计量、制造，对工业革命 4.0 至关重要。QIF 的特点主要可以概述为以下内容：①结构化数据：基于特色的、以特征为中心的制造质量元数据本体论。②现代方法：XML 技术——简单的实现和内置的代码验证。

图 4-21　QIF 标识

③连接的数据：语义上与模型相连的信息，以实现对 MBD 的全面信息追踪。④标准数据：批准的 ISO 和 ANSI 互操作性标准。

ISO QIF 是由 8 个部分组成的，如图 4-22 所示。

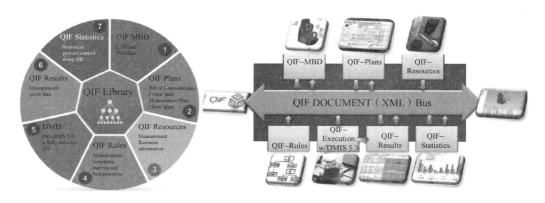

图 4-22　QIF 的组成与架构

（1）QIF 概述：描述整个 QIF 信息模型的一般内容和结构，包括最高级别的数据结构。

（2）QIF 库：贯穿不同 QIF 应用领域的核心 QIF 数据结构。

（3）QIF MBD：即基于模型的定义，QIF MBD 定义了一种数字数据格式，用于传达零件的几何形状（通常称为"CAD"模型）以及下游制造质量流程（如 PMI）所需的信息。

（4）QIF 计划：定义了传达测量计划的数字格式，其中可能包括一组要测量的特征和特性、要使用的资源、要使用的测量程序等。

（5）QIF 资源：尺寸测量资源的数字定义，足以用于为产品认证、验收或任何其他尺寸测量数据的普通应用生成高水平的测量计划。

（6）QIF 规则：定义了用于指定测量规则的格式，有时也被称为测量模板或测量宏。

（7）QIF 结果：定义了用于指定质量操作结果的格式。

（8）QIF 统计：用于定义一组结果的统计分析（如个人、平均数、标准偏差、最大、最小等）。

QIF 的信息框架如图 4-23 所示。

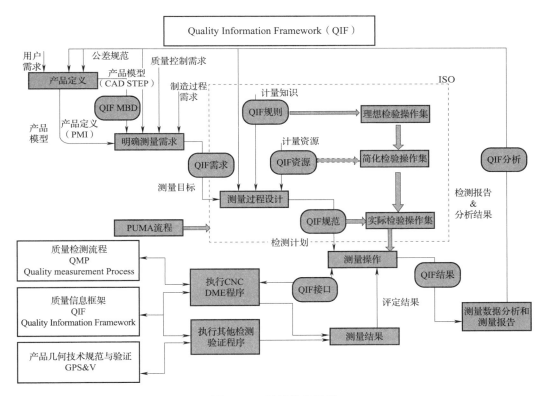

图 4-23　质量信息框架

3. 针对汽车行业的质量管控体系标准——IATF 16949

IATF 16949 是由国际汽车工作组（IATF）成员共同制定的，并提交给国际标准化组织（ISO）进行批准和出版。该文件是基于 ISO 9001 的通用汽车质量体系要求，以及汽车行业的客户具体要求而制定的。IATF 16949 强调发展一个以过程为导向的质量管控体系，规定在供应链中持续改进、预防缺陷和减少变异和浪费。其目的是有效地满足客户的要求。

IATF 16949 的目的是提供质量管理体系，以进行持续改进，加强缺陷预防并减少供应链中的变化和浪费。技术规范结合适用的客户特定要求，定义了签署此文档的组织的基本质量管理体系要求。规范的重点包括客户要求和期望、缺陷预防、过程方法、持续改进以及建立指标体系。

IATF 16949 标准包括 ISO 9001 的所有规定，并增加了与汽车行业有关的特殊要求。它规定了与汽车相关的产品的设计/开发、生产、安装和服务的质量体系要求，并且仅适用于制造产品组件或维修零件的场所。除了与 ISO 9001 相同的持续改进要求外，该标准还强调了许多其他要求，主要包括：强调缺陷预防，特别是在质量先期计划和相关工具，例如产品质量先期计划（APQP）和控制计划（CP）、潜在故障模式和后果分析（FMEA）、测量系统分析（MSA）、统计过程控制（SPC）、生产零件批准过程（PPAP）、错误预防等；强调减少差异和浪费，这体现在优化库存提前期、质量成本分析、减少缺陷成本、减少非质量附加成本（如即时生产）的要求中；同时强调需要满足客户的特殊要求。

（五）质量保证体系

质量保证一般包括两个含义：①企业在产品质量方面对用户所做的一种担保。这种担保必须有充足而确凿的质量证据。因此，质量保证具有"保证书"的含义。②企业为了确保产品质量所必需的全部有计划有组织的活动。也就是说，为了保证产品质量，企业必须加强对设计、研制、制造、销售、使用全过程的质量管理活动。

关于质量保证的原则和事项，欧美、日本等许多工业发达的国家都制定了为国际所公认的标准、规范和指南等一类规定，成为国际间进行加工、订货、销售和合作生产的依据。可见，质量保证具有明显的国际认可性。凡是按公认的规定实行了质量保证的企业，其产品就如取得了通往国际市场的"护照"一样，能够赢得国际声誉，占领国际市场。

现代化机器大生产中，劳动分工越来越细，协作越来越密切，企业要能生产出满足质量要求的产品来，必须由许多部门、许多人员分工协作，共同努力去实现。这就要求把各部门、各类人员的工作统一协调起来，以保证出厂产品的质量符合规定的要求，这是建立质量保证体系的客观需要。

质量保证体系的要素主要包括如下几方面：

1. 明确规定企业的质量方针和质量目标

质量方针是企业较长时间内质量管理的总方向，是企业统一职工质量意识，对质量问题采取行动的基本准则。如坚持"质量第一""用户至上、信誉第一"的质量方针。有时把质量方针和经营方针融为一体，如"优质、薄利、多销"等。质量目标则是指企业对产品质量和工作质量在一定时期内要求达到的水平。质量目标可以分为长期目标（如3~5年）和近期目标（如一年或半年）。长期目标是战略性的，近期目标是战术性的。制定质量目标应力求具体明确，尽可能量化，例如"争取一年内一次交检合格率达到95%"等。要把质量目标层层分解，落实到每个部门、每个职工，然后用质量计划去组织质量目标的实现。

2. 建立质量管理组织机构

企业要建立一套质量管理组织机构，在领导层下行使职权。为了使质量保证体系有效地工作，并充分发挥各部门的质量管理职能，需要建立一个负责组织、协调、督促、检查质量工作的专职质量管理机构。由于企业规模大小和生产组织各不相同，所以该机构的具体组织形式也不尽相同。如图4-24所示为某厂质量管理组织机构结构图。

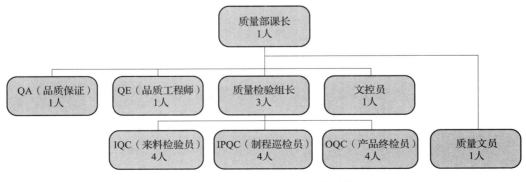

图4-24　某厂质量管理组织机构结构图

3. 明确规定各部门在质量保证方面的职能、任务和权限

质量保证体系应该包括从产品研制、制造、销售、服务等全过程中技术工作、生产工作、经营和后勤服务等全部工作部门。各部门应有明确的质量职能、任务和权限，相互协调配合，共同保证本企业产品的质量。

4. 实现质量管理业务标准化和质量管理流程程序化

质量保证体系的各个环节，每天都在进行大量的管理工作。其中，有许多工作是重复发生的，具有一定规律性的，把这些重复出现的质量管理业务，按照客观要求分类归纳，并将处理办法订成标准，纳入规章制度，作为职工的行动准则，变成例行工作，这就是质量管理业务标准化。把质量管理业务处理过程所经过的各个环节、各管理岗位、先后工作程序和使用的管理凭证如实记录下来，经过分析研究，加以改进，使之合理化，并通过图表和文字，定为标准的管理程序和方法。像生产过程中以产品为对象规定其工艺路线和加工方法一样，为质量管理业务也制定出它的"工作路线"和"处理方法"，这就是质量管理流程程序化。实现质量管理业务标准化、质量管理流程程序化，可以使质量管理工作按科学规律和程序办事，避免职责不清、相互推诿扯皮的情况，所以它既是质量保证体系的重要内容，又是建立质量保证体系的一项极其重要的基础工作。

5. 建立完善的质量信息传递和反馈系统

在产品质量形成的过程中，产生大量的质量信息。这些信息包括有：市场需求动向、用户意见、产品设计图纸、工艺规程、工序质量、不合格品率、质量成本等。这些信息有的来自车间外，有的来自车间内。准确、及时地把这些信息传递给有关部门，这对改进和提高产品质量和开发新产品都有重要作用。建立完善的质量信息传递和反馈系统，要规定各种质量信息的传递路线、方法和程序，形成一个纵横交叉、流程最短、畅通无阻的通信网。这是建立质量保证体系的又一重要内容。例如有的企业把质量信息分为正常信息和异常信息两类，异常信息按其内容的重要性、急缓程度又分为"特急"类、"急"类、"一般"类。每类信息规定在不同的时间内，以某种传递路线、方法和程序把质量信息传递给有关部门，使之做出反应，并采取有效措施，解决出现的质量问题。

6. 建立完善的技术标准和工作质量标准

标准就是一种规矩，它是在科学技术实践和生产实践基础上建立的必须共同遵守的统一规定。没有标准，质量保证体系失掉了保证的对象，产品质量也就无法得到保证。根据各部门的质量职能，明确规定各项工作应达到的质量标准和考核标准，以便于定期进行检查、考核和评价，使质量保证工作落到实处。为了做好质量保证工作，必须首先做好人的思想工作。思想工作必须支持"质量第一"方针的贯彻，解决贯彻这一方针过程中存在的思想认识问题。思想工作要贯穿于各个阶段，渗透到各个环节、各部门和每一个职工中，并起到指导作用。实践证明，这是做好质量保证工作极其重要的问题。在质量保证体系之内，还必须建立代表用户利益的质量监督机构。

四、质量管控实践

不同类型的企业在质量管控方面有不同的目标及实现方法，飞机生产的质量管控属于最为严格和全面的质量管理方式，是飞机制造业发展的重中之重。飞机总装质量直接关系到各项服役性能指标，一定程度上决定了飞机的生产周期、研制成本及最终质量。现有的飞机质量管控方法存在一些问题，如各个阶段、各个系统的质量数据分散且不统一，缺乏对质量问题的智能分析，对质量问题的管控没有形成闭环反馈机制，无法满足国内飞机制造产业的快速发展。

在飞机研制全生命周期的生产管理当中，由于质量信息分散在各个业务管理系统中，各个阶段都会涉及相应的质量管控。如图 4-25 所示为飞机质量管控业务框架图，在飞机研制的每个业务流程中都充分考虑各个阶段的质量管控内容，并将质量管控重点围绕生命周期划分为设计过程、总装制造过程和服务过程 3 个阶段。设计过程涉及的质量管控有设计质量改进、设计质量评审等；总装制造过程涉及的质量管控有质量数据统计分析、关键质量特性管控、FRR（Failure Rejection Report）管控等；服务过程涉及的质量管控有客户质量档案管理、顾客满意度评价等。其中，FRR 是指质量问题拒收报告，FRR 用于对不合格品的偏差进行描述、确定处置意见及纠正措施要求。

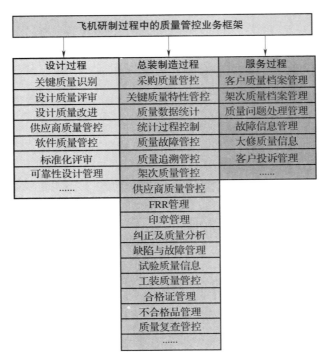

图 4-25　飞机质量管控业务框架图

针对上述问题，本实例为了突破传统以业务表单驱动的飞机总装质量管控模式，基于数字孪生及数据挖掘等技术，在飞机总装全生命周期数据集成的基础上，通过数字空间和物理空间的融合与交互，解决 FRR 中现有故障难追溯问题，使现有问题追溯到各个细节中，缩短 FRR 的闭口周期，同时挖掘出质量问题关联关系，减少之后质量问题重返概率，实现基于孪生体的总装过程质量问题分析及闭环管控。具体的实现方法如下：

首先通过资产管理壳和企业信息总线实现飞机总装过程质量孪生数据的集成与交互，利用 AML 统一数据格式集成质量孪生数据，构建面向总装质量的数据模型，在此基础上建立飞机数字孪生体。其次，运用多维多层次关联规则算法挖掘质量数据的关联关系，挖掘各质量因素之间隐含的关联关系，并推测不同质量因素组合下的因果关系，为飞机数字孪生体提供面向飞机总装质量管控的智能分析服务。最后，通过数字孪生可视化模块，结合三维模型实时展现质量数据，及时定位质量问题，指导、加速总装质量管控，通过对物理车间进行质量监控、分析和预警，提醒现场操作人员及时调整，并提示下一架次的总装操作规范。

实训

根据某一生产企业生产现状进行加工质量分析。

（一）实验目标

1. 理解质量体系和质量管控方法

2. 能够对产品进行测量，对其质量进行评价

3. 能够给出生产过程质量性能参数

（二）实验环境

1. 计算机系统：PC机、网络环境及辅助软件（质量工具软件）

2. 若干待测工件，相关测试工具（仪器）

（三）实验内容及主要步骤

1. 根据生产现状参数及被测工件进行实际检测

2. 给出工件测量结果及相关生产智能分析报告

第三节　生产数据管理与大数据

一、生产数据管理

（一）生产数据

生产数据是指企业在生产各个阶段中不同的数据源不同的生产阶段产生的不同格

式的数据总和，其主要由 3 部分的数据组成。

（1）生产现场数据。主要来源于生产车间中的生产设备、物流设备在生产过程中产生的运行数据以及环境参数。这些数据一般由设备的 PLC、SCADA 以及部分外接传感器进行采集。该类数据主要包括机器的运行工况（如压力、温度、振动、应力等），物流设备的运行状态（速度、加速度、状态、位置等）以及环境数据（温度、湿度等）。生产现场数据主要以文本的格式存储在企业的数据库中。这类数据以时序数据为主，数据量大，采集频率高。过去几年，在全球工业 4.0 和智能制造的大趋势下企业纷纷投入机器换人、设备智能化改造的浪潮中，直接导致生产现场的数据量呈指数级增长。

（2）工艺文件数据。工艺文件数据主要包括工艺规程、工艺图纸、工艺文件、工艺卡片、工艺通知单等工艺规范和技术文件。所有的过程信息基本上都是由过程文档来描述的，因此过程文档是过程的核心内容。工艺文件数据起着指导并规范生产的作用。

（3）生产相关的企业管理数据。主要来源于企业内部信息系统，包括企业资源计划系统（ERP）、产品生命周期管理系统（PLM）、制造执行系统（MES）、供应链管理系统（SCM）和客户关系管理系统（CRM）等。这类数据，诸如产品、工艺、生产、采购、订单、服务等数据，是企业的核心数据资产。经过长期的信息化建设，大部分企业经部署应用了诸如 PLM、ERP、MES 等业务系统，基本实现了这部分数据的数字化。该部分的数据大多以文本、音频、视频的格式进行存储，如 BOM、工艺文件、采购订单等数据都是以文本的格式存储在企业的管理系统数据库中的。会议纪要等文件是以视频以及音频的格式存储在管理系统中。

随着大数据时代的来临以及互联网技术的飞速发展，在企业的生产管理中，数据无处不在，各类数据的汇总、整合、分析、研究对企业的发展以及决策具有重要的作用。随着智能制造的普及，生产数据开始具有以下特征：

（1）生产数据体量庞大。尤其是随着大量设备和智能产品数据的涌入，生产数据的存储量呈指数级增长。

（2）生产数据来源多、分布广。生产数据既有来自 PLM、MES、ERP 等庞大管理系统的数据，也有来自各种产线、设备、工业产品等方面的实时过程数据还有来自互联网、供应链的各种外部数据等。这些数据往往分散在不同的业务环节和信息系统中，传统的组织壁垒和信息孤岛割裂了这些数据之间的内在关联。

（3）生产数据结构复杂，关联性强。生产数据既有产品相关数据的需求、BOM、三维模型等结构化数据；也有设计图纸、技术文件、各类单据等半结构化数据；还有产线、设备和智能产品的时序数据等。这些数据之间有着很强的关联性。例如，一个产品在制造或服务过程中发生的产品质量问题，都要能够反馈到产品的设计过程，从而改进产品设计，提升产品质量。

（4）数据实时更新。企业的生产是在持续进行的，导致了部分生产数据会随着时间不断发生变化，如产线的产量是不断增加的，物料是不断减少的，机器的状态是随时可能变化的，车间的温度是不断变化的，此类数据是具有动态性的。

（二）生产数据管理机制

由于生产数据具有体量庞大、来源多、分布广、结构复杂、关联性强以及实时性高的特点，为了更好地管理企业的生产数据，对于生产数据的管理提出以下几点需求：

（1）可以满足庞大的数据存储需求。随着企业智能化水平的不断提高，企业装备了大量的智能化设备，每天产生大量的生产数据，导致总生产数据的存储量呈指数级增长。因此首先需要实现对庞大的生产数据的存储。

（2）可以对多源异构数据进行高效管理。由于企业的生产数据来源广泛，数据格式多种多样，因此需要对多源异构的生产数据进行高效管理。

（3）可以满足实时数据的高效管理。由于生产数据的实时性，生产数据在不断更新，这对于数据管理也是相当大的挑战。如何在存储、调用等方面管理好实时生产数据也是数据管理所必须解决的问题。

为了管理好大数据时代的生产数据，一套针对生产数据特点的科学生产数据管理机制是必不可少的。典型的企业数据管理组织架构包括三个层次：数据管理委员会、数据管理中心和各业务技术部门。他们在生产数据的管理中具有明确的职责，相互协调，对生产数据进行高效的管理。

（1）数据管理委员会。数据管理委员会在生产数据组织架构中扮演数据决策者的角色，成员主要由公司主管领导和各业务部门领导组成。数据管理委员会负责领导数据管理工作，决策生产数据管理重大工作内容和方向，在数据角色方出现问题时负责仲裁。

（2）数据管理中心。数据管理中心在生产数据组织架构中扮演数据管理者的角色。成员主要由数据管理中心机构的平台运营人员组成。他们负责牵头制定数据管理的政策、标准、规则、流程、协调责任冲突；监督各项数据规则和规范的约束的落实情况；负责数据管理平台中整体数据的管控流程制定和平台功能系统支撑的实施；负责数据平台的整体运营、组织、协调。

（3）各业务技术部门。各业务技术部门在生产数据组织架构中扮演数据提供者、数据开发者和数据消费者的角色。成员主要由相关数据所有者（包括设备）、数据开发人员和数据使用人员组成。他们主要有 3 部分的责任。

1）负责配合制定相关数据标准、数据制度和规则。遵守和执行数据标准管控相关的流程，根据数据标准要求提供相关数据规范。作为数据出现质量问题时的主要责任者。

2）负责数据开发。有责任执行数据标准和数据质量内容，负责从技术角度解决数据质量问题，作为数据出现质量问题时的次要责任者。

3）作为数据资产管理平台数据的使用者。负责反馈数据效果，作为数据资产管理平台数据闭环流程的发起人。

随着智能制造的普及，很多工厂实现了生产的数字化、网络化，生产数据的数据量不断扩大，很多企业都实现了云端的数据存储。传统的生产方式中只有供应链的数据需要共享，但是智能制造时代的到来，数据的共享从数据链深入到了生产现场，因此需要一套信息共享以及安全机制来保证信息存储以及传输的安全。

生产数据的安全机制主要从以下两个方面着手：

（1）生产数据访问权限控制。在企业的生产制造系统中创建权限控制模块。为系统定义不同的角色，以及角色所具有的生产数据访问以及操作权限。如生产数据管理中心角色就可以访问所有的生产数据，数据管理中心的角色可以具有对生产数据进行操作的权限。而各业务部门的角色只具有各自部门数据的上传权限。相关的合作商角色只具有访问相应合作业务生产数据的权限。现有的信息化系统都具有相应的权限管理模块。

（2）生产数据的存储及传输安全。生产数据流通阶段，包含了数据采集、数据传输、数据存储、数据分析挖掘、数据可视化应用等。这些阶段均存在数据泄露、数据干扰等信息安全威胁；因此需要建立生产数据安全机制来保证生产数据的安全。生产数据安全主要是保证生产数据的完整性、保密性以及灾备能力。

数据完整性包含以下 4 个方面的内容：①有能力监测各种设备、操作系统、数据库系统或应用系统的各项数据在传输过程中是否遭到篡改，并在监测到数据完整性受损时进行数据恢复。②有能力监测各种设备、操作系统、数据库系统或应用系统的各项数据在存储过程中是否遭到篡改，并在监测到数据完整性受损时进行数据恢复。③有能力监测重要程序文件是否遭到篡改，并在监测到完整性受损时进行数据恢复。④针对重要通信应准备专用通信协议且保证该协议具备足够安全性，以避免来自通用通信协议层的攻击使数据遭到篡改。

保密性包含以下 4 个方面的内容：①各种设备、操作系统、数据库系统或应用系统的各项数据采用了加密或其他有效措施实现数据传输过程的保密性，使用了较高强度的密码机制，并对密钥进行了可靠保护和管理。②各种设备、操作系统、数据库系统或应用系统的各项数据采用了加密或其他有效措施实现数据存储过程的保密性，使用了较高强度的密码机制，并对密钥进行了可靠保护和管理。③当使用便携式和移动式设备时，应对设备中的敏感信息加密存储，使用了较高强度的密码机制，并对密钥进行了可靠保护和管理。④针对重要通信应准备专用通信协议且保证该协议具备足够安全性，以避免来自通用通信协议层的攻击使数据泄露。

数据灾备能力包含以下 5 个方面的内容：①提供数据本地备份与恢复功能，完全数据的备份至少每天一次，备份介质场外存放。②建立异地灾难备份中心，配备灾难恢复所需的通信线路、网络设备和数据处理设备，提供业务应用的实时无缝切换。③提供异地实时备份功能，利用通信网络将数据实时备份至灾难备份中心。④网络拓扑结构设计采用冗余技术，以避免存在网络单点故障。⑤网络设备、通信线路和数据处理系统采用硬件冗余、软件配置等技术手段提供信息系统的高可用性。

现在，主要在系统中采用数据加密技术、数据完整技术以及数据备份与还原来保证生产数据的完整性、保密性以及灾备能力。

（三）生产数据集成方法

近几十年，随着计算机网络的飞速发展以及制造企业信息化的推进，数据的采集、存储、处理和传播的数量也与日俱增。在制造企业中数据共享可以减少资料的收集、数据采集等重复劳动以及费用。但是在企业中，由于开发时间或开发部门的不同，往往有多个异构的、在不同的软硬件平台上的信息系统同时运行，这些系统的数据源彼此独立、相互封闭，使得数据难以在系统之间交流、共享和融合，从而形成了"信息孤岛"。随着信息化应用的不断深入，企业内部、企业与外部信息交互的需求日益强烈，急切需要对已有的信息进行整合，联通"信息孤岛"，共享信息。数据集成是指将多个数据源中的数据结合起来并统一存储，建立数据仓库的过程。随着计算机技术的发展，数据集成的方式也变得多种多样，主要有联邦数据库系统、中间件模式、数据仓库模式以及数据中台技术。

（1）联邦数据库系统。联邦数据库系统由半自治数据库系统构成，相互之间分享数据，联邦各数据源之间相互提供访问接口。联邦数据库系统可以是集中数据库系统或分布式数据库系统及其他联邦式系统。这种模型又分为紧耦合和松耦合两种情况，紧耦合提供统一的访问模式，一般是静态的，在增加数据源上比较困难；而松耦合则不提供统一的接口，但可以通过统一的语言访问数据源，其中的核心是必须解决所有数据源语义上的问题。

（2）中间件模式。中间件模式通过统一的全局数据模型来访问异构的数据库、遗留系统、Web 资源等。中间件位于异构数据源系统（数据层）和应用程序（应用层）之间，向下协调各数据源系统，向上为访问集成数据的应用提供统一数据模式和数据访问的通用接口。各数据源的应用仍然处于各自的任务状态，中间件系统则主要集中为异构数据源提供一个高层次检索服务。

（3）数据仓库模式。数据仓库是在企业管理和决策中面向主题、集成、与时间相关和不可修改的数据集合。其中，数据被归类为广义、功能上独立、没有重叠的主题。这几种方法一定程度上解决了应用间的数据共享和互通的问题，但也存在以下异同：联邦数据库系统主要面向多个数据库系统的集成，其中数据源有可能要映射到每一个数据模式，当集成的系统很大时，将给实际开发带来巨大的困难。数据仓库技术则在另外一个层面上表达数据之间的共享，它主要是为了针对企业某个应用领域提出的一种数据集成方法，即面向主题并为企业提供数据挖掘和决策支持的系统。

（4）数据中台。数据中台首先解决的就是企业内系统间数据孤岛的问题，围绕产品和业务部门将不同系统的数据进行全面聚合、建模和分析，构建企业内通用、共享业务中心，形成对企业业务和数据的全面洞察，以提升企业运营效率，促进业务持续创新。这对正处于转型煎熬期的工业企业而言，无疑是福音。数字中台架构如图 4-26 所示。

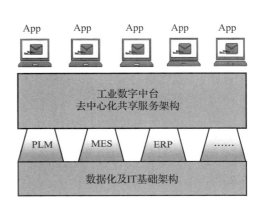

图 4-26　数据中台架构

二、工业数据分析

如果把企业比喻为人体，把数据比喻为人体的血液，那么企业内的各个组织和业务环节就是人体器官，数据分析就是人体的循环系统，驱动血液在各个人体器官之间循环流动，用血液滋养各个器官，持续地促进其新陈代谢，并使人体作为一个有机整体保持青春活力。其中，作为血液的数据无疑是基础的基础。当今的企业必须处理比以往更多的数据。而且，数据量在未来几年必然会爆发式增长。

时至今日，很多企业都开始认识到数据是核心资产，是决胜未来的利器，而数据分析是数字化转型的关键推动力。尽管如此，许多企业仍然难以摆脱传统业务模式的束缚，其固化的业务流程无法及时响应用户对数据的敏捷、动态需求，阻碍了数据潜在价值的充分释放。有些企业虽然意识到数据的潜在价值，决定致力于数据分析，却苦于缺乏既懂业务又懂大数据分析的专业人才，以及相应的数据分析支撑组织，自然也就无法制定详尽的投资规划和数字化战略。据高德纳统计，到目前为止，所有企业的书面战略中只有不到 50%明确提到数据和分析是创造企业价值的基本要素。不过这种状况很快就会改变。预计到 2022 年，99%的企业战略将明确数据是企业的关键资产，分析是不可或缺的能力。

由此可见，领先企业已经将数据和分析上升到企业战略，成为企业未来的发展重点和投资方向。这些企业结合实际业务和数据现状，构建基于工业大数据的应用，把产品、设备、资源和人有机地结合在一起，推动企业向数字化、智能化转型。

（一）工业数据分析方法分类

工业数据的分析方法主要分为针对数据本身的分析方法以及人工智能算法的分析，结构如图 4-27 所示。传统的工业数据分析方法主要是针对数据本身的分析，主要包括相关性分析方法、回归分析方法、分类分析方法、方差分析方法、时序分析方法等。随着人工智能的发展，工业数据分析中也开始引入了人工智能算法，相应的分析算法主要有经验性归纳学习方法、遗传算法、联结学习方法、分析学习方法以及神经网络算法等。这里针对数据本身的处理方法进行介绍。

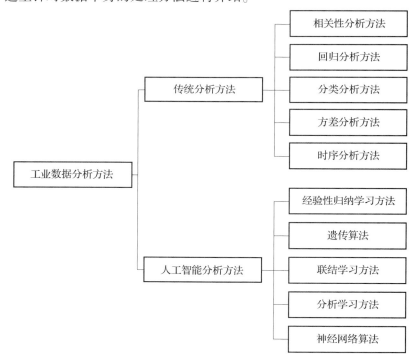

图 4-27　工业数据分析方法

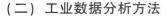

（二）工业数据分析方法

1. 相关性分析方法

相关性分析是特征质量评价中非常重要的一环，合理地选取特征，找到与拟合目标相关性最强的特征，往往能够快速获得效果，达到事半功倍的效果。

常见的相关性分析方法有 3 种。

（1）相关系数。统计学中有很多的相关系数，其中最常见的是皮尔逊相关系数。两个变量之间的皮尔逊相关系数定义为两个变量之间的协方差和标准差的商，皮尔逊相关系数的变化范围为 $-1 \sim 1$。系数为 1 意味着所有的数据点都很好地落在一条直线上，且 Y 随着 X 的增加而增加。系数为 -1 也意味着所有的数据点都落在直线上，但 Y 随着 X 的增加而减少，系数为 0 意味着两个变量之间没有线性关系。

（2）信息增益。机器学习中有一类最大熵模型，最大熵模型推导出的结果往往会和通过别的角度推导出的结果吻合；本质上就带有某种相似性，暗合了客观世界的自然规律。条件熵描述了在已知第二个随机变量 X 的值的前提下，随机变量 Y 的信息熵还有多少，随机变量 X 信息增益的定义为系统的总熵减去 X 的条件熵。它的意义是：在其他条件不变的前提下，把特征 X 去掉，系统信息量的减少。显然，信息增益越大，证明它蕴含的信息越丰富，这个特征也就越重要。

（3）卡方检验。卡方检验是一种统计量的分布在零假设成立时近似服从卡方分布（χ^2 分布）的假设检验。在没有其他的限定条件或说明时，卡方检验一般指代的是皮尔森卡方检验。

2. 回归分析方法

（1）回归分析的概念。回归算法是试图采用对误差的衡量来探索变量之间的关系的预测算法。在预测/决策领域，人们说起回归，有时候是指一类问题，有时候是指一类算法。常见的回归算法包括：最小二乘法、逻辑回归、逐步式回归、多元自适应回归样条以及本地散点平滑估计。

（2）常见的回归分析方法。

1）线性回归。线性回归就是拟合出一条直线最佳匹配所有的数据。一般使用

"最小二乘法"来求解。"最小二乘法"的思想是：假设我们拟合出的直线代表数据的真实值，而观测到的数据代表拥有误差的值，为了尽可能减小误差的影响，需要求解一条直线使所有误差的平方和最小。最小二乘法将最优问题转化为求函数极值问题。在求函数极值的问题上，一般会采用令导数为零的方法。

2）逻辑回归。逻辑回归是一种与线性回归非常类似的算法，但是，从本质上讲，线型回归处理的问题类型与逻辑回归不一致。线性回归处理的是数值问题，也就是最后预测出的结果是数字，如房价。而逻辑回归属于分类算法，也就是说，逻辑回归预测结果是离散的分类，如判断这封邮件是否是垃圾邮件，以及用户是否会单击此广告等。

3. 分类分析方法

（1）分类分析的概念。在对数据集分类时，我们是知道这个数据集有多少种类，例如对一批零件进行产品质量分类，我们会下意识地将其分为"合格"与"不合格"产品。常用的分类方法包括单一的分类方法，如决策树、贝叶斯分类算法、人工神经网络、k-近邻方法、支持向量机和基于关联规则的分类等，以及用于组合单一分类方法的集成学习算法，如装袋（Bagging）和提升/推进（Boosting）等。

（2）常见的分类分析方法有以下几种。

1）决策树。决策树是用于分类和预测的主要技术之一，决策树学习是以实例为基础的归纳学习算法，它着眼于从一组无次序、无规则的实例中推理出以决策树表示的分类规则。构造决策树的目的是找出属性和类别间的关系，用它来预测将来未知类别记录的类别。它采用自顶向下的递归方式，在决策树的内部节点进行属性的比较，并根据不同属性值判断从该节点向下的分支，在决策树的叶节点得到结论。

2）贝叶斯分类算法。贝叶斯（Bayes）分类算法是一类利用概率统计知识进行分类的算法，如朴素贝叶斯（naive Bayes）算法。这些算法主要利用 Bayes 定理来预测一个未知类别的样本属于各个类别的可能性，选择其中可能性最大的一个类别作为该样本的最终类别。

3）人工神经网络。人工神经网络（ANN，Artificial Neural Networks）是一种应用类似于大脑神经突触连接的结构进行信息处理的数学模型。在这种模型中，大量的节点（或称"神经元"或"单元"）之间相互连接构成网络，即"神经网络"，以达到处理信息的目的。神经网络通常需要进行训练，训练的过程就是网络进行学习的过程。训练改变了网络节点的连接权重值使其具有分类的功能，经过训练的网络就可用于对象的识别。

4）k-近邻方法。k-近邻方法是一种基于实例的分类方法。该方法的原理就是找出与未知样本距离最近的 k 个训练样本，看这 k 个样本中多数属于哪一类，就把其归为那一类。k-近邻方法是一种懒惰学习方法，它存放样本，直到需要分类时才进行分类，如果样本集比较复杂，可能会导致很大的计算开销，因此无法应用到实时性很强的场合。

5）支持向量机。支持向量机是弗拉基米尔（Vapnik）根据统计学习理论提出的一种新的学习方法，它的最大特点是根据结构风险最小化准则，以最大化分类间隔构造最优分类超平面来提高学习机的泛化能力，较好地解决了非线性、高维数、局部极小点等问题。对于分类问题，支持向量机算法根据区域中的样本计算该区域的决策曲面，由此确定该区域中未知样本的类别。

6）基于关联规则的分类。关联分类方法挖掘形如 condset-C 的规则，其中 condset 是项（或属性–值对）的集合，而 C 是类标号，这种形式的规则称为类关联规则（CARs，Class Association Rules），关联分类方法一般由两步组成：第一步用关联规则挖掘算法从训练数据集中挖掘出所有满足指定支持度和置信度的类关联规则；第二步使用启发式方法从挖掘出的类关联规则中挑选出一组高质量的规则用于分类。

7）集成学习。集成学习是一种机器学习范式，它试图通过连续调用单个的学习算法，获得不同的基学习器，然后根据规则组合这些学习器来解决同一个问题，可以显著地提高学习系统的泛化能力。组合多个基学习器主要采用（加权）投票的方法，常见的算法有装袋、提升/推进等。集成学习由于采用了投票平均的方法组合多个分类器，所以有可能减少单个分类器的误差，获得对问题空间模型更加准确的表示，从而提高分类器的分类准确度。

4. 方差分析方法

（1）方差分析的概念。方差分析，又称"变异数分析"，是罗纳德·费雪发明的，用于两个及两个以上样本均数差别的显著性检验。由于各种因素的影响，研究所得到的数据呈现波动状。造成波动的原因可分成两类：一是不可控的随机因素，二是研究中施加的对结果形成影响的可控因素。

（2）常见的方差分析方法。①单因素方差分析：用来研究一个控制变量的不同水平是否对观测变量产生了显著影响。②多因素方差分析：用来研究两个及两个以上控制变量是否对观测变量产生显著影响。多因素方差分析不仅能够分析多个因素对观测变量的独立影响，更能够分析多个控制因素的交互作用能否对观测变量的分布产生显著影响，进而最终找到利于观测变量的最优组合。

5. 时序分析方法

（1）时序分析的概念。按照时间的顺序把随机事件变化发展的过程记录下来就构成了一个时间序列。对时间序列进行观察、研究，找寻它变化发展的规律，预测它将来的走势就是时序分析。

（2）常见的时序分析方法有以下4种。

1）趋势外推预测技术：依据过去已有大量数据的相互之间关联性整体趋势作用，一般会以相同或相类似的方式变化，当有新变量或新干扰项加入时，则将来的趋势会因此而改变。趋势外推预测技术有多种，如皮尔曲线模型以及季节性和线性/双指数趋势等预测模型。

2）回归预测技术：回归预测技术是以历史数据为基础，通过回归分析搭建预测数据和历史数据间桥梁，并设立回归方程式的一种计量经济学预测方法。当预测问题的因变量是单一确定和存在单/多个独立变量联系时，回归分析技术囊括了多种解决变量的建模以及分析方法。

3）灰色预测技术：此技术主要针对存在不确定因素的变量数据，并对未来数据进行预测，它是一类在小样本数据应用较为普遍的模型，能够辨别不同因素间的差异并进行相关性分析，寻找到各数据间的稳态变化趋势，有效避免了因概率统计学方法必须在获取大量数据情况下的不足。

4）时间序列预测技术：时间序列预测技术主要有两大类：确定型时间序列预测方法和随机型时间序列预测方法。前者是依据历史数据的特征来预测将来数据的特征，是对过去数据的一种确定型的预测方法。后者将预测对象看成无规律的随机过程，通过构造数学模型来预测数据，此方法与回归预测技术方法的本质区别在于，确定型时间序列预测方法的自变量是无规律随机变量，而回归预测技术的自变量是可控制变量。目前时间序列预测技术有多种模型，如自回归模型（AR）、自回归移动平均模型（ARMA）以及基础模型的变异等。

三、生产性能分析

对制造企业来说，生产系统效率的高低很大程度上影响着企业整体运作效率。许多企业通过制定标准工时、设备综合效率等效率指标来考核生产系统实际运行状况。因而，从生产运作的角度看，在制造企业中效率管理是一项非常重要的基础工作。

从理论研究上讲，生产效率（Efficiency）和生产率（Productivity）是两个不同的概念。生产率反映的是商品与服务的产出与生产过程的投入（劳动、材料、能源及其他资源）的关系。生产率体现了资源的有效使用程度，常表示为产出与投入之比。生产效率是在给定的资源投入的情况下实现产出的状况，经常是用时间为单位来衡量。生产效率概念有广义和狭义之分。狭义的生产效率一般指一个生产系统在单位时间内的生产量，常用件/小时等作为单位。广义的生产效率除了单位时间生产量以外，还包括设备综合效率、资源的利用率、订单履行周期、库存周转率等。在实际企业生产运作中多使用广义生产效率的概念。

（一）生产性能指标

目前国内大部分企业主要考核订单履行率和交货率，小部分企业根据其自身生产特点建立了生产效率评价指标。生产性能指标主要集中在交货及时率、作业效率、资源利用率等几个方面。

（1）交货及时性方面：部件生产完成周期、订单完成周期、交货及时率等。

（2）作业效率方面：对于手工作业、机器作业、流水线作业，多采用标准工时、综合效率、流水线平衡率等指标。

（3）资源利用方面：场地利用率、设备利用率、仓储空间利用率等。

（4）财务指标方面：库存周转率、材料周转周期等。

如 H 公司在生产系统生产效率方面建立了众多的指标（见表 4-9），形成了对作业者、流水线、设备、仓库、场地、订单履行等的实际效率方面的全面分析与考核。

表 4-9　　　　　　　　　　H 公司生产系统效率评价指标一览表

序号	指标名称	指标表达的意义
1	标准工时降低率	工艺改进和管理优化结果
2	标准工时准确率	工时标准与实际工时的符合度
3	工艺路线准确率	工艺路线提前期与实际的符合度
4	例外工时比率	工时利用效率
5	生产场地利用率	场地实际产出效率
6	整机订单履行周期	订单履行能力
7	部件任务执行周期	零部件生产任务履行能力
8	仓储容积利用率	库房空间利用效率
9	月度库存周转率	库存出库频次
10	物流平衡率	入库与出库的平衡状态
11	物流量距指标	企业内物流状态和能力
12	流水线平衡率	流水作业模式的效率
13	计划准确率/波动率	计划的均衡性和准确性
14	设备仪器利用率	设备、仪器资源利用效率

（二）生产系统效率指标体系分析

在制造企业中，各职能部门与企业总体目标常常不能协调一致，甚至相互矛盾。这种情况在生产系统效率指标上也有突出的反映，即指标之间存在制约和影响的关系。如果片面地追求个别指标的优良表现，就有可能导致整体效率不高。例如，可以通过批量生产提高单个资源的利用率，但每个资源相互孤立，前一制程不考虑后面制程的需要，造成一些物料在制品库存很大，一些物料短缺，结果是整个系统的产出被延迟。

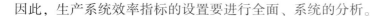

因此，生产系统效率指标的设置要进行全面、系统的分析。

生产效率指标体系设置一般应遵循以下的原则：

（1）简洁、完备性原则。生产效率指标体系应能全面反映生产系统运作效率的情况，但指标数目尽可能的少，各指标之间不应有强相关性。

（2）客观、可考核原则。指标设定过程尽量不受主观因素的影响，数据来源要真实可靠，以确保结果的真实性和可考核性。

（3）可扩充原则。效率指标应根据企业不同阶段的要求对指标体系进行修改、增加和删除，并可根据具体情况将效率指标进一步具体化。

生产系统效率指标可以按不同的标准（如可以按业务层次、项目属性、涉及范围、涉及部门等几个方面）进行分类。如图4-28所示为按业务层次分类建立框架的。

图4-28 生产系统效率指标体系示意图

（三）指标体系的结构

常见的评价指标体系的结构形式主要有3种。

（1）层次型评价指标体系。通过分析系统的功能、结构和环境，根据评价的目的，按照一定的逻辑层次建立的指标体系。在绩效评价工作中多采用这种结构形式，如图4-29所示为一个简单的三级递接层次结构，本教材建立的指标体系采用这种结构形式。

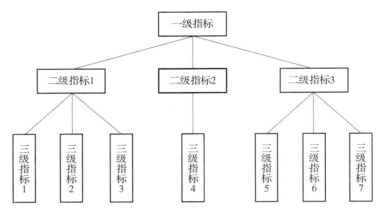

图4-29　指标体系的递接层次结构图

（2）网络型评价指标体系。网络型评价指标体系是一种网络状的评价指标体系，适用于评价指标较难分离或者评价模型自身要求如此的比较复杂的系统。

（3）多目标型评价指标体系。对于某些复杂系统的评价，采用单一目标评价的方式具有很大的局限性，常常不能满足实际需要，使得评价结果出现偏差，对于这类系统需要采用多目标评价的方式。在多目标评价指标体系中，单一目标的评价指标体系既可以采用层次型的结构也可以采用网络型的结构。

（四）生产性能指标体系

根据离散制造业的生产特点，我们可从生产能力、管理能力和服务能力3个方面来评价离散制造车间生产系统运行情况。生产能力评价从质量、成本和时间这3个角度来重点评价，兼顾生产系统的持续性和均衡性；管理能力评价从人员、设备、物料和安全管理等角度出发，找出相应的评价指标；服务能力评价从物料保管和供应、产品的检测与包装、劳资培训等问题考虑，建立出详细、全面的评价体系（见表4-10）。

表 4-10 生产性能评价指标

目标	第一层	第二层	具体描述指标
离散制造车间生产系统运行绩效	生产能力	质量	产品合格率、返工合格率、质量稳定率
		成本	产品转化率、单位产品能耗、单位产品原材料消耗成本
		时间	计划达成率、准时交货率
		均衡性	生产均衡率、生产配套率
	管理能力	人员	员工利用率
		设备	设备利用率、设备故障率
		物料	调度指令执行率
		安全	安全事故发生率、违反安全规定事件次数
	服务能力	供应	备料及时率、先进先出执行率
		检测	检测误差率
		培训	车间内部培训时间

1. 生产能力

生产能力主要是评价离散车间的生产过程状况。产品合格率是指某段时间内车间产品合格的数量与总共生产的产品数量之比。返工合格率是指经返工后合格的产品数量与返工的产品数量之比。质量稳定率是指车间不同工位在一段时间内，或者同一工位在不同的时间段内生产出的产品的质量合格率的标准方差。质量稳定率反映了车间生产的产品在质量方面的稳定性。这 3 个指标均是从车间的产品质量来评价车间生产能力的。

产品转换率是指在某段时间内，车间生产的合格产品数量与车间投产的原材料数量之比，这个指标反映了整个车间生产过程中存在损失的多少。单位产品能源消耗是指能源消耗量与总产量之比，离散车间的能源主要包括电、油、汽、水等，其消耗是车间成本的一个重要评价点。单位产品原材料消耗成本是指车间消耗的原材料与总产量之比。这 3 个指标均是从车间的成本来评价车间生产能力的。

计划达成率是指实际产量与计划产量之比。准时交货率是指准交总批数与总成批数之比。这两个指标是从车间的时间角度来评价车间生产能力的。生产均衡率是评价车间生产平衡性的一个重要指标，其具体含义是指在某段时间内，车间不同工位生产的合格产品的数量之比。生产配套率是评价车间生产协调能力的一个重要指标，其具体含义是指在某段时间内，上工位生产的符合要求的产品与下工位需要的这种产品的数量之比。这两个指标是从车间的均衡性来评价车间生产能力的。

2. 管理能力

员工利用率是指在岗员工与总的员工数量之比，通过这个指标可以反映出车间员工是否被充分利用。设备利用率是指在某段时间内车间开动的设备与总设备的数量之比，通过这个指标可以反映车间设备的有效利用程度。设备故障率用发生故障的设备台次与总设备数的比值来表示。调度指令执行率是指执行的指令与总共的调度指令之比。安全事故发生率是指发生安全事故的生产天数与总天数之比。违反安全规定事件次数是对某车间员工在生产过程中违反安全规定的统计，安全事故是车间管理的重点。

3. 服务能力

备料及时率是指按时备料总批数与应备料总批数之比。先进先出执行率为抽检执行批次与总抽检批次之比，反映一个单位周期内所有物料、成品按先进先出原则执行的状况。检测误差率是指检测的错误次数与总检测次数的比值。车间内部培训时间是车间员工素养提高和安全生产等的一个基本保证。

设备综合效率（OEE，Overall Equipment Effectiveness）的计算：

$$OEE = 时间开动率 \times 性能开动率 \times 合格品率$$

【例】 设某设备某天工作时间为 8 h，班前计划停机 15 min，故障停机 30 min，设备调整 25 min，周期为 0.6 min/件，一天共加工产品 450 件，有 20 件废品，求这台设备的 OEE。

解： 根据已知的信息，计算如下：

计划运行时间 = 8 h×60−15 min = 465 min

实际运行时间 = 465 min−30 min−25 min = 410 min

时间开动率 = 410 min/465 min = 0.881（88.1%）

性能开动率 = 0.6 min/件×450 件/410 min = 0.658（65.8%）

合格品率 =（450 件−20 件)/450 件 = 0.955（95.5%）

OEE = 时间开动率×性能开动率×合格品率 = 0.881×0.658×0.955 = 55.4%

表现性 = 450 件/683 件 = 0.658（65.8%）

实训

根据某一生产企业生产现状进行工艺参数优化分析。

（一）实验目标

1. 理解基于大数据人工智能的质量管控方法

2. 能够对影响产品质量的工艺参数进行识别与分析

3. 能够应用大数据及人工智能对加工质量进行改进

（二）实验环境

1. 计算机系统：PC 机、网络环境及人工智能系统软件（云平台）

2. 若干加工案例样本

（三）实验内容及主要步骤

1. 选择分析工具和算法

2. 采用云平台系统工具进行工艺参数优化

第四节　生产管理智能化

一、生产管控智能化

（一）概述

面对智能制造的概念，学术界存在许多不同的定义。由于人们对智能的理解也处于不断地加深中，过去认为是智能的行为，在今天可能认为是程序化、自动化的范畴，因而智能制造的内涵伴随着信息技术与制造技术的发展和融合而不断演进。工信部对智能制造的定义是：智能制造是基于新一代信息通信技术与先进制造技术深度融合，贯穿于设计、生产、管理、服务等制造活动的各个环节，具有自感知、自学习、自决策、自执行、自适应等功能的新型生产方式。

生产管控智能化的抽象描述就是从数据—信息—知识到智慧的不断循环转换与进化的过程，如物联网将生产状态及变化转化为数据，工业互联网将数据全网可见，模式识别与仿真从中提炼出信息，云平台与大数据提供算力，人工智能运用并且产生知识。

不管智能制造如何定义，但制造根本目标是不变的：以最佳性价比的方式进行制造，也就是尽可能优化以提高质量、增加效率、降低成本，向人们提供满意的产品。德国工业 4.0 主要目标就是为解决小批量客户化制造的效率和成本问题，美国 NIST 也认为智能制造要解决差异性更大的定制化服务、更小的生产批量、不可预知的供应链变更的问题。智能制造主要的特征表现在智能资产组成智能工厂、智能工厂进行智能产品制造、依托智能产品进行智能服务上。智能制造是以知识和推理为核心，以数字化制造为基础，它与前一代的以数据和信息为核心的数字化制造有着明显的不同特征：①处理的对象是知识；②基于新一代人工智能；③性能自我优化，不断提高；④安全容错。

生产管控的智能化路径同样也遵循着数字化、网络化和智能化的演进路线，数字化的生产管控主要从以下 3 方面进行：

（1）生产过程透明化。通过传感器、IoT 以及标准化使现场生产过程数据透明可见，及时知道"发生了什么"，并且在生产相关系统中有统一的理解。如生产任务计划要做什么、生产进度如何、各种资源在哪里、设备状态情况、生产质量等参数。

（2）数据信息平台建设。通过对人、机、料、法、环、测等多维度数据的采集，构建企业的大数据应用平台，在此基础上建立对生产过程的管控信息系统，实现对生产工程的有序控制。

（3）优化决策与执行。构建智能生产指挥中心，通过对生产人员的智能管理、生产状态的异常预警、生产过程优化决策，实现生产过程的智能管控。

（二）生产管控中的人工智能技术

人工智能在制造业生产管控中应用所涉及的共性技术包括：机器学习、生物特征识别、计算机视觉、数字孪生、自然语言处理与知识图谱等。在需求分析的环节，客户画像、舆情分析等人工智能技术的应用可以提升企业对生产个性化需求分析的准确性，从而提升企业的生存能力。在企业运行优化方面，先进生产排程、生产线布置优化、工艺分析与优化、成品仓优化等人工智能技术的应用能够为企业在生产、物流等环节的优化调整提供辅助决策。在产品生命周期控制方面，基于增强现实技术的人员培训、智能在线检测等人工智能技术的应用能够提升产品在设计、生产等环节的效率与质量。在企业关键绩效指标分析方面，成品过程效率分析、物流能效分析、分销商行为分析、客户抱怨求解等人工智能技术的应用能够为企业隐性问题的挖掘提供依据。同时，上述应用主要围绕产品质量检测、工艺分析与优化等特定及重复性的问题，并为企业管理者或车间运维人员提供辅助优化与辅助决策，以提升企业的效率和减小人员的工作强度。典型应用包括：知识库和知识图谱、智能调度、数字孪生、产品质量检测等。

以工艺知识为例，随着 CAD/CAM 系统的不断发展和广泛应用，大量的数字化三维 CAD 模型及关联的工艺数据不断地生成并存储在企业的知识库中，而重用和共享这些资源已成为制造企业保持竞争优势的有效手段。传统企业采用规则类、实例类等不同角度来描述工艺知识的表征，一定程度上实现了工艺知识的统一表示，但这种方式局限于现有的工艺知识模型，对工艺知识的高层语义描述不足。知识图谱技术利用自身的模式层和数据层，分别对经验规则和工艺实例进行表示以弥补已有基于规则、框架等方法表示已有经验规则和实例数据较难分离的不足，从数据库抽取能够反映其数据模式的概念、关系、属性等信息，然后以此为基础建立统一数据模式引导下的数据结构化表示，做到充分利用知识的准确性和数据的广泛性，能够较好地支持后续实际工艺设计决策中综合考虑规则和实例类知识的需要。

（三） 智能制造能力成熟度

中国电子技术标准化研究所发布的《智能制造能力成熟度模型白皮书1.0版》，提出了实现智能制造的核心要素、特征和要求，提供了一个理解当前智能制造状态、建立智能制造战略目标和实施规划的框架。模型由成熟度等级、能力要素和成熟度要求构成。成熟度等级规定了企业智能制造能力在不同阶段应达到的水平，能力要素给出了智能制造能力成熟度提升的关键方面，成熟度要求规定了能力要素在不同成熟度等级下应满足的具体条件。

能力要素包括制造、人员、技术和资源，反映了人员将资源、技术应用于制造环节，提升智能制造能力的过程。如图4-30所示，模型将成熟度分为5个等级（规划级、规范级、集成级、优化级、引领级），与模型相配套，同时还发布了《智能制造能力等级评价方法》，还给出了评价方法、评价过程清晰明确的评分规则来说明如何实际运用该模型。模型结合我国智能制造的特点和企业的实践经验总结出一套方法论，提出了实现智能制造的核心要素、特征和要求，给出了组织实施智能制造要达到的阶梯目标和演进路径。2018年中国电子技术标准化研究所的平台上已有近2 000家的企业数据，其中一半处于一级水平，但没有四级以上达标的企业。

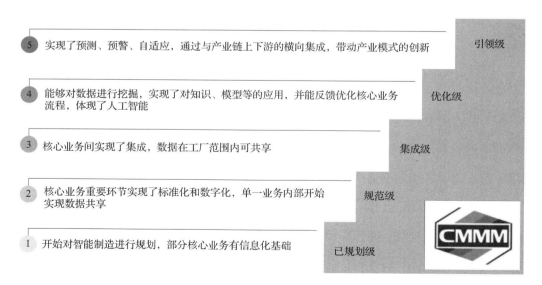

图4-30 智能制造能力成熟度模型

二、生产中的机器视觉

图像处理是指一类基于计算机的自适应与各种应用场合的图像处理和分析技术，本身是一个独立的理论和技术领域，但同时又是机器视觉中的一项十分重要的技术支撑。机器视觉属于人工智能的范畴，人工智能、机器视觉和图像处理技术之间的关系如图 4-31 所示。

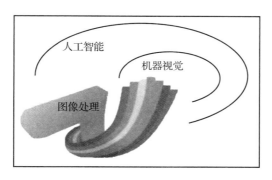

图 4-31　人工智能、机器视觉和图像处理之间的关系

机器视觉的起源可追溯到 20 世纪 60 年代美国学者 L. R·罗伯兹对多面体积木世界的图像处理研究，70 年代麻省理工学院人工智能实验室"机器视觉"课程的开设。到 80 年代，全球性机器视觉研究热潮开始兴起，出现了一些基于机器视觉的应用系统。90 年代以后，随着计算机和半导体技术的飞速发展，机器视觉的理论和应用得到进一步发展。

进入 21 世纪，机器视觉技术的发展速度更快，已经大规模地应用于多个领域，如智能制造、智能交通、医疗卫生、安防监控等领域。目前，随着人工智能浪潮的兴起，机器视觉技术正处于不断突破、走向成熟的新阶段。机器视觉的图像处理系统对现场的数字图像信号按照具体的应用要求进行运算和分析，根据获得的处理结果来控制现场设备的动作。机器视觉是建立在计算机视觉理论工程化基础上的一门学科，涉及光学成像、视觉信息处理、人工智能以及机电一体化等相关技术。典型的机器视觉系统组成如图 4-32 所示：①工业相机；②光源；③传感器；④图像采集部分；⑤计算机；⑥图像处理软件；⑦控制部分。

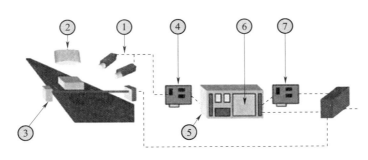

图 4-32 典型的机器视觉系统组成

其中视觉信息处理充当了机器视觉的"大脑"部分，对相机采集的图像进行处理分析实现对特定目标的检测、分析与识别，并做出相应决策，是机器视觉系统的"觉"部分。视觉信息处理一般包括图像预处理、图像定位与分割、特征提取、模式分类、语义理解等层次。

机器视觉在智能制造领域应用广泛，按功能主要可分为四大类：识别、测量、定位和检测。随着技术的发展 3D 视觉成为机器视觉重要的应用，3D 视觉的主要技术有：①双目相机；②时间飞行方法；③激光三角测量；④3D 结构光相机。3D 相机能获取三维信息，可以实现 2D 视觉无法实现或者不好实现的功能，例如检测产品的高度、平面度、体积和三维建模等。

机器视觉通过取代传统意义上的人工检查来提高生产质量和产量，从拾取和放置、对象跟踪到计量、缺陷检测等应用，无论是检测速度、检测精度还是准确率等方面，机器视觉检测都要比人工检测优越很多。视觉检测较传统的人工检测不仅极大地提高了生产效率，同时在许多领域的检测准确率上都超过了人类。另外，在有些诸如高温、多粉尘等恶劣的生产环境下，很大程度上保护了员工的身体健康。机器视觉技术在 IC 封装、印刷、视频监控、航天、地貌分析、尺寸测量及汽车生产等领域的应用都已有成熟的应用。随着机器人技术的应用不断拓展，具有视觉能力的机器人正在取代人类辛勤地工作在生产线上。机器视觉在机器人上有两种应用形式，如图 4-33 所示，眼在手系统，摄像头安装在机器人端部执行器上，与机器人一起移动，便于看清楚工件的细节；眼看手系统，摄像头安装在固定的地方，有全局的视野。

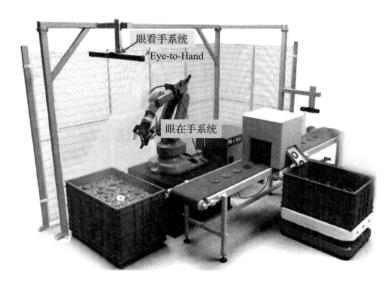

图 4-33 机器人与摄像头的安装关系

李杰在《工业人工智能》一书中提出基于机器视觉的冲压件缺陷智能识别检测技术，立足生产线现有条件，设计图像采集系统，通过图像样本采集与机器学习智能构建，建立了识别速度快、识别准确率高的智能识别模型。模型可实现对于新生产的冲压件表面是否存在缺陷的快速识别，并自动将所有检测图像及过程处理数据存储至大数据平台。通过质检数据、生产过程工艺参数、产品设计参数间的关联，借助大数据分析技术，形成冲压产品质量问题分析管理的闭环连接，实现了冲压产品质量的精确控制和优化提升。

案例 4-1：传统珩磨加工阀体，需要为加工的工件设计专用工装夹具，依靠夹具定位来保障工件中心孔位置度，加工完当前孔后再手动移动工装，依靠定位销孔等方式切换到下一个加工孔位，过程繁杂。采用视觉测量系统方案，能够自动识别阀体孔的中心位置。通过灵活的参数化编程，可配置的加工孔的数量、加工孔径以及加工的高度，在数控系统的控制下，实现视觉寻孔、定位、珩磨加工及孔径测量等全过程的自动化，大大提高了组合阀孔珩磨加工或其他多孔珩磨加工的生产效率。该珩磨加工中心成功应用于三一重工的起重机液压阀体的加工。

区别于传统的测量方式，视觉测量是非接触式的检测，能够快速识别机加中常见的特征，如圆弧、矩形、多边形等特征，还能轻松实现不规则形状、超小特征的定位。

对于珩磨加工来说，一个孔位，如果采用测量探头的方案，需要4次接触式的探测孔边界上的不同位置，然后计算孔的直径和中心位置，而视觉测量只需要一次拍照处理，就可以计算出孔的直径和中心位置，特别是在大量孔位的情况下，极大地提高了效率。

这台珩磨加工中心的视觉系统硬件由工业相机、远心镜头、光源和外壳防护及线缆组成，软件基于 i5OS 平台开发。i5OS 是开放的运动控制软件操作平台，基于开源 Linux 定制，面向工业控制领域。如图 4-34 所示，视觉系统由软件（i5OS Vision App）和硬件组成，左图为 App 定位测试界面，右图为安装在珩磨机上的视觉识别系统硬件。工件定位识别时间缩短到 1 s 以内，根据所选相机的分辨率及视野的大小，识别可达的精度为：理论精度=视野/分辨率；选择高分辨率的相机可提高检测精度，同时也增加了计算机的处理时间。

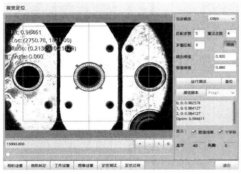

图 4-34　珩磨加工中心视觉检测系统

i5OS Vision App 具有定位和测量的功能，通过专用的 MVCALL（拍照指令）和 MVGET（获取结果）指令，可以方便灵活地嵌入 NC 代码中，通过共享内存方式，快速准确地实现 App 与 CNC 之间的交互（如图 4-35 所示）。

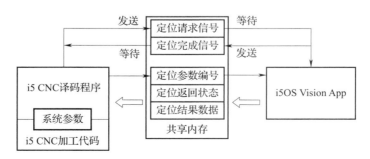

图 4-35　视觉检测与 CNC 的数据交互

在使用 i5OS Vision App 定位和测量功能前，需要先对相机进行标定操作，通过 App 的相机标定页面，完成标定功能，标定的目的是计算出图像坐标系和机床坐标系的对应关系，标定的结果保存在 App 中。在进行珩磨孔的定位和测量时，先将被检测的珩磨孔移到相机视野的下方，调用 MVCALL 指令，传入参数（期望孔径），i5OS Vision App 进行视觉识别，计算出实际的孔径和孔中心位置，CNC 通过 MVGET 指令，获取 App 计算的结果，进行后续的处理（正常加工或者报错处理）。实际使用中，NC 代码会让相机依次移动到所要加工孔的上方，然后依次调用 MVCALL 和 MVGET 指令，并将 App 计算的结果保存起来。加工时 CNC 依次从保存的结果中读取孔中心的位置，自动将这个孔的中心移动到珩磨头中心位置，然后进行珩磨加工。

三、数字孪生与智能生产管控

"数字孪生"是对英文"Digital Twin"的一种翻译，同时还有翻译为"数字镜像""数字映射""数字双胞胎"以及"数字孪生体"等，从内涵上都是同义词。"数字孪生"为普遍接受的翻译，顾名思义，数字孪生是指针对物理空间中的"实体"，通过数字化的手段在虚拟空间中创建高保真的动态多维/多尺度/多物理量模型，借助模型和数据模拟物理实体在现实环境中的存在，实现对物理实体的观察和认识，通过虚实交互反馈、数据融合分析、迭代优化等手段，为生产制造活动提供新的时空维度。这是被普遍接受的对数字孪生的认识，从广义上来看，一个物理实体的数字化过程的数学概念模型、几何模型、运动学模型以及理化性能模型等可看成物理实体一个切面的数字孪生体，我们现在所谈及的数字孪生只是这个数字化过程的高级形态。与"实体"对应，采用数字孪生技术创建的虚拟模型称为"虚体"或数字孪生体。

图 4-36 展示了全生命周期中数字孪生在各个阶段的作用，其主要工业价值在：①低成本高效的方案优化与验证；②产品设计创新；③智能化的控制与决策；④新型价值链及生态系统支持。数字孪生除了技术上拓展了物理实体的空间，在实际应用中还意味着企业要开始实现一种全新的商业逻辑：工业价值的数字交付，无论交付物是一件智能设备或产品，还是一座数字工厂，必须同时交付一套数字孪生和支撑软件，这意味着每个物理产品都不再孤独，都有一个数字孪生伴随着它的全生命周期。

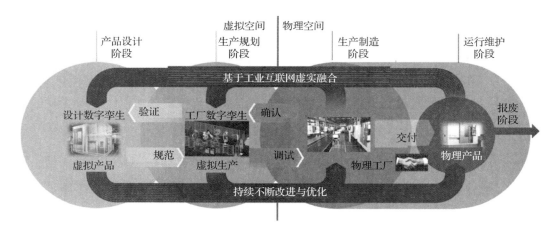

图 4-36　全生命周期各阶段数字孪生的作用机理

制造阶段是在物理空间中将产品从毛坯、半成品进行加工制造及组装成为产品的过程，当前制造所面临主要问题是个性化定制与生产成本和效率等方面的矛盾。基于数字孪生的规划设计虽然已在虚拟空间中设计、制造出虚拟产品，解决了如何制造的问题，但实际物理制造空间中的相关条件及环境与设定的虚拟空间中的制造环境存在差异，生产过程中存在许多变化因素，如何利用数字孪生技术与物理实体及制造过程交互，适时调整加工策略，高效高质量地完成产品的加工制造，成为这个阶段需主要解决的问题。

机床、生产线甚至整个工厂都可以通过 3D 模型构建，形成了数字孪生工厂。数字孪生工厂以产品全生命周期的相关数据为基础，在数字空间中对整个生产过程进行仿真、评估和优化，并进一步扩展到整个产品生命周期。在制造阶段采用物联网技术获取制造过程中的各种信息，通过工业互联网将信息传递到应用平台，驱动产品的数字孪生、生产线或者整个工厂的数字孪生运行，实时判断生产的现状，预测生产制造的发展变化，发现与理想制造状态的偏差，及时优化调整。

基于数字孪生的制造过程最主要的特点就是虚实交互融合、以虚拟实、以虚控实的过程，就是利用数字孪生技术采集到"未来"的数据，从而控制制造过程沿着理想的路径运行。另外，在制造过程中的各种真实的参数与孪生体相关联，每一个产品的数字孪生体都带有他自己的物理孪生体"出生"时的特殊参数。

AutomationML（以下简称 AML）是一种基于 XML 的中性数据交换格式，旨在实现与制造系统拓扑结构、几何学、运动学和控制行为有关的工程信息的无损一致交换。AML 采用分布式文件架构，即拓扑结构由 CAEX 格式描述，几何和运动学信息由 COL-LADA 格式描述，控制信息由 PLCopen 文件描述。在制造系统的工程链中，AML 通常被用来表示生产过程和生产系统信息。早在 2006 年，利用从 STEP 和 XMI 等数据交换格式开发中获得的经验，AutomationML 集合了各种数据的长处，逐步成为一个中立的、独立于供应商的、开放的、可免费使用的标准。工业 4.0 将 AML 作为描述制造系统的标准，从语义层面描述一个制造系统的组成架构、控制功能等信息，它与工业 4.0 组件技术一起成为构建工厂数字孪生的技术基础。

案例 4-2：数字孪生的概念从提出以来已在设计规划阶段得到深入的应用，随着 CPS 技术的发展，在生产运行阶段数字孪生技术的应用也在不断发展。如图 4-37 所示，该生产系统由两台数控机床、一台机器人、传送带、AVG、测量单元以及立体仓储单元等组成，实现工件输送和存储、机器人实现工件的上下料、数控机床加工以及测量的全自动化生产。

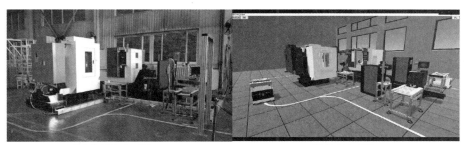

真实物理生产系统　　　　　数学孪生系统

图 4-37　生产系统数字孪生案例

数字孪生的构建步骤如下：

1. 首先对设备进行建模

（1）模型轻量化。结合机械建模软件和 3Ds max 进行模型轻量化处理，为了能够平滑展示生产过程，一般复杂设备模型最终控制在 10MB 之内（FBX 文件）。在处理过程中，简化或消除不必要的形状及部件，需要对设备和其他模型进行重新分组和装配，保留主要的运动约束关系。

（2）渲染。渲染分为动态实时渲染和静态烘焙，本例结合 3Ds max、unity3D 和 Photoshop 等软件，实现最终的逼真效果。

（3）状态属性编程。将运动和状态控制代码与三维模型关联，并根据每个项目的特点，进行代码调整。

（4）模型数据接口：每个运动和状态，均有对应的控制信号；通过调整信号接口代码，实现从现场数据服务端获得实时数据，一般采用 OPC UA 方式获取设备数据。

2. 车间生产系统建模

（1）车间结构设计。虚拟工厂系统组织关系与实际工厂的层级关系一致，可以分为工厂级、车间级、生产线级、工作单元和设备，甚至可以细化到设备的重要部件。不同级别的对象都会建立独立的虚拟场景（场景间可以自由切换）。

（2）模型布置。根据生产线／车间二维布局，利用 unity3D 进行模型布置。

（3）设备状态属性设置。针对重复使用的设备参数模型进行实例化之后的参数设置，使其与现场设备一一对应。

3. 车间虚实互动

（1）实时状态映射。数字孪生系统支持 OPC UA 订阅通信模式，实时刷新设备状态，用户可以在三维虚拟软件中，监视设备的运动状态、详细数据、检测设备数据和其他标识设施的状态；能够直观掌握现场的实时运行情况。

（2）工艺过程。在三维虚拟空间中，实时跟踪展示产品装配和加工的状态；驱动数据来自现场设备信号和 MES 信息。这些信息来源于系统内部，远远超越视频监控系统只能看到系统表面展示出来的信息。

（3）历史数据回溯。在三维监控软件中，能够保留一段时间的现场实时数据（根据数据服务器存储能力确定保存的时间长度）；通过调整虚拟场景的数据来源，通过历史数据驱动三维场景，实现历史场景再现。

（4）预测控制。进一步通过积累的大数据，进行数据挖掘形成优化控制策略模型，应用于实际生产过程控制，从而实现以虚拟实及以虚控实。

实训

根据某一生产企业生产现状构建数字孪生，实现虚实互动。

（一）实验目标

1. 理解数字孪生技术在生产过程的应用

2. 能够进行主要关键设备的建模及数据采集

3. 能够对数字孪生的性能进行评价

（二）实验环境

计算机系统：PC 机、网络环境及辅助软件（数字孪生构建软件）

（三）实验内容及主要步骤

1. 构建关键设备的模型并加入车间数字孪生系统中

2. 实现虚实联动和运行性能评价

思考题

1. 精益生产理念是什么？工业工程与精益生产的关系？

2. 什么是 5S 管理方法？目视管理的主要内容？

3. 什么是质量体系？常用的质量分析方法？

4. 工序能力的概念？为什么航空工业工序能力要求比较高？

5. 机器视觉主要的应用领域？激光测试设备与机器视觉异同点？

6. 数字孪生在生产中的应用特点？如何实现虚实互动？

参考文献

［1］张曙，张炳生，卫汉华，等. 机床产品创新与设计［M］. 南京：东南大学出版社，2014.

［2］徐颖秦，熊伟丽. 物联网技术及其应用［M］. 北京：机械工业出版社，2020.

［3］林燕文，万瑾，彭赛金. 工厂数据采集与监视控制系统［M］. 北京：高等教育出版社，2019.

［4］王爱民. 制造系统工程［M］. 北京：北京理工大学出版社，2017.

［5］周玉清，刘伯莹，周强. ERP 原理与应用教程［M］. 北京：清华大学出版社，2010.

［6］王丽莉. 生产计划与控制［M］. 北京：机械工业出版社，2018.

［7］陈庄，毛华扬，杨立星，等. ERP 原理与应用教程［M］. 北京：电子工业出版社，2006.

［8］罗鸿. ERP 原理、设计、实施［M］. 5 版. 北京：电子工业出版社，2020.

［9］朱宝慧. ERP 原理及应用［M］. 2 版. 北京：北京大学出版社，2018.

［10］闪四清. ERP 系统原理和实施［M］. 5 版. 北京：清华大学出版社，2017.

［11］魏玲. ERP 原理及应用［M］. 2 版. 北京：科学出版社，2020.

［12］王丽亚，陈友玲，马汉武. 生产计划与控制［M］. 北京：清华大学出版社，2007.

智能制造工程技术人员（初级）——智能生产管控

［13］王爱民. 制造执行系统（MES）实现原理与技术［M］. 北京：北京理工大学出版社，2014.

［14］朱铎先，赵敏. 机·智：从数字化车间走向智能制造［M］. 北京：机械工业出版社，2018.

［15］阳宪惠. 工业数据通信与控制网络［M］. 北京：清华大学出版社，2003.

［16］范玉顺，黄双喜，赵大哲. 企业信息化整体解决方案［M］. 北京：科学出版社，2004.

［17］刘敏. 智能制造：理念、系统与建模方法［M］. 北京：清华大学出版社，2019.

［18］王万良. 生产调度智能算法及其应用［M］. 北京：科学出版社，2007.

［19］邓冠龙. 基于群智能优化的车间调度方法［M］. 北京：清华大学出版社，2016.

［20］桑原晃弥. 丰田 PDCA＋F 管理法［M］. 张璇，译. 北京：人民邮电出版社，2019.

［21］郭伏，钱省三. 人因工程学［M］. 北京：机械工业出版社，2018.

［22］程光，邬洪迈，陈永刚. 工业工程与系统仿真［M］. 北京：冶金工业出版社，2007.

［23］齐二石，霍艳芳. 工业工程与管理［M］. 北京：科学出版社，2019.

［24］师彬，阎彬，张云涛. 工业工程导论：方法与案例［M］. 西安：西安电子科技大学出版社，2019.

［25］大野耐一. 大野耐一的现场管理［M］. 北京：机械工业出版社，2016.

［26］王晶，王彬，王军. 基于信息化的精益生产管理［M］. 北京：机械工业出版社，2016.

［27］贾雁. 精益生产管理理论研究［M］. 北京：线装书局，2014.

［28］詹姆斯·P. 沃麦克，丹尼尔·T. 琼斯. Lean Thinking，精益思想（2003 年修订版）［M］. 北京：商务印书馆，2005.

［29］朱建军，石建伟，何沙玮. 精益生产与管理［M］. 北京：科学出版

社，2018.

［30］周桂瑾，于云波．现代生产管理［M］．北京：机械工业出版社，2020.

［31］李杰（Jay Lee）．工业人工智能［M］．上海：上海交通大学出版社，2019.

［32］黄学文．制造执行系统（MES）的研究和应用［D］．大连：大连理工大学，2003.

［33］潘颖．离散制造业 MES 系统建模与调度研究［D］．大连：大连理工大学，2012.

［34］李淑霞．复杂信息环境下 MES 若干关键技术研究［D］．武汉：华中科技大学，2004.

［35］刘琳．动态不确定环境下生产调度算法研究［D］．上海：上海交通大学，2007.

［36］吴一凡．基于 5M1E 的飞机总装过程三维可视化及其管控方法［D］．杭州：浙江大学，2019.

［37］冯燕．工业工程理论在企业人力资源管理中的应用研究［D］．长春：吉林大学，2016.

［38］樊留群，朱志浩，张曙，等．机床数字控制［J］．机械设计与制造工程，2019，45（9）：1-10.

［39］彭胜越．计算机智能监控系统在现代煤矿生产中的应用［J］．计算机技术应用，2014，62（4）：86.

［40］陶永，王田苗，刘辉，等．智能机器人研究现状及发展趋势的思考与建议［J］．高技术通讯，2019，29（2）：149-163.

［41］杨学志，余娴，葛耀谋．机器人产业标准发展现状［J］．机器人产业，2021（1）：20-26.

［42］聂文昌，陈洲，施泉，等．智能制造引入：精益生产升级［J］．中国质量，2020（1）：113-117.

［43］谭建荣．理性看待智能制造：做好精益生产［N］．中国信息化周报，2018-11-05.

后记

　　随着全球新一轮科技革命和产业变革加速演进，以新一代信息技术与先进制造业深度融合为特征的智能制造已经成为推动新一轮工业革命的核心驱动力。世界各工业强国纷纷将智能制造作为推动制造业创新发展、巩固并重塑制造业竞争优势的战略选择，将发展智能制造作为提升国家竞争力、赢得未来竞争优势的关键举措。

　　智能制造是基于新一代信息技术与先进制造技术深度融合，贯穿于设计、生产、管理、服务等制造活动各个环节，具有自感知、自决策、自执行、自适应、自学习等特征，旨在提高制造业质量、效益和核心竞争力的先进生产方式。作为"制造强国"战略的主攻方向，智能制造发展水平关乎我国未来制造业的全球地位，对于加快发展现代产业体系，巩固壮大实体经济根基，建设"中国智造"具有重要作用。推进制造业智能化转型和高质量发展是适应我国经济发展阶段变化、认识我国新发展阶段、贯彻新发展理念、推进新发展格局的必然要求。

　　2020 年 2 月，《人力资源社会保障部办公厅　市场监管总局办公厅　统计局办公室关于发布智能制造工程技术人员等职业信息的通知》（人社厅发〔2020〕17 号）正式将智能制造工程技术人员列为新职业，并对职业定义及主要工作任务进行了系统性描述。为加快建设智能制造高素质专业技术人才队伍，改善智能制造人才供给质量结构，在充分考虑科技进步、社会经济发展和产业结构变化对智能制造工程技术人员要求的基础上，以智能制造工程技术人员专业能力建设为目标，根据《智能制造工程技术人员国家职业技术技能标准（2021 年版）》（以下简称《标准》），人力资源社会保障部专业技术人员管理司指导中国机械工程学会，组织有关专家开展了智能制造工程技术人员培训教程（以下简称教程）的编写工作，用于全国专业技术人员新职业培训。

智能制造工程技术人员是从事智能制造相关技术研究、开发，对智能制造装备、生产线进行设计、安装、调试、管控和应用的工程技术人员。共分为 3 个专业技术等级，分别为初级、中级、高级。其中，初级、中级均分为 4 个职业方向：智能装备与产线开发、智能装备与产线应用、智能生产管控、装备与产线智能运维；高级分为 5 个职业方向：智能制造系统架构构建、智能装备与产线开发、智能装备与产线应用、智能生产管控、装备与产线智能运维。

与此相对应，教程分为初级、中级、高级培训教程。各专业技术等级的每个职业方向分别为一本，另外各专业技术等级还包含《智能制造工程技术人员——智能制造共性技术》教程一本。需要说明的是：《智能制造工程技术人员——智能制造共性技术》教程对应《标准》中的共性职业功能，是各职业方向培训教程的基础。

在使用本系列教程开展培训时，应当结合培训目标与受训人员的实际水平和专业方向，选用合适的教程。在智能制造工程技术人员各专业技术等级的培训中，"智能制造共性技术"是每个职业方向都需要掌握的，在此基础上，可根据培训目标与受训人员实际，选用一种或多种不同职业方向的教程。培训考核合格后，获得相应证书。

初级教程包含：《智能制造工程技术人员（初级）——智能制造共性技术》《智能制造工程技术人员（初级）——智能装备与产线开发》《智能制造工程技术人员（初级）——智能装备与产线应用》《智能制造工程技术人员（初级）——智能生产管控》《智能制造工程技术人员（初级）——装备与产线智能运维》，共 5 本。《智能制造工程技术人员（初级）——智能制造共性技术》一书内容涵盖《标准》中初级共性职业功能所要求的专业能力要求和相关知识要求，是每个职业方向培训的必备用书；《智能制造工程技术人员（初级）——智能装备与产线开发》一书内容涵盖《标准》中初级智能装备与产线开发职业方向应具备的专业能力和相关知识要求；《智能制造工程技术人员（初级）——智能装备与产线应用》一书内容涵盖《标准》中初级智能装备与产线应用职业方向应具备的专业能力和相关知识要求；《智能制造工程技术人员（初

级）——智能生产管控》一书内容涵盖《标准》中初级智能生产管控职业方向应具备
的专业能力和相关知识要求；《智能制造工程技术人员（初级）——装备与产线智能
运维》一书内容涵盖《标准》中初级装备与产线智能运维职业方向应具备的专业能力
和相关知识要求。

　　本教程适用于大学专科学历（或高等职业学校毕业）及以上，具有机械类、仪器
类、电子信息类、自动化类、计算机类、工业工程类等工科专业学习背景，具有较强
的学习能力、计算能力、表达能力和空间感，参加全国专业技术人员新职业培训的
人员。

　　智能制造工程技术人员需按照《标准》的职业要求参加有关课程培训，完成规定
学时，取得学时证明。初级、中级为 90 标准学时，高级为 80 标准学时。

　　本教程是在人力资源社会保障部、工业和信息化部相关部门领导下，由中国机械
工程学会组织编写的，来自同济大学、西安交通大学、华中科技大学、东华大学、大
连理工大学、上海交通大学、浙江大学、哈尔滨工业大学、天津大学、北京理工大学、
西北工业大学、上海犀浦智能系统有限公司、北京机械工业自动化研究所、北京精雕
科技集团有限公司、西门子（中国）有限公司等高校及科研院所、企业的智能制造领
域的核心及知名专家参与了编写和审定，同时参考了多方面的文献，吸收了许多专家
学者的研究成果，在此表示衷心感谢。

　　由于编者水平、经验与时间所限，本书的不足与疏漏之处在所难免，恳请广大读
者批评与指正。

本书编委会